Ott
Rosner

Mathematik

Fachhochschulreife
im Berufskolleg 2022
Prüfungsvorbereitung
Baden-Württemberg

Ott
Rosner

Mathematik

Fachhochschulreife im Berufskolleg 2022
Prüfungsvorbereitung
Baden-Württemberg

Wirtschaftswissenschaftliche Bücherei für Schule und Praxis
Begründet von Handelsschul-Direktor Dipl.-Hdl. Friedrich Hutkap †

Die Verfasser

Roland Ott
Oberstudienrat

Stefan Rosner
Studienrat an der Kaufmännischen Schule in Schwäbisch Hall

*****

1. Auflage 2021

Gesamtherstellung:
MERKUR VERLAG RINTELN Hutkap GmbH & Co. KG, 31735 Rinteln

E-Mail: info@merkur-verlag.de
lehrer-service@merkur-verlag.de
Internet: www.merkur-verlag.de

Merkur-Nr. 0382-01
ISBN 978-3-8120-0382-7

Vorwort

Die vorliegende Aufgabensammlung dient zur Vorbereitung auf die **Prüfung zur Fachhochschulreife 2022** an Berufskollegs und ist auf die neue Prüfungsordnung abgestimmt.

Dem neuen Prüfungsmodus wird durch eine Vielzahl von Aufgaben für Teil 1, der ohne Hilfsmittel bearbeitet werden muss, und für den Teil 2, bei welchem Hilfsmittel zugelassen sind, Rechnung getragen.

Relevante Fragestellungen können mehrfach auftreten.

Da die Aufgabensammlung allen Schülern/Schülerinnen bei der **selbstständigen** Vorbereitung auf das FHSR-Prüfung helfen soll, sind zu allen Aufgaben ausführliche Lösungen angegeben.

An verschiedenen Stellen sind Lösungsalternativen aufgezeigt, ohne einen Anspruch auf Vollständigkeit zu erheben.

Übung ist ein bedeutender Baustein zum Erfolg.

Autoren und Verlag wünschen viel Glück und Erfolg bei der Prüfung.

Inhaltsverzeichnis

Ablauf der Prüfung zur Fachhochschulreife in Mathematik

Zu Beginn: SchülerIn erhält beide Aufgabenteile, jedoch keine Hilfsmittel

Phase 1: Bearbeitung des hilfsmittelfreien Teils

Teil	Thema	Auswahl	Richtzeit	Punkte
1	Analysis	keine	ca. 60 min	30

Nach endgültiger Abgabe von Teil 1 erhält SchülerIn die Hilfsmittel

Phase 2: Bearbeitung der Teile mit Hilfsmitteln (WTR + Merkhilfe)

Teil	Thema	Auswahl	Richtzeit	Punkte
2	Analysis	SchülerIn wählt **zwei aus drei** Aufgaben	ca. 140 min	60

Hinweise

- Die Prüfung dauert insgesamt maximal 200 Minuten.

  Die maximal erreichbare Punktzahl beträgt 90 Punkte.

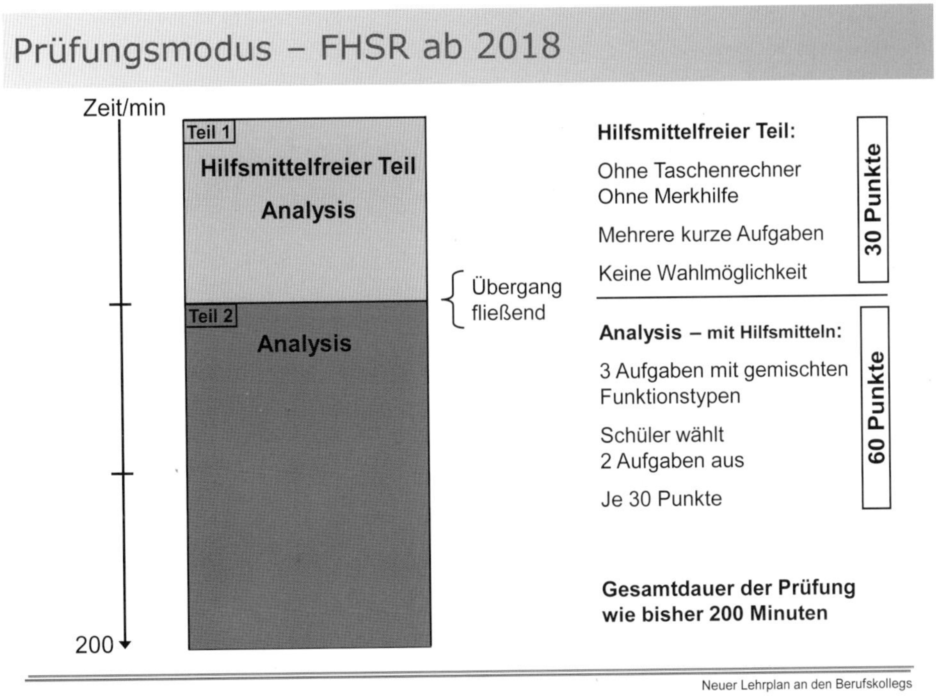

Prüfungsmodus – FHSR ab 2018

Zeit/min

Teil 1

Hilfsmittelfreier Teil

Analysis

Teil 2

Analysis

200

Übergang fließend

Hilfsmittelfreier Teil:

Ohne Taschenrechner
Ohne Merkhilfe

Mehrere kurze Aufgaben

Keine Wahlmöglichkeit

30 Punkte

Analysis – mit Hilfsmitteln:

3 Aufgaben mit gemischten Funktionstypen

Schüler wählt 2 Aufgaben aus

Je 30 Punkte

60 Punkte

Gesamtdauer der Prüfung wie bisher 200 Minuten

Neuer Lehrplan an den Berufskollegs

Pandemiebedingte Abweichungen für die Prüfung zur Fachhochschulreife in Mathematik im Schuljahr 2021/2022

Abweichend von den Prüfungen in den vergangenen Jahren werden der **Fachlehrkraft** vorgelegt:

- zwei Aufgaben zum hilfsmittelfreien Pflichtteil (je 30 Punkte) mit Aufgaben aus der Analysis, aus denen die Fachlehrkraft eine für die Bearbeitung durch die Schülerinnen und Schüler auswählt und
- ein hilfsmittelgestützter Prüfungsteil mit 3 Aufgaben aus der Analysis mit jeweils 30 Punkten (Schülerwahl 2 aus 3 wie bisher auch)

Die Analysisaufgaben werden auch im Schuljahr 2021/2022 in gemischter Form angeboten. Dabei wird die Durchmischung der Funktionstypen in den Aufgaben des Wahlteils im Schuljahr 2021/2022 in den einzelnen Aufgaben wie folgt festgelegt:
Erste Aufgabe des Wahlteils: Polynomfunktionen ca. 70 %, Exponentialfunktionen ca. 30 %
Zweite Aufgabe des Wahlteils: Exponentialfunktionen ca. 50 %, Trigonometrische Funktionen ca. 50 %
Dritte Aufgabe des Wahlteils: Polynomfunktionen ca. 70 %, Trigonometrische Funktionen ca. 30 %

Änderungen im Prüfungsstoff:
Darüber hinaus ist im Schuljahr 2021/2022 die Lehrplaneinheit 2 des Bildungsplans **nur eingeschränkt prüfungsrelevant:**
Die **Lösung Linearer Gleichungssysteme** beschränkt sich auf LGS mit **maximal zwei** Unbekannten.

I Teil 1 der Fachhochschulreife-Prüfung ohne Hilfsmittel

1 Übungsaufgaben Teil 1 ohne Hilfsmittel

Aufgabe 1 **Lösungen Seite 21**

1.1 Lösen Sie die Gleichung: $-2x^3 + 6x = 2x$.

1.2 Bestimmen Sie die Gleichung der Tangente an das Schaubild der Funktion f mit $f(x) = 2 - \frac{1}{4}x^2$ in $x = 2$.

1.3 Das Schaubild der Funktion f mit $f(x) = -\frac{1}{3}x^3 + 3x^2 - 1$ besitzt einen Wendepunkt. Bestimmen Sie die Koordinaten.

1.4 Lösen Sie das Lineare Gleichungssystem
$$2x + 5y = 1$$
$$x - y = 3.$$

1.5 Berechnen Sie das Integral $\int_{-1}^{0} (x^3 + 2)\, dx$.

1.6 Bestimmen Sie die Art und Lage der Nullstellen der Funktion f mit $f(x) = \frac{1}{5}x^2(x - 2)(x + 1)$.

1.7 Das Schaubild von f mit $f(x) = 2\sin(x)$; $x \in \mathbb{R}$, wird um 3 nach links verschoben und um 1 nach unten verschoben. Wie lautet die Gleichung der entstandenen Kurve?

1.8 Bilden Sie die erste Ableitung von f mit $f(x) = e^{2x-3} - 2x + 1$.

1.9 Gegeben sind die Funktionen f und g mit $f(x) = -x^4 + 3$ und $g(x) = 2x^2$. Berechnen Sie die Koordinaten der Schnittpunkte der Schaubilder von f und g.

Aufgabe 2 **Lösungen Seite 22/23**

2.1 Bestimmen Sie zwei Lösungen der Gleichung: $4\sin(2x) = 0$.

2.2 Welche Gerade schneidet das Schaubild der Funktion f mit
$f(x) = \cos(\frac{1}{4}x) - 1;\ x \in \mathbb{R}$, in $x = 2\pi$ senkrecht?

2.3 Zeigen Sie: Das Schaubild K_f der Funktion f mit $f(x) = e^{-\frac{1}{3}x} - x + 1$ besitzt keinen Wendepunkt.
Ist K_f eine Linkskurve? Begründen Sie Ihre Antwort.

2.4 Lösen Sie das Lineare Gleichungssystem
$$x + 2y = 1$$
$$x - y = -2$$

2.5 Bestimmen Sie $u \neq 0$, so dass $\int_u^0 (x + 2)\,dx = 0$

2.6 Bestimmen Sie die Gleichung der nicht waagrechten Wendetangente an das Schaubild von f mit $f(x) = \frac{1}{4}x^4 + x^3 - 2;\ x \in \mathbb{R}$.

2.7 Wie entsteht das Schaubild von f mit $f(x) = 2\cos(3x) - 1;\ x \in \mathbb{R}$, aus dem Schaubild mit der Gleichung $y = \cos(x)$.

2.8 Bestimmen Sie die Stammfunktion von f mit $f(x) = \frac{1}{2}\sin(\frac{\pi}{3}x);\ x \in \mathbb{R}$, deren Schaubild die y-Achse in 3 schneidet.

2.9 Zeigen Sie, die Gleichung $e^{2x} + e^x = 2$ hat genau eine Lösung.

2.10 Geben Sie die Nullstellen des Polynoms p mit $p(x) = x^3 - 100x;\ x \in \mathbb{R}$ an.
Erstellen Sie ohne weitere Rechnung eine Skizze des Schaubilds von p.

Aufgabe 3 Lösungen Seite 23 - 25

Die Abbildung zeigt das Schaubild einer Funktion f.
Ermitteln Sie einen möglichen Funktionsterm.

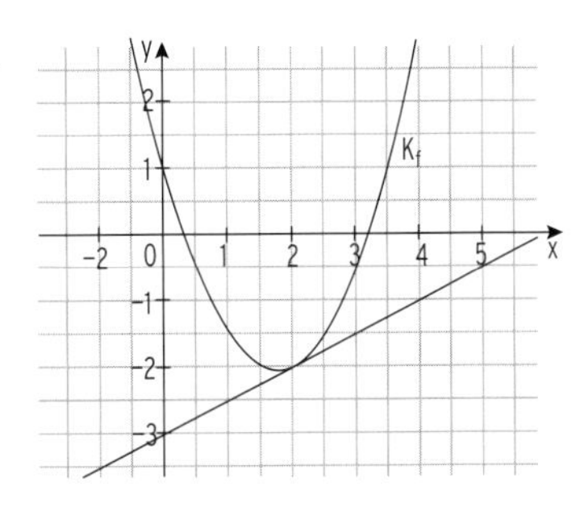

Aufgabe 4

Das Schaubild der Funktion f mit $f(x) = -x^3 + 3x^2 - x - 4$ besitzt einen Wendepunkt.
Bestimmen Sie eine Gleichung der Tangente in diesem Wendepunkt.

Aufgabe 5

Das Schaubild einer ganzrationalen Funktion dritten Grades berührt die x-Achse im Ursprung. Der Punkt H(1 | 1) ist der Hochpunkt des Schaubilds.
Bestimmen Sie die Funktionsgleichung.

Aufgabe 6

K ist der Graph der Funktion f mit $f(x) = e^{x-3} - 2$.
Die Tangente an K an der Stelle x = 3 schneidet die Asymptote von K in S.
Bestimmen Sie die Koordinaten von S.

Aufgabe 7

Berechnen Sie das Integral $\int_{-1}^{2} (x^3 - 0{,}5x^2 - 3x)dx$.
Interpretieren Sie den Integralwert mithilfe geeigneter Flächenstücke.

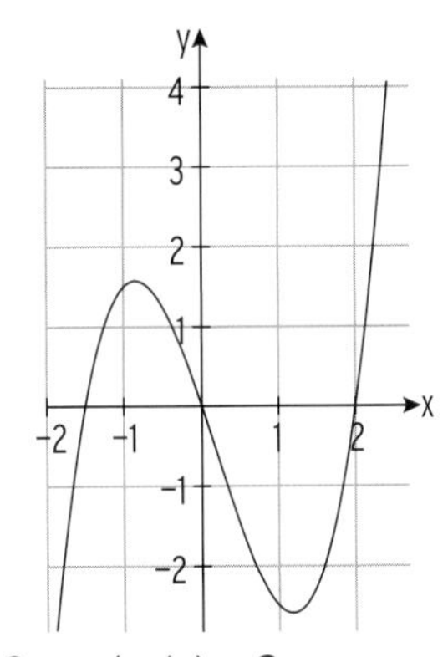

Aufgabe 8

Gegeben sind die Funktionen f und g mit $f(x) = -x^2 + 3$ und $g(x) = 2x$.
Berechnen Sie den Inhalt der Fläche, die von den Graphen der beiden Funktionen eingeschlossen wird.

Aufgabe 9 **Lösungen Seite 25/26**

Gegeben ist die Funktion f mit $f(x) = 4e^{2x} - 2$.

Bestimmen Sie diejenige Stammfunktion F von f mit $F(0{,}5) = -1$.

Aufgabe 10

Die folgende Abbildung zeigt das Schaubild einer Funktion h.
Überprüfen Sie, ob die folgenden Aussagen wahr oder falsch sind.
Begründen Sie.

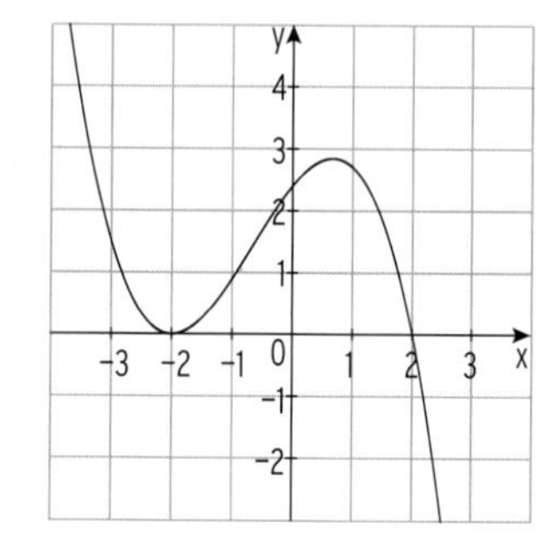

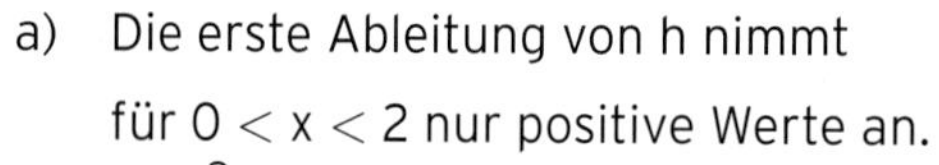

a) Die erste Ableitung von h nimmt für $0 < x < 2$ nur positive Werte an.

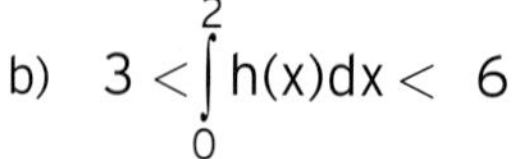

b) $3 < \int_0^2 h(x)dx < 6$

c) Die zweite Ableitung von h wechselt im Bereich $-2 < x < 1$ das Vorzeichen von plus nach minus.

Aufgabe 11

Bestimmen die Sie erste Ableitung von f mit $f(x) = 2x(3x - 1)^2$; $x \in \mathbb{R}$.

Aufgabe 12

Im nebenstehenden Bild sind die Graphen dreier Funktionen f, g und h dargestellt.
Geben Sie an, bei welcher der drei Funktionen es sich um eine Stammfunktion von einer der beiden anderen Funktionen handelt und begründen Sie Ihre Entscheidung.

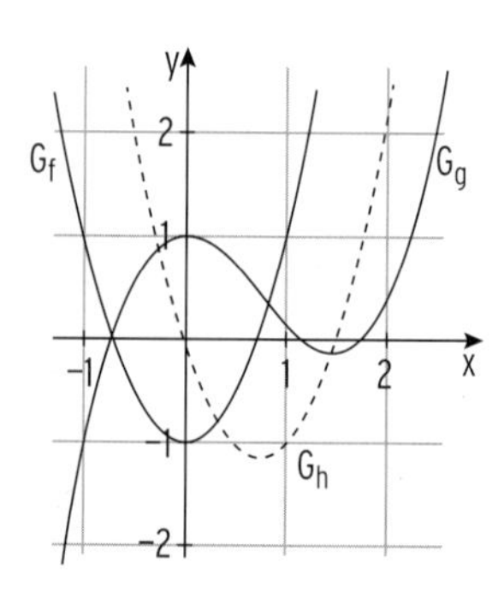

Aufgabe 13

Bilden Sie die erste Ableitung der Funktion f mit $f(x) = 3x \cdot (2x^2 + 5)$.

Aufgabe 14

Erläutern Sie anhand einer Skizze, ob das Integral $\int_0^{\pi} \cos(x)dx$ größer, kleiner oder gleich Null ist.

Aufgabe 15

Lösungen Seite 26/27

Gegeben ist die Funktion f mit $f(x) = -x^3 + 3x^2 - 2x$ und $x \in \mathbb{R}$.
Die Abbildung zeigt ihren Graphen G_f, der bei $x = 1$ den Wendepunkt W hat.

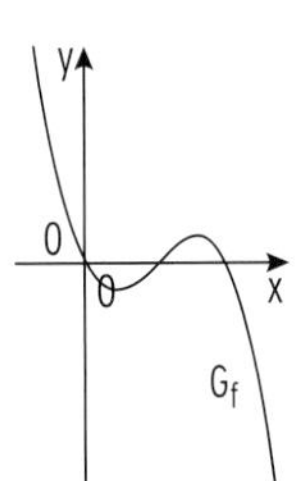

a) Zeigen Sie, dass die Tangente an G_f im Punkt W die Steigung 1 hat.

b) Betrachtet werden die Geraden mit positiver Steigung m, die durch W verlaufen.
Geben Sie die Anzahl der Schnittpunkte dieser Geraden mit G_f in Abhängigkeit von m an.

Aufgabe 16

Die Abbildung zeigt das Schaubild der Ableitungsfunktion f′ einer Funktion f. Geben Sie für jeden der folgenden Sätze an, ob er richtig, falsch oder nicht entscheidbar ist. Begründen Sie jeweils ihre Antwort.

1. Das Schaubild von f hat bei $x = -2$ einen Tiefpunkt.
2. Das Schaubild von f hat für $-3 \leq x \leq 6$ genau zwei Wendepunkte.
3. Das Schaubild von f verläuft im Schnittpunkt mit der y-Achse steiler als die erste Winkelhalbierende
4. $f(0) > f(5)$

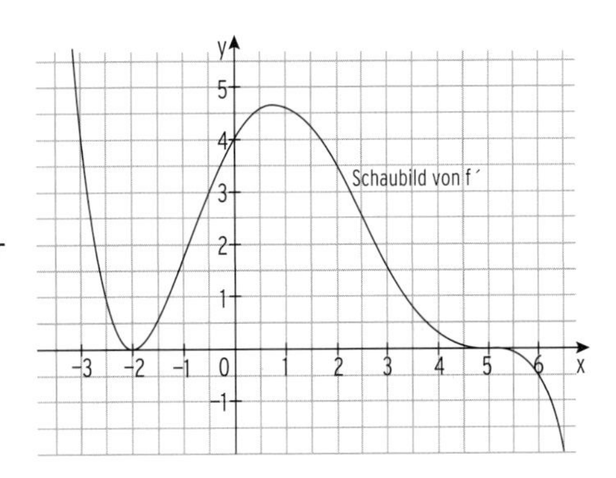

Aufgabe 17

Die Abbildung zeigt das Schaubild einer Funktion f. F ist eine Stammfunktion von f.

a) Welche Aussagen über F ergeben sich daraus im Bereich $-2 < x < 7$ hinsichtlich Extremstellen, Wendestellen, Nullstellen? Begründen Sie Ihre Antworten.

b) Begründen Sie, dass $F(6) - F(2) > 1$ gilt.

c) Bestimmen Sie näherungsweise: $\int_{-1}^{0} f(x)dx$.

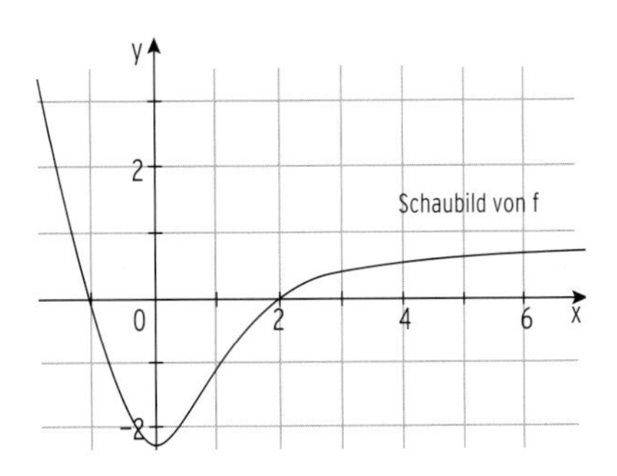

Aufgabe 18

Lösungen Seite 27/28

Gegeben sind die Schaubilder von vier Funktionen, jeweils mit sämtlichen Asymptoten:

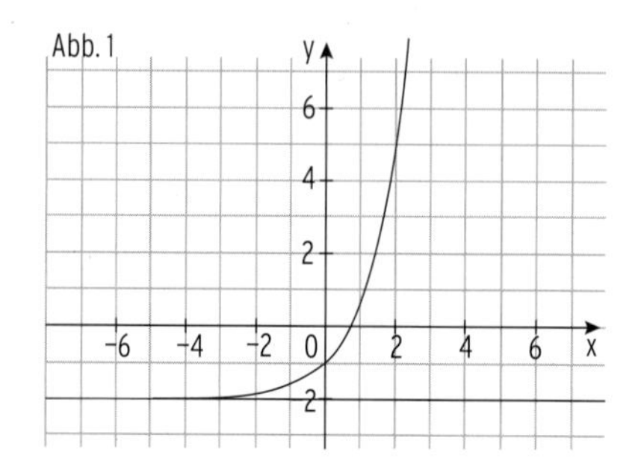

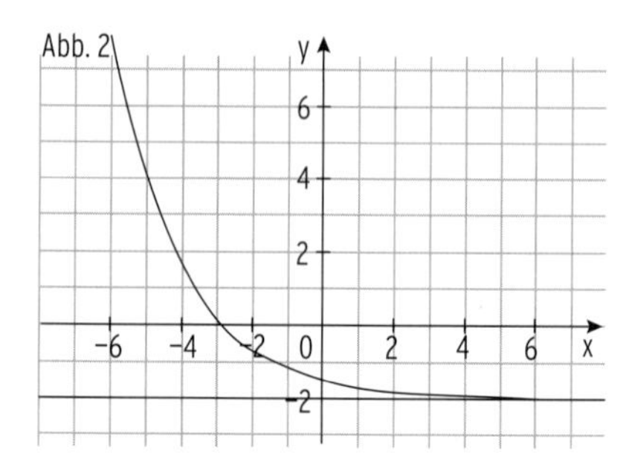

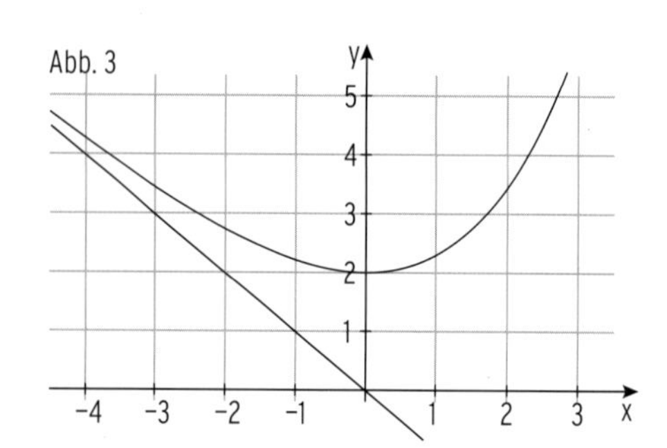

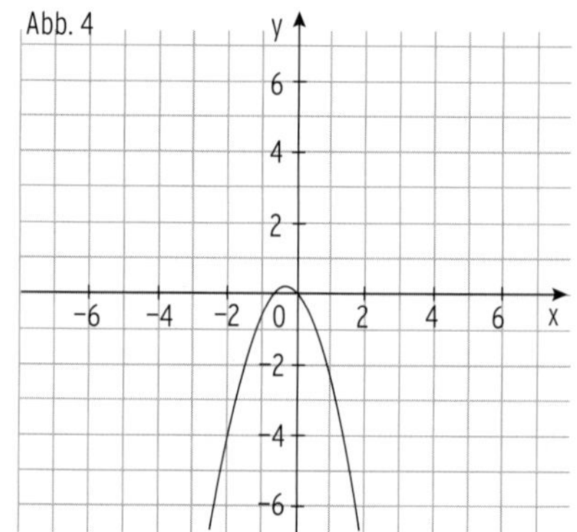

Drei dieser vier Schaubilder werden beschrieben durch die Funktionen f, g und h mit $f(x) = ae^{0,5x} - x$, $g(x) = -2 + be^{-0,5x}$, $h(x) = cx^2 - x$

a) Ordnen Sie den Funktionen f, g und h das jeweils passende Schaubild zu. Begründen Sie Ihre Zuordnung.

b) Bestimmen Sie die Werte für a, b und c.

Aufgabe 19

Die Abbildung zeigt die Graphen einer Funktion und der zugehörigen Ableitungsfunktion. Entscheiden Sie, welcher der Graphen I und II die Ableitungsfunktion darstellt. Begründen Sie Ihre Entscheidung.

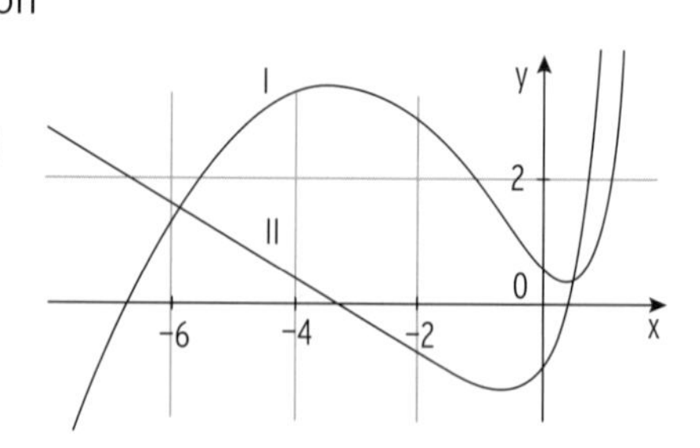

Aufgabe 20

Lösungen Seite 28

Die Abbildung zeigt das Schaubild der Ableitungsfunktion f' einer Funktion f.
Welcher der folgenden Aussagen über die Funktion f sind wahr, falsch oder unentscheidbar? Begründen Sie Ihre Antworten.

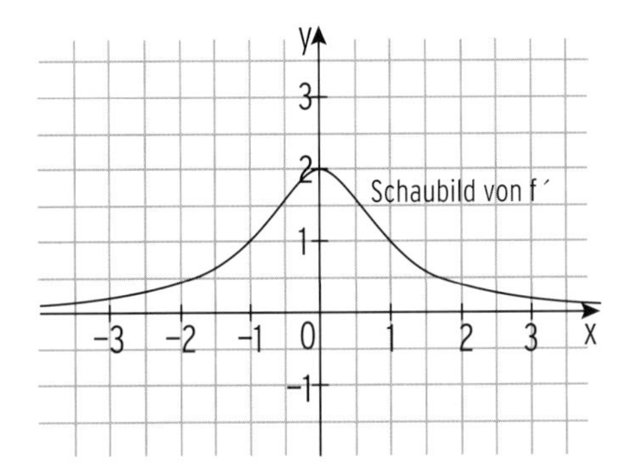

1. f ist streng monoton wachsend für $-3 < x < 3$.
2. Das Schaubild von f hat mindestens einen Wendepunkt.
3. Das Schaubild von f ist symmetrisch zur y-Achse.
4. Es gilt $f(x) > 0$ für alle $x \in [-3;3]$.

Aufgabe 21

Eine nicht lineare Funktion h hat keine Nullstelle. Der Graph von h nähert sich für $x \to -\infty$ asymptotisch der Geraden mit der Gleichung $y = -3$.
Geben Sie einen möglichen Funktionsterm von h an und skizzieren Sie den zugehörigen Graphen.

Aufgabe 22

a) Weisen Sie rechnerisch nach, dass das Schaubild der Funktion f mit $f(x) = \sin(x) + x$ bei $x = \pi$ einen Sattelpunkt aufweist.

b) Gegeben ist die Funktion g durch $g(x) = 3 \cdot e^{-x}$; $x \in \mathbb{R}$.
Das Schaubild von g, die beiden Koordinatenachsen und die Gerade mit der Gleichung $x = 4$ begrenzen eine Fläche.
Berechnen Sie den Inhalt dieser Fläche.

Aufgabe 23

Lösungen Seite 29/30

a) Bestimmen Sie den Funktionsterm für die abgebildete ganzrationale Funktion 2. Grades .

b) Ergänzen Sie den Graphen der 1. Ableitung in das Koordinatensystem. Beschreiben Sie den Verlauf des Ableitungsgraphen mathematisch.

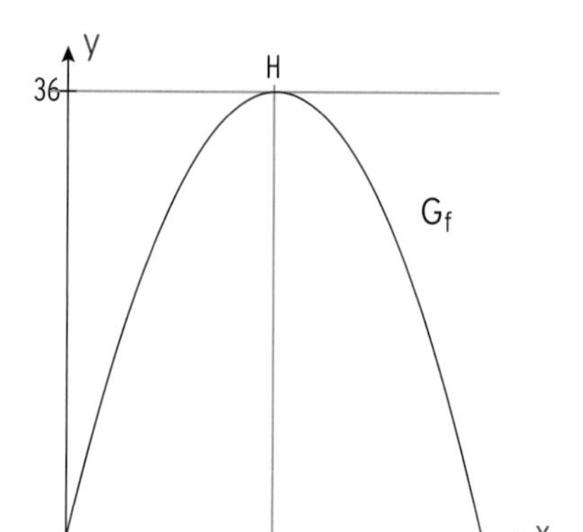

Aufgabe 24

Die Abbildung zeigt den Graphen der Funktion f mit $f(x) = -0{,}5x^3 + 4{,}5x^2 - 12x + 7{,}5;\ x \in \mathbb{R}$.

a) Begründen Sie ohne Rechnung, dass die Gleichung $0 = -0{,}5x^3 + 4{,}5x^2 - 12x + 7{,}5$ nur genau eine Lösung hat.

b) Berechnen Sie die Koordinaten des Wendepunktes des Graphen von f.

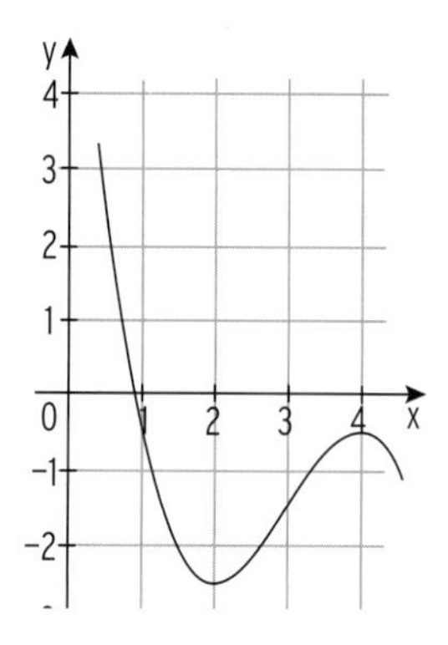

Aufgabe 25

Das Rechteck ABCD mit A(− 2 | 0), B(2| 0), C(2 | 2) und D(− 2| 2) wird durch den Graphen der Funktion f mit $f(x) = -\frac{1}{4}x^2 + 1;\ x \in \mathbb{R}$, in zwei Teilflächen zerlegt. Ermitteln Sie das Verhältnis der Inhalte der beiden Teilflächen.

Aufgabe 26

Gegeben sind die Funktionen f und g mit $f(x) = e^{4x}$ und $g(x) = e^{2x};\ x \in \mathbb{R}$. Zeigen Sie, dass sich die Schaubilder der Funktionen f und g genau einmal schneiden.

Aufgabe 27

Bestimmen Sie die Stammfunktion von g mit $g(x) = 2e^{-4x} + 4x - 3;\ x \in \mathbb{R}$, deren Schaubild die y-Achse bei 6 schneidet.

Aufgabe 28

Lösungen Seite 30/31

Die Kurve G ist das Schaubild einer ganzrationalen Funktion g.
Bezogen auf den unten gezeichneten Ausschnitt sind von den folgenden Aussagen einige falsch. Geben Sie diese an und begründen Sie Ihre Antwort.

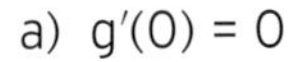

a) $g'(0) = 0$

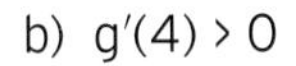

b) $g'(4) > 0$

c) $g''(0) = 0$

d) G hat genau 3 Wendepunkte.

e) $g''(6) < 0$

f) G hat genau 3 Kurvenpunkte mit waagrechter Tangente.

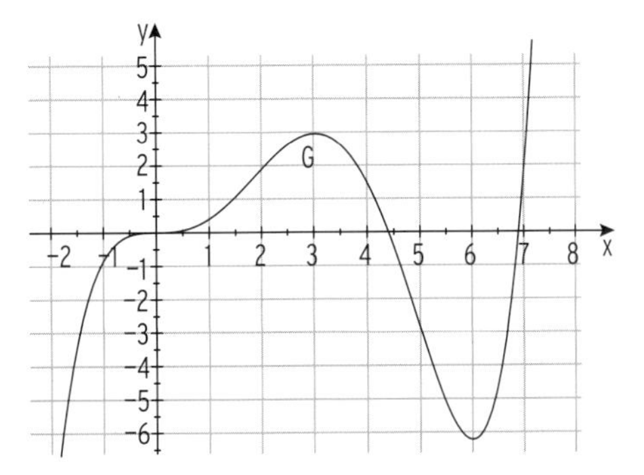

g) G hat genau 3 Extrempunkte.

h) $\int_{-1}^{3} g(x)\,dx < 0$

Aufgabe 29

Von einer Funktion g kennt man den Funktionsterm nur teilweise.
Man weiß: $g(x) = -\frac{1}{3}x^3 + \frac{1}{3}x^2 + cx + 1$.
Es ist bekannt, dass zwei der dargestellten Kurven A, B und C nicht Schaubild von g sein können. Begründen Sie, welche dies sind.

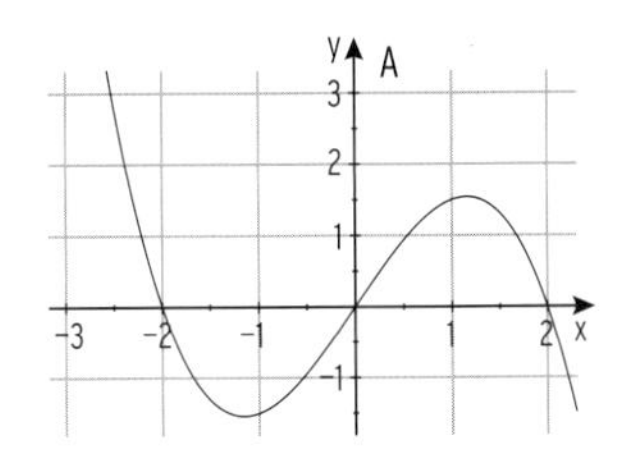

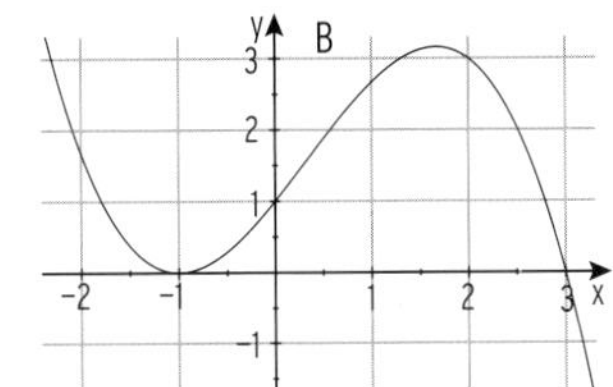

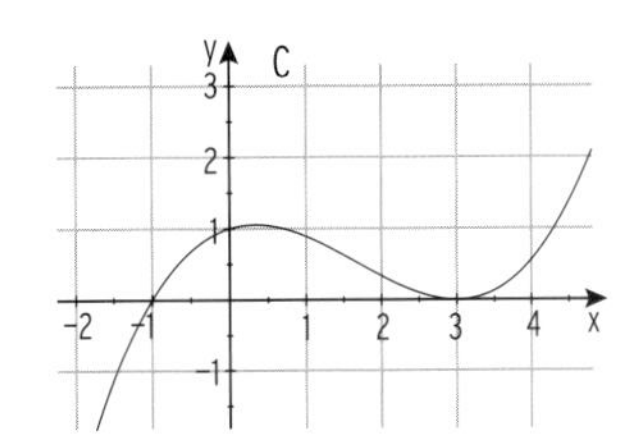

Geben Sie den Term einer Funktion an, deren Schaubild mit der Kurve B im gezeichneten Abschnitt übereinstimmt.
Die Kurve C in obiger Abbbildung ist das Schaubild der Ableitungsfunktion h' einer Funktion h, deren Schaubild durch den Ursprung geht. Skizzieren Sie das Schaubild von h zusammen mit der Kurve C in ein Koordinatensystem.

Aufgabe 30

Lösungen Seite 31/32

Die folgenden Abbildungen zeigen das Schaubild einer Funktion h, ihrer Ableitungsfunktion h′ und einer Stammfunktion H von h.

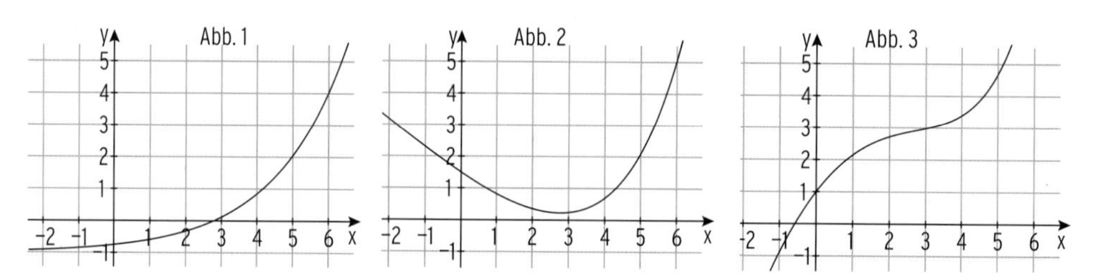

Ordnen Sie die Schaubilder den Funktionen H, h und h′ zu und begründen Sie Ihre Entscheidung.

Aufgabe 31

Die Abbildung zeigt die Schaubilder zweier Funktionen. Zeichnen Sie ein Koordinatensystem so ein, dass das obere Schaubild zu der Funktion g mit $g(x) = 2\cos(\pi x) + 2;\ x \in \mathbb{R}$ gehört. Ermitteln Sie bezüglich Ihres Koordinatensystems den Funktionsterm der zum unteren Schaubild gehörenden Funktion.

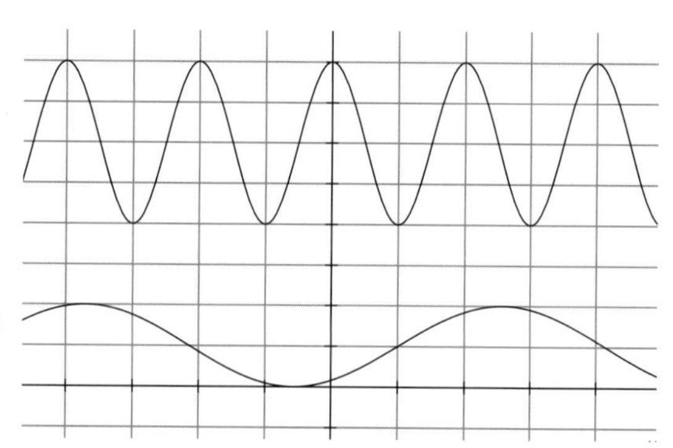

Aufgabe 32

Gegeben ist das Schaubild einer Funktion f. Welche der folgenden Aussagen sind wahr, welche sind falsch?
Begründen Sie Ihre Antwort mit Hilfe der Eigenschaften des gegebenen Schaubildes.

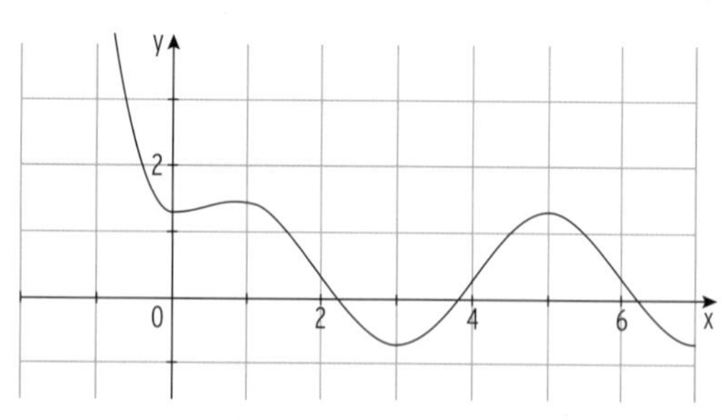

- $f'(0{,}5) > f'(2{,}5)$
- $f''(1) > 0$
- $\int_0^4 f(x)\,dx > 0$
- Jede Stammfunktion von f hat für $0 \leq x \leq 7$ zwei Maximalstellen.

Aufgabe 33

Lösungen Seite 33

Gegeben ist die Funktion f mit

$f(x) = \frac{1}{6}(x^3 - 3x^2 - 9x + 27); x \in \mathbb{R}$.

Die Abbildung zeigt die Graphen von drei Funktionen.
Eine Funktion ist eine Stammfunktion von f.
Entscheiden Sie. Begründen Sie Ihre Wahl, indem Sie jeweils zwei Argumente angeben, die zum Ausschluss eines Graphen führen.

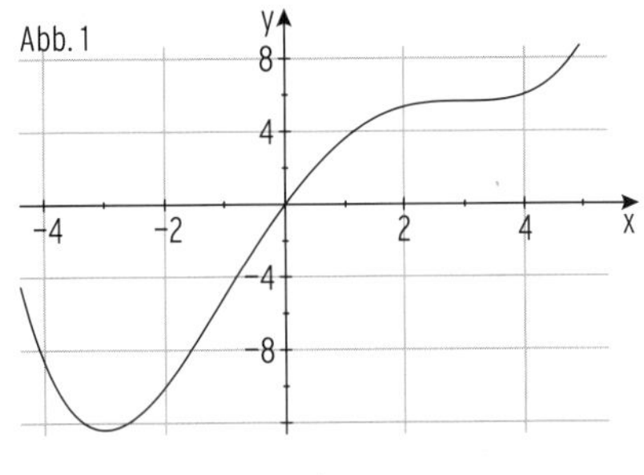

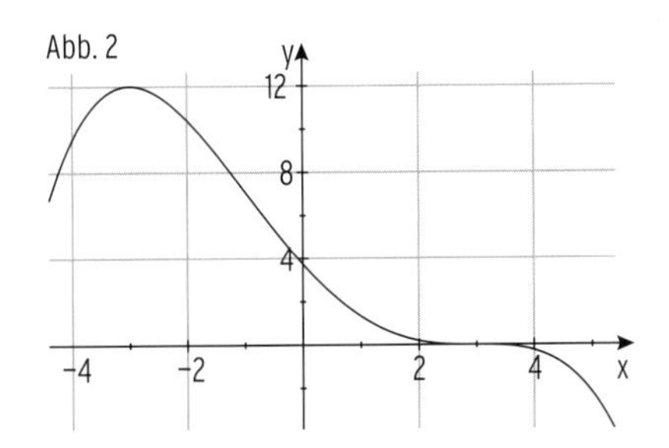

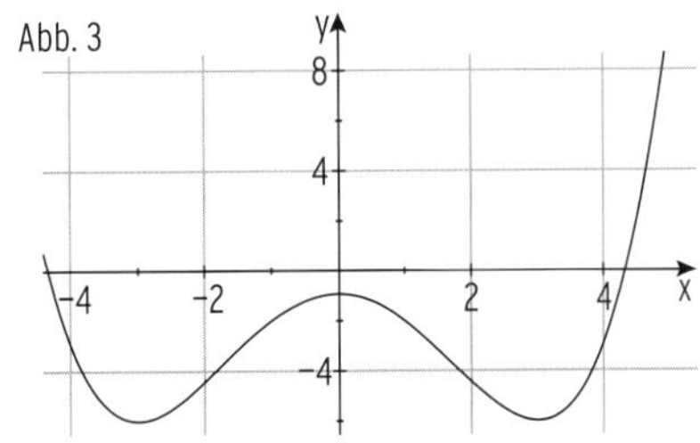

Aufgabe 34

Welche der folgenden Aussagen zum abgebildeten Schaubild einer Funktion f sind richtig, welche falsch?
Begründen Sie Ihre Entscheidung.

a) $\int_0^3 f(x)dx = 12$

b) Eine Stammfunktion von f besitzt zwei Wendestellen.

c) Die durchschnittliche Änderungsrate für $x \in [0; 2]$ ist größer als die momentane Änderungsrate bei $x = 1$.

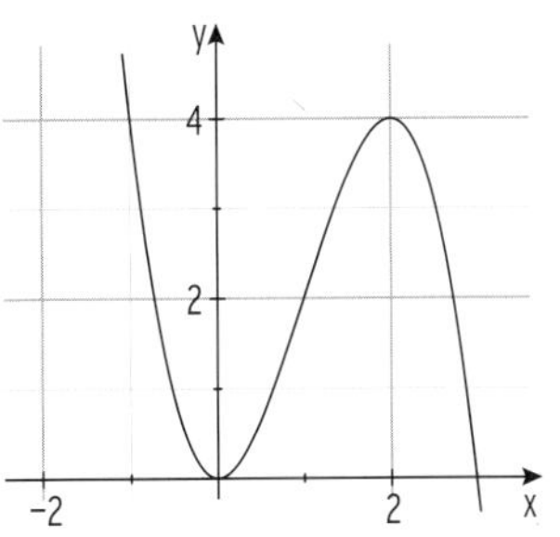

Aufgabe 35

Gegeben ist das Schaubild einer trigonometrischen Funktion mit der Gleichung:

$h(x) = a \cdot \sin(bx) + c$.

Bestimmen Sie mithilfe der Zeichnung passende Werte für a, b und c.

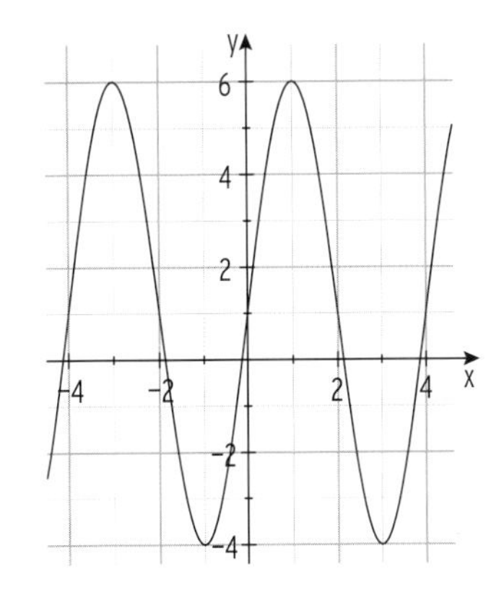

Aufgabe 36

Lösungen Seite 34

Abbildung 1 zeigt das Schaubild $K_{g'}$ der 1. Ableitung der Funktion g.

Entscheiden Sie, ob folgende Aussagen für den abgebildeten Abschnitt richtig, falsch oder nicht entscheidbar sind.

Begründen Sie jeweils Ihre Antwort.

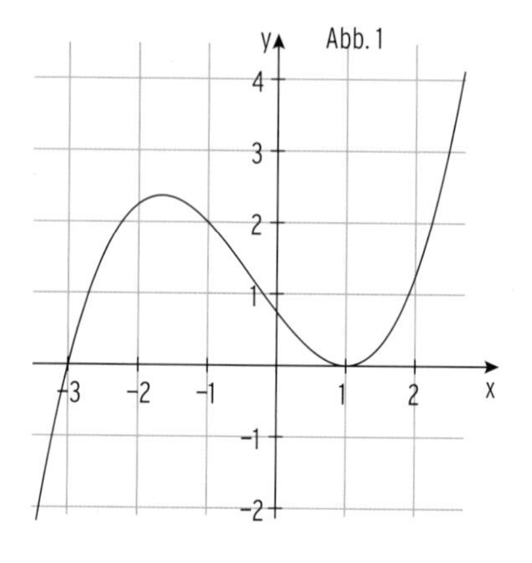

a) Das Schaubild der Funktion g hat einen Punkt, in dem die Tangente die Steigung 3 hat.
b) Die Funktion g hat zwei Extremstellen.
c) Die Funktion g hat für x = 1 eine Nullstelle.
d) Das Schaubild der 2. Ableitung von g hat einen Tiefpunkt mit negativem y-Wert.

Aufgabe 37

Die folgende Abbildung zeigt das Schaubild K_f einer Funktion f.

Begründen Sie, weshalb K_f nicht das Schaubild einer ganzrationalen Funktion 4. Grades sein kann.

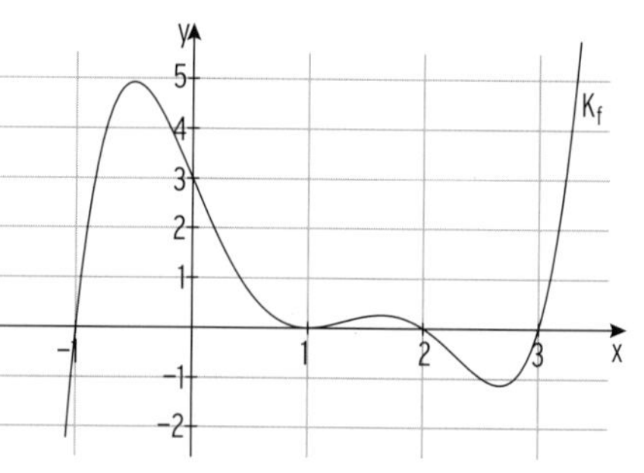

Bestimmen Sie den Funktionsterm einer Funktion g vom Grad 4, deren Schaubild mit den Koordinatenachsen die gleichen gemeinsamen Punkte wie K_f besitzt.

Aufgabe 38

Die Funktion g hat folgende Eigenschaften:

(1) $g(1) = -1$ und $g'(1) = 0$ (2) $g'(0) > 0$

(3) $g''(-2) > 0$ (4) $\int_0^6 g(x)dx = 0$

Welche Bedeutung hat jede einzelne Eigenschaft für das Schaubild von g?

Aufgabe 39

Gegeben ist das Schaubild einer Polynomfunktion f 3. Grades.

Bestimmen Sie einen passenden Funktionsterm.

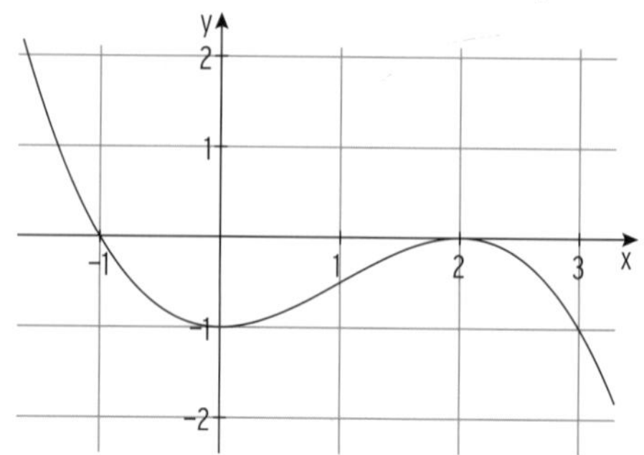

Lösungen der Übungsaufgaben Teil 1 ohne Hilfsmittel

Aufgabe 1 **Aufgabe Seite 9**

1.1 Gleichung in Nullform: $-2x^3 + 6x = 2x \Leftrightarrow -2x^3 + 4x = 0$

Auslammern: $2x(-x^2 + 2) = 0$

Satz vom Nullprodukt: $x = 0 \vee -x^2 + 2 = 0$

$-x^2 + 2 = 0 \Leftrightarrow x^2 = 2 \Leftrightarrow x = \pm\sqrt{2}$

Lösungen: $x_1 = 0;\ x_{2|3} = \pm\sqrt{2}$

1.2 $f(x) = 2 - \frac{1}{4}x^2$; $f'(x) = -\frac{1}{2}x$

$f(2) = 1$; $f'(2) = -1$ einsetzen in $y = mx + b$: $1 = -1 \cdot 2 + b$ ergibt $b = 3$

Gleichung der Tangente: $y = -x + 3$

1.3 $f(x) = -\frac{1}{3}x^3 + 3x^2 - 1$; $f'(x) = -x^2 + 6x$; $f''(x) = -2x + 6$; $f'''(x) = -2 \neq 0$

Wendepunkt: $f''(x) = 0$ $-2x + 6 = 0 \Leftrightarrow x = 3$

$f(3) = 17$ ergibt $W(3 \mid 17)$

1.4 Additionsverfahren: $2x + 5y = 1$ $\cdot(-2)$

$x - y = 3$ ergibt $7y = -5 \Leftrightarrow y = -\frac{5}{7}$

Einsetzen in $x - y = 3$ ergibt $x - (-\frac{5}{7}) = 3 \Leftrightarrow x = 3 - \frac{5}{7} = \frac{16}{7}$

Lösung: $(\frac{16}{7}; -\frac{5}{7})$

1.5 $\int_{-1}^{0} (x^3 + 2)\,dx = \left[\frac{1}{4}x^4 + 2x\right]_{-1}^{0} = 0 - (\frac{1}{4} - 2) = \frac{7}{4}$

1.6 $f(x) = \frac{1}{5}x^2(x-2)(x+1)$ Art und Lage der Nullstellen:

$x = 0$ doppelte Nullstelle (K_f berührt die x-Achse)

$x = 2$; $x = -1$ einfache Nullstelle (K_f schneidet die x-Achse)

1.7 $f(x) = 2\sin(x)$; $x \in \mathbb{R}$

K_f wird um 3 nach links verschoben: $y = 2\sin(x + 3)$ (Ersetze x durch $(x + 3)$)

und um 1 nach unten verschoben: $y = 2\sin(x + 3) - 1$

1.8 Mit der Kettenregel: $f'(x) = 2 \cdot e^{2x-3} - 2$

1.9 Gleichsetzen: $f(x) = g(x)$ $-x^4 + 3 = 2x^2$

Nullform: $x^4 + 2x^2 - 3 = 0$

Substitution: $x^2 = u$ $u^2 + 2u - 3 = 0$

Mit Formel oder $u^2 + 2u - 3 = (u-1)(u+3)$: $u_1 = -3$; $u_2 = 1$

Rücksubstitution: $u_2 = x^2 = 1 \Rightarrow x_{1|2} = \pm 1$

($u_1 = x^2 = -3$ hat keine Lösung)

Schnittpunkte der Schaubilder $S_1(-1 \mid 2)$; $S_2(1 \mid 2)$ (vgl. Symmetrie)

Aufgabe 2 **Aufgabe Seite 10**

2.1 $4\sin(2x) = 0 \Leftrightarrow$ $\sin(2x) = 0$ für $2x = 0; \pi; 2\pi; ...$

Lösungen: $x_1 = 0;\ x_2 = \frac{\pi}{2}$ (oder auch $x = \pi;\ x = -\frac{\pi}{2}; ...$)

2.2 $f(x) = \cos(\frac{1}{4}x) - 1;\ x \in \mathbb{R},\ f'(x) = -\frac{1}{4}\sin(\frac{1}{4}x)$

Senkrecht schneiden bedeutet negativer Kehrwert der Steigung:

$f'(2\pi) = -\frac{1}{4}\sin(\frac{1}{4} \cdot 2\pi) = -\frac{1}{4}\sin(\frac{\pi}{2}) = -\frac{1}{4} \cdot 1 = -\frac{1}{4}$

Steigung der Geraden: $m = \frac{-1}{-\frac{1}{4}} = 4$

$f(2\pi) = -1;\ y = 4x + b$: $-1 = 4 \cdot 2\pi + b \Rightarrow b = -1 - 8\pi$

Gerade durch $P(2\pi \mid -1)$ mit Steigung 4: $y = 4x - 1 - 8\pi$

2.3 $f(x) = e^{-\frac{1}{3}x} - x + 1;\ f'(x) = -\frac{1}{3}e^{-\frac{1}{3}x} - 1;\ f''(x) = \frac{1}{9}e^{-\frac{1}{3}x}$

K_f hat keinen Wendepunkt, da $f''(x) \neq 0$ für alle $x \in \mathbb{R}$

$f''(0) = \frac{1}{9} > 0$ K_f ist eine Linkskurve, da $f''(x) > 0$

2.4 $x + 2y = 1$ (I) $\wedge$ $x - y = -2$ (II) (I) − (II) ergibt $3y = 3 \Rightarrow y = 1$

einsetzen von $y = 1$ in $x + 2y = 1$ ergibt $x = -1$

Lösung: $(-1; 1)$

2.5 $\int_u^0 (x + 2)\,dx = \left[\frac{1}{2}x^2 + 2x\right]_u^0 = 0 - (\frac{1}{2}u^2 + 2u) = 0 \Leftrightarrow -\frac{1}{2}u^2 - 2u = 0$

Ausklammern: $u \cdot (-\frac{1}{2}u - 2) = 0$

Satz vom Nullprodukt: $u = 0;\ u = -4$

$u \neq 0$ nach Aufgabe, also einzige Lösung $u = -4$.

2.6 $f(x) = \frac{1}{4}x^4 + x^3 - 2;\ f'(x) = x^3 + 3x^2;\ f''(x) = 3x^2 + 6x;\ f'''(x) = 6x + 6;$

Wendepunkt: $f''(x) = 0$ $3x^2 + 6x = 0$

$3x(x + 2) = 0$ für $x_1 = 0;\ x_2 = -2$

$f'(0) = 0$ (Tangente ist waagrecht); $f'(-2) = 4$

Mit $f(-2) = -6$ und dem Ansatz: $y = mx + b$: $-6 = 4 \cdot (-2) + b \Rightarrow b = 2$

Gleichung der nicht waagrechten Wendetangente: $y = 4x + 2$

2.7 Das Schaubild von f mit $f(x) = 2\cos(3x) - 1;\ x \in \mathbb{R}$, entsteht aus dem Schaubild mit der Gleichung $y = \cos(x)$ durch Streckung in y-Richtung mit Faktor 2, Streckung in x-Richtung mit Faktor $\frac{1}{3}$ und Verschiebung um 1 nach unten.

2.8 Stammfunktion von f mit $f(x) = \frac{1}{2}\sin(\frac{\pi}{3}x);\ x \in \mathbb{R}$: $F(x) = -\frac{3}{2\pi}\cos(\frac{\pi}{3}x) + c$

durch $(0 \mid 3)$: $F(0) = -\frac{3}{2\pi} + c = 3 \Rightarrow c = 3 + \frac{3}{2\pi}$

Stammfunktion: $F(x) = -\frac{3}{2\pi}\cos(\frac{\pi}{3}x) + 3 + \frac{3}{2\pi}$

Aufgabe 2 **Aufgabe Seite 10**

2.9 Gleichung in Nullform: $e^{2x} + e^x - 2 = 0$

Substitution: $e^{2x} = u^2$; $e^x = u$: $u^2 + u - 2 = 0$

Lösungen in u: $u_{1|2} = -\frac{1}{2} \pm \sqrt{(\frac{1}{2})^2 + 2} = -\frac{1}{2} \pm 1{,}5$

$u_1 = 1$; $u_2 = -2$

Wegen $e^x > 0$ gibt es nur für $u > 0$ eine Lösung, also genau eine Lösung.

2.10 Nullstellen von p: $p(x) = 0$ $x^3 - 100x = 0$

Ausklammern: $x \cdot (x^2 - 100) = 0$

Nullprodukt: $x = 0$ oder $x^2 - 100 = 0$

Lösungen: $x_1 = 0$; $x_{2|3} = \pm 10$

Skizze des Schaubilds von p

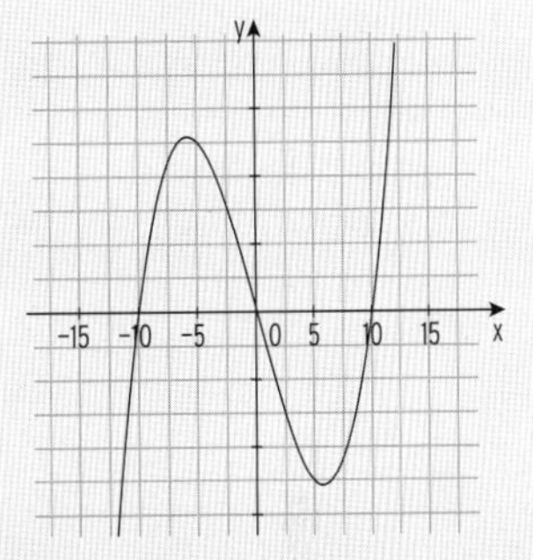

Aufgabe 3 **Aufgabe Seite 11**

Parabel K von f mit $f(x) = ax^2 + bx + c$; $f'(x) = 2ax + b$

Bedingungen und LGS: $f(0) = 1$ $c = 1$

$f(2) = -2$ $4a + 2b + c = -2$

$f'(2) = \frac{1}{2}$ $4a + b = \frac{1}{2}$

Einsetzen von $c = 1$: $4a + 2b + 1 = -2$ $4a + 2b = -3$

$4a + b = \frac{1}{2}$ $| \cdot (-1)$

Addition ergibt: $b = -3{,}5$

Einsetzen in z. B. $4a + b = \frac{1}{2}$ ergibt $a = 1$

Möglicher Funktionsterm $f(x) = x^2 - 3{,}5x + 1$

Aufgabe 4

$f(x) = -x^3 + 3x^2 - x - 4$ besitzt einen Wendepunkt.

Ableitungen: $f'(x) = -3x^2 + 6x - 1$; $f''(x) = -6x + 6$

Wendepunkt: $f''(x) = 0$ $-6x + 6 = 0 \Rightarrow x = 1$

Mit $f'''(x) = -6 \neq 0$ ist $x = 1$ Wendestelle.

Mit $f(1) = -3$ und $f'(1) = 2 = m$ erhält man mit $y = mx + b$

die Tangente in $W(1\,|\,-3)$: $-3 = 1 \cdot 2 + b \Rightarrow b = -5$

Gleichung der Tangente: $y = 2x - 5$

Aufgabe 5 **Aufgabe Seite 11**

Ansatz: $f(x) = ax^3 + bx^2 + cx + d$; $f'(x) = 3ax^2 + 2bx + c$; $f''(x) = 6ax + 2b$

Bedingungen: $f(0) = 0$ $d = 0$

$f'(0) = 0$ $c = 0$

H(1 | 1) der Hochpunkt: $f(1) = 1$ $a + b + c + d = 1$

$f'(1) = 0$ $3a + 2b + c = 0$

c und d eingesetzt: $a + b = 1$ $|\cdot 3$

$3a + 2b = 0$ $|\cdot (-1)$

Additionsverfahren: $b = 3$

Einsetzen in $a + b = 1$ ergibt $a = -2$

Funktionsterm: $f(x) = -2x^3 + 3x^2$

Aufgabe 6

K: $f(x) = e^{x-3} - 2$

Ableitungen: $f'(x) = e^{x-3}$; $f''(x) = e^{x-3}$

Mit $f(3) = -1$ und $f'(3) = 1 = m$ erhält man mit $y = mx + c$

die Tangente in P(3 | − 1):

Einsetzen: $-1 = 1 \cdot 3 + c \Rightarrow c = -4$

Gleichung der Tangente: $y = x - 4$

Schnitt von Tangente und Asymptote: $y = -2$

Gleichsetzen: $-2 = x - 4 \Rightarrow x = 2$

Koordinaten des Schnittpunktes: S(2 |− 2)

Aufgabe 7

$$\int_{-1}^{2} (x^3 - 0{,}5x^2 - 3x)dx = \left[\tfrac{1}{4}x^4 - \tfrac{1}{6}x^3 - \tfrac{3}{2}x^2\right]_{-1}^{2}$$

$$= 4 - \tfrac{4}{3} - 6 - \left(\tfrac{1}{4} + \tfrac{1}{6} - \tfrac{3}{2}\right)$$

$$= -2 - \tfrac{4}{3} - \tfrac{3 + 2 - 18}{12} = -\tfrac{27}{12}$$

$$= -2{,}25$$

(Flächenbilanz)

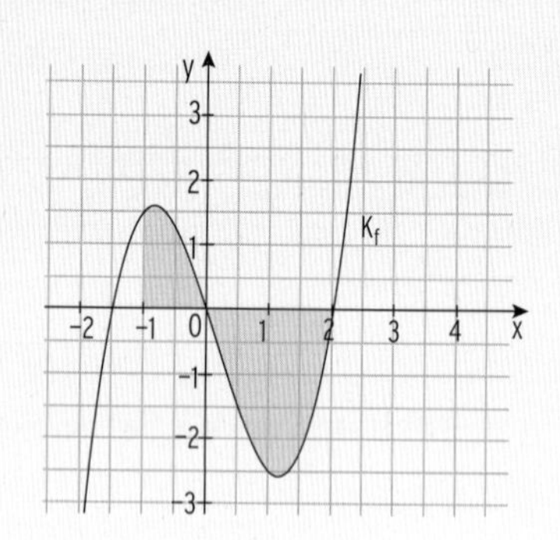

Das Flächenstück zwischen K_f und der x-Achse oberhalb der x-Achse ist um 2,25 kleiner als das Flächenstück zwischen K_f und der x-Achse unterhalb der x-Achse.

Aufgabe 8 **Aufgabe Seite 11**

Schnittstellen von f und g durch

Gleichsetzen: $f(x) = g(x)$ $-x^2 + 3 = 2x$

Nullform: $x^2 + 2x - 3 = 0$

Lösung mit Formel: $x_{1|2} = \frac{-b \pm \sqrt{b^2 - 4ac}}{2a}$ $x_{1|2} = \frac{-2 \pm \sqrt{4 - 4 \cdot (-3)}}{2} = \frac{-2 \pm 4}{2}$

Schnittstellen = Integrationsgrenzen: $x_1 = -3$; $x_2 = 1$

Integration von − 3 bis 1 über f(x) − g(x): $\int_{-3}^{1} (f(x) - g(x))dx$

$$= \int_{-3}^{1} (-x^2 + 3 - 2x)dx = \left[-\frac{1}{3}x^3 + 3x - x^2\right]_{-3}^{1} = -\frac{1}{3} + 3 - 1 - (-\frac{1}{3}(-3)^3 + 3(-3) - (-3)^2)$$

$$\int_{-3}^{1} (f(x) - g(x))dx = \frac{32}{3}$$

Der Inhalt der eingeschlossenen Fläche beträgt $\frac{32}{3}$.

Aufgabe 9 **Aufgabe Seite 12**

$f(x) = 4e^{2x} - 2$

Stammfunktion: $F(x) = 2e^{2x} - 2x + c$

Bedingung für c: $F(0{,}5) = -1$: $F(0{,}5) = 2e^1 - 1 + c = -1 \Leftrightarrow c = -2e$

Gesuchte Stammfunktion: $F(x) = 2e^{2x} - 2x - 2e$

Aufgabe 10

a) Die Aussage ist falsch. Beispielweise hat das Schaubild von h bei x = 1 eine negative Steigung ($h'(1) < 0$), somit weist die erste Ableitung von h hier einen negativen y-Wert auf.

b) Die Aussage ist wahr. Die Fläche, die von den Koordinatenachsen und dem Schaubild von h eingeschlossen wird, ist größer als drei Flächeneinheiten aber kleiner als sechs Flächeneinheiten, wie man durch „Kästchenzählen" ermitteln kann.
Oder: Ein Dreieck mit Inhalt 3 lässt sich nahezu einbeschreiben, ein Rechteck mit Inhalt 6 umschließt die ganze Fläche.

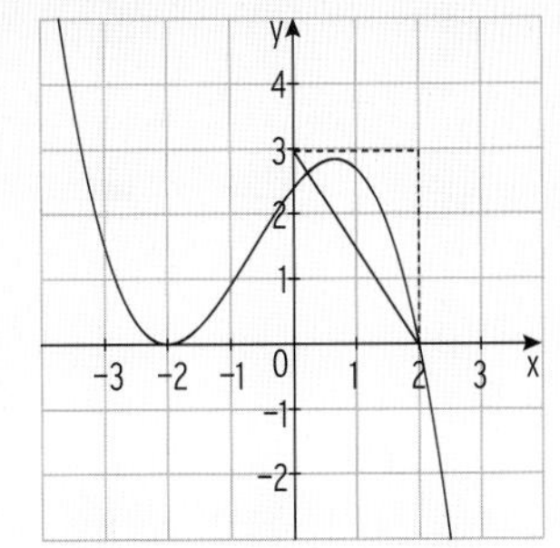

c) Die Aussage ist wahr. Das Schaubild weist bei ca. x = − 0,7 einen Wendepunkt auf. Hier findet ein Wechsel von Linkskrümmung ($h''(x) > 0$) zu Rechtskrümmung ($h''(x) < 0$) statt.

Aufgabe 11 **Aufgabe Seite 12**

Erste Ableitung von f mit $f(x) = 2x(3x - 1)^2;\ x \in \mathbb{R}$

Ausmultiplizieren: $f(x) = 2x(3x - 1)^2 = 2x(9x^2 - 6x + 1) = 18x^3 - 12x^2 + 2x$

$f'(x) = 54x^2 - 24x + 2$

Aufgabe 12

Der Graph von g ist der Graph einer Stammfunktion von h

Begründung: Die Extremstelle $x_1 = 0$ von g ist einfache Nullstelle von h ,

die Extremstelle $x_2 \approx 1{,}5$ von g ist einfache Nullstelle von h.

Die Wendestelle $x_W \approx 0{,}7$ von g ist Extremstelle von h.

Aufgabe 13

Ableitung von f mit $f(x) = 3x \cdot (2x^2 + 5)$ nach Ausmultiplizieren

$f(x) = 6x^3 + 15x$

$f'(x) = 18x^2 + 15$

Erste Ableitung von f: $f'(x) = 18x^2 + 15$

Aufgabe 14

Durch das Integral werden die Inhalte der beiden Teilflächen miteinander verrechnet. Da beide Teilflächen den gleichen Flächeninhalt aufweisen, hat das Integral den Wert 0.

Skizze:

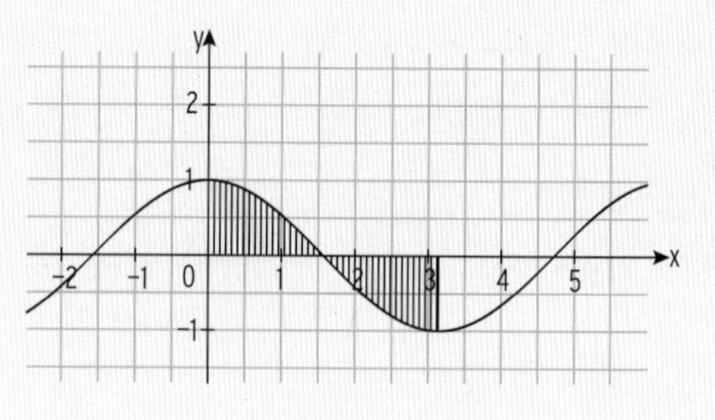

Aufgabe 15 **Aufgabe Seite 13**

$f(x) = -x^3 + 3x^2 - 2x$ und $x \in \mathbb{R}$

$x = 1$ ist Wendestelle

a) $f'(x) = -3x^2 + 6x - 2;\ f'(1) = -3 + 6 - 2 = 1$

Die Tangente an G_f im Punkt W hat die Steigung 1

b) Geraden mit positiver Steigung m durch W; Anzahl der Schnittpunkte:

3 Schnittpunkte für $0 < m < 1$

1 Schnittpunkt für $m \geq 1$

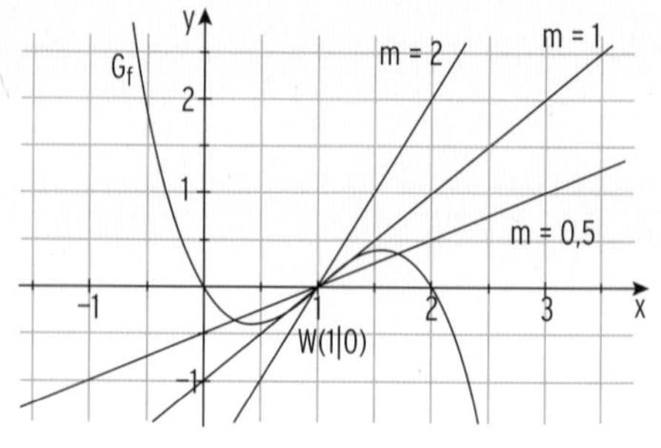

Aufgabe 16 **Aufgabe Seite 13**

1. Das Schaubild von f hat bei $x = -2$ einen Tiefpunkt.
   falsch; $f'(x)$ wechselt bei $x = -2$ das Vorzeichen nicht.
2. Das Schaubild von f hat für $-3 \leq x \leq 6$ genau zwei Wendepunkte.
   wahr: Das Schaubild von f′ hat für $-3 \leq x \leq 6$ genau zwei Extrempunkte.
3. Das Schaubild von f verläuft im Schnittpunkt mit der y-Achse steiler als die erste Winkelhalbierende.
   wahr: $f'(0) = 4 > 1$
4. $f(0) > f(5)$
   falsch: $f'(x) > 0$ für $0 < x < 5$, also ist f wachsend

Aufgabe 17

a) Aussagen über F: Zwei Extremstellen, da f zwei Nullstellen mit VZW hat;
Eine Wendestelle, da f eine Extremstelle hat ;
keine Aussage über Nullstellen möglich, da F nur bis auf einen Summanden festgelegt ist.

b) $F(6) - F(2) > 1$
$\int_2^6 f(x)dx = F(6) - F(2) > 1$, da der Inhalt der Fläche zwischen dem Graph von f und der x-Achse auf [2; 6] größer als 1 ist.

c) $\int_{-1}^0 f(x)dx \approx -\frac{1}{2} \cdot 1 \cdot 2{,}5 = -1{,}25$

Aufgabe 18 **Aufgabe Seite 14**

a) und b)

Abb. 4: Parabel mit $h(x) = cx^2 - x$
geht durch den Ursprung und durch $P(-2 \mid -4)$
$-4 = c\,(-2)^2 - (-2)$ damit $c = -\frac{3}{2}$

Abb. 2: Graph einer Exponentialfunktion mit $g(x) = -2 + be^{-0{,}5x}$
waagrechte Asymptote: $y = -2$ für $x \to \infty$
verläuft durch $S(0 \mid -1{,}5)$, also $-1{,}5 = -2 + b \Rightarrow b = 0{,}5$

Abb. 3: Graph einer Exponentialfunktion mit $f(x) = ae^{0{,}5x} - x$
schiefe Asymptote: $y = -x$ für $x \to -\infty$
verläuft durch $S(0 \mid 2)$, also $2 = a$

Aufgabe 19 **Aufgabe Seite 14**

Graph II

Begründung: Graph I schneidet für ein $x \in [-7; -6]$ die x-Achse.

Würde Graph I die Ableitungsfunktion darstellen, so müsste Graph II für dieses $x \in [-7; -6]$ einen Extrempunkt haben. Da dies nicht der Fall ist, stellt Graph II die Ableitungsfunktion dar.

Aufgabe 20 **Aufgabe Seite 15**

1. f ist streng monoton wachsend für $-3 < x < 3$. Wahr, da $f'(x) > 0$ für alle x
2. Das Schaubild von f hat mindestens einen Wendpunkt.

   wahr, da das Schaubild von f ′ mindestens einen Hochpunkt hat.
3. Das Schaubild von f ist symmetrisch zur y-Achse.

   falsch, da $f'(-x) = f'(x)$ gilt
4. Es gilt $f(x) > 0$ für alle $x \in [-3;3]$.

   nicht entscheidbar, das Schaubild von f ist festgelegt bis auf einen konstanten Summanden.

Aufgabe 21

$h(x) = -e^x - 3$

Der Graph nähert sich von unten an die Asymptote ($y = -3$) an.

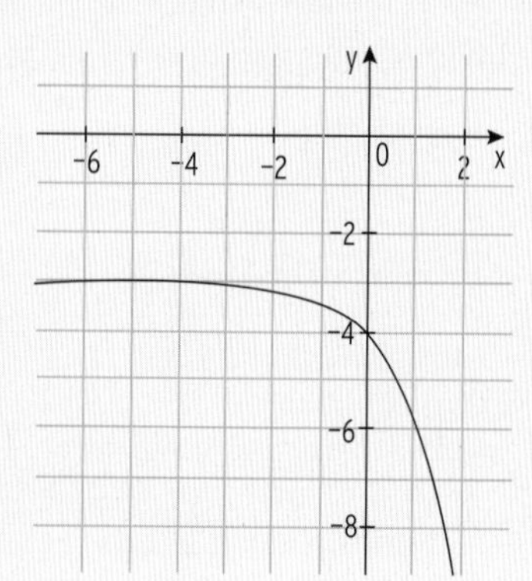

Aufgabe 22

a) Ein Sattelpunkt ist ein Wendepunkt mit waagrechter Tangente. Somit muss gelten: $f''(\pi) = 0$ und $f'''(\pi) \neq 0$ und $f'(\pi) = 0$

f mit $f(x) = \sin(x) + x$; $f'(x) = \cos(x) + 1$; $f''(x) = -\sin(x)$; $f'''(x) = -\cos(x)$

Die Bedingungen werden überprüft:

$f''(\pi) = 0 \qquad -\sin(\pi) = 0$

$f'''(\pi) \neq 0 \qquad -\cos(\pi) = 1 \neq 0$

$f'(\pi) = 0 \qquad \cos(\pi) + 1 = 0$

Da alle Bedingungen erfüllt sind, liegt hier ein Sattelpunkt vor.

b) Inhalt dieser Fläche: $A = \int_0^4 3 \cdot e^{-x}dx = [-3e^{-x}]_0^4 = -3 \cdot e^{-4} + 3 \cdot e^0$

$A = -3 \cdot e^{-4} + 3$

Aufgabe 23

Aufgabe Seite 16

a) Ansatz: $f(x) = ax^2 + bx$ wegen $f(0) = 0$ — $f'(x) = 2ax + b$

Bedingungen und LGS: $f(3) = 36$ — $9a + 3b = 36$

$3a + b = 12 \quad | \cdot(-1)$

$f'(3) = 0$ — $6a + b = 0$

Addition ergibt: $3a = -12 \Leftrightarrow a = -4$

Einsetzen in $6a + b = 0$: $b = 24$

Funktionsterm: $f(x) = -4x^2 + 24x$

Hinweis: $f(6) = 0$ führt auf $36a + 6b = 0 \Leftrightarrow 6a + b = 0$

oder: $f(x) = ax \cdot (x - 6)$

Punktprobe mit H(3 | 36): $36 = a \cdot 3 \cdot (-3) \Rightarrow a = -4$

$f(x) = -4x \cdot (x - 6)$

b) Graph der 1. Ableitung: fallende Gerade
Sie schneidet die x-Achse an der
Maximalstelle von f, in x = 3.

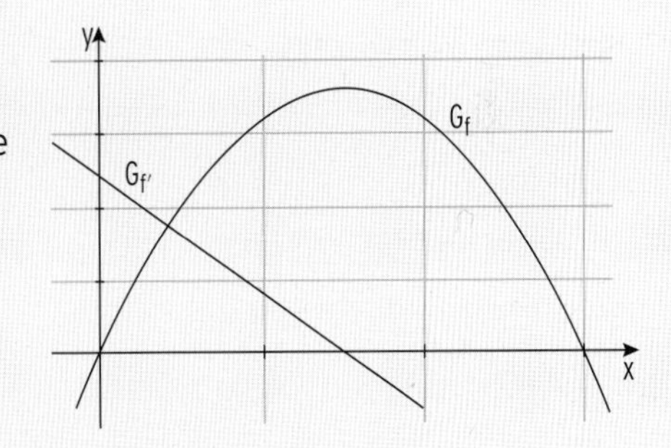

Aufgabe 24

a) In der dargestellten Abbildung sieht man eine Nullstelle. Anhand des Graphen erkennt man, dass die Funktion f zwei Extrempunkte besitzt. Diese liegen unterhalb der x -Achse. Da eine Funktion 3-ten Grades nur höchstens zwei Extrempunkte besitzt, werden außerhalb des hier dargestellten Bereiches keine weiteren Extrema liegen. Somit werden für $x \to -\infty$ die Funktionswerte immer größer und für $x \to \infty$ immer kleiner. Deshalb wird es keine weitere Nullstelle geben.

b) Es ist $f'(x) = -1{,}5x^2 + 9x - 12$; $f''(x) = -3x + 9$; $f'''(x) = -3$

$f''(x) = 0$ — $-3x + 9 = 0$

$3x = 9 \Leftrightarrow x = 3$

$f'''(x) = -3 \neq 0$; x = 3 ist Wendestelle

$f(3) = -1{,}5$

Der Wendepunkt ist $W(3|-1{,}5)$.

Aufgabe 25 **Aufgabe Seite 16**

Das Rechteck ABCD hat einen Flächeninhalt von $4 \cdot 2 = 8$. Unterhalb des Graphen von f liegt eine Fläche von

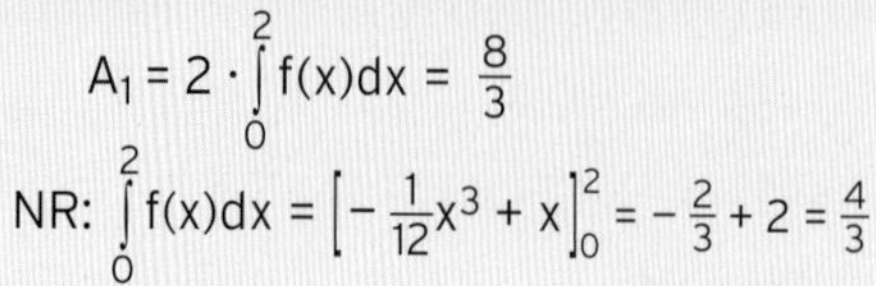

$$A_1 = 2 \cdot \int_0^2 f(x)dx = \frac{8}{3}$$

NR: $\int_0^2 f(x)dx = \left[-\frac{1}{12}x^3 + x\right]_0^2 = -\frac{2}{3} + 2 = \frac{4}{3}$

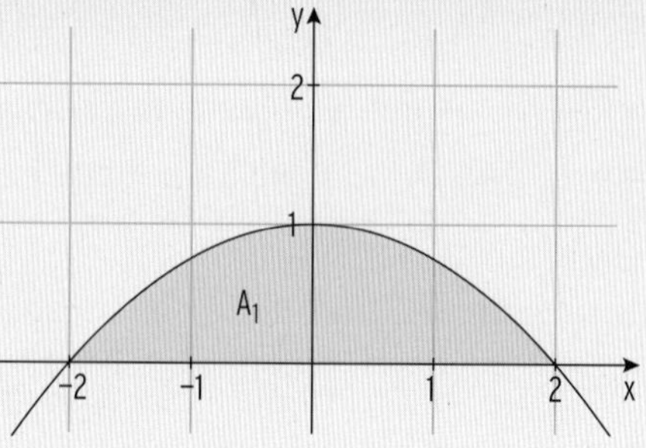

Also liegt eine Fläche von $8 - \frac{8}{3} = \frac{16}{3}$ oberhalb des Graphen.

Damit ist das Verhältnis der beiden Teilflächen 1 : 2 (oder umgekehrt)

Aufgabe 26

Gleichsetzen: f(x) = g(x)	$e^{4x} = e^{2x}$
Nullform:	$e^{4x} - e^{2x} = 0$
Ausklammern	$e^{2x}(e^{2x} - 1) = 0$
Satz vom Nullprodukt: $e^{2x} \neq 0$	$e^{2x} - 1 = 0 \Leftrightarrow e^{2x} = 1$
Einzige Lösung (Schnittstelle)	$x = 0$

Die Schaubilder von f und g schneiden sich genau einmal.

Aufgabe 27

Stammfunktion von g mit $g(x) = 2e^{-4x} + 4x - 3$: $G(x) = -\frac{1}{2}e^{-4x} + 2x^2 - 3x + d$

Punktprobe mit (0 | 6): $6 = -\frac{1}{2}e^{-4 \cdot 0} + d$

$6 = -\frac{1}{2} \cdot 1 + d \Rightarrow d = 6{,}5$

Gesuchte Stammfunktion G mit $G(x) = -\frac{1}{2}e^{-4x} + 2x^2 - 3x + 6{,}5$

Aufgabe 28 **Aufgabe Seite 17**

Aussage b) ist falsch, da G bei x = 4 monoton fällt, also $g'(4) < 0$ sein müsste.

Aussage e) ist falsch, da G bei x = 6 einen TP hat und somit $g''(6) > 0$ sein müsste.

Aussage g) ist falsch, da O(0 | 0) ein Sattelpunkt und somit kein Extrempunkt ist. Ferner hat G nur noch zwei weitere Punkte mit waagrechter Tangente.

Aussage h) ist falsch, da die von G, der x-Achse und der Geraden mit der Gleichung x = 3 eingeschlossene Fläche einen größeren Flächeninhalt besitzt als die Fläche, die von G, der x-Achse und der Geraden mit der Gleichung x = −1 eingeschlossen wird.

Aufgabe 29 **Aufgabe Seite 17**

Kurve A kann nicht das Schaubild der Funktion g sein,

- da das Schaubild von g nicht durch den Ursprung gehen kann.

oder - Kurve A ist symmetrisch zu O, also müsste b = 0 und d = 0 sein.

Kurve C kann nicht das Schaubild der Funktion g sein,

da der Koeffizient vor x^3 von g negativ ist. Das Schaubild von g verläuft also vom 2. in den 4. Quadranten: $y \to -\infty$ für $x \to \infty$.

Punktprobe mit P(3 | 0): f(3) = 0: $-\frac{1}{3} \cdot 3^3 + \frac{1}{3} \cdot 3^2 + 3c + 1 = 0 \Rightarrow c = \frac{5}{3}$

Funktionsterm: $f(x) = -\frac{1}{3}x^3 + \frac{1}{3}x^2 + \frac{5}{3}x + 1$

oder: Lösung mit dem Nullstellen-Ansatz: $f(x) = a(x + 1)^2(x - 3)$

Punktprobe mit z. B. (0 | 1) ergibt $a = -\frac{1}{3}$.

Funktionsterm: $f(x) = -\frac{1}{3}(x + 1)^2(x - 3)$

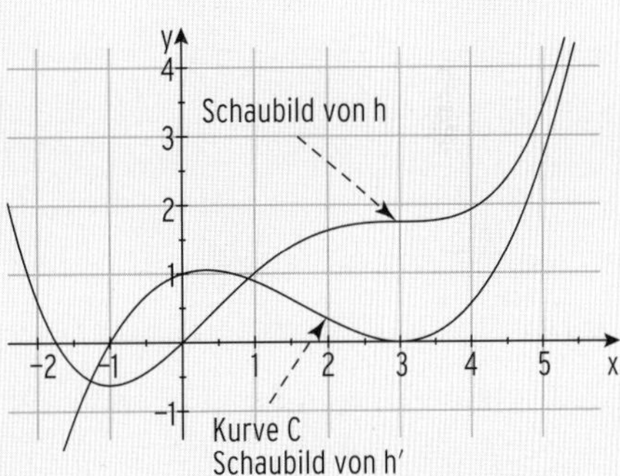

Hinweise zum Schaubild von h:

h′ hat eine einfache Nullstelle in x = − 1

mit VZW von − nach +.

⇒ h hat eine Minimalstelle in x = − 1.

h′ hat eine Extremstelle in $x \approx 0{,}5$.

⇒ h hat eine Wendestelle in $x \approx 0{,}5$.

h′ hat eine Extremstelle in x = 3 mit h′(3) = 0.

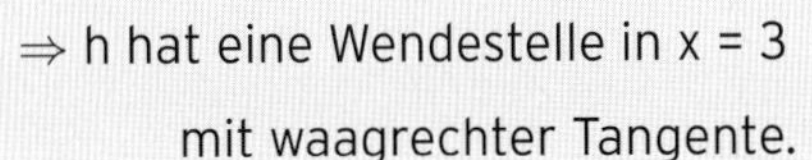

⇒ h hat eine Wendestelle in x = 3

mit waagrechter Tangente.

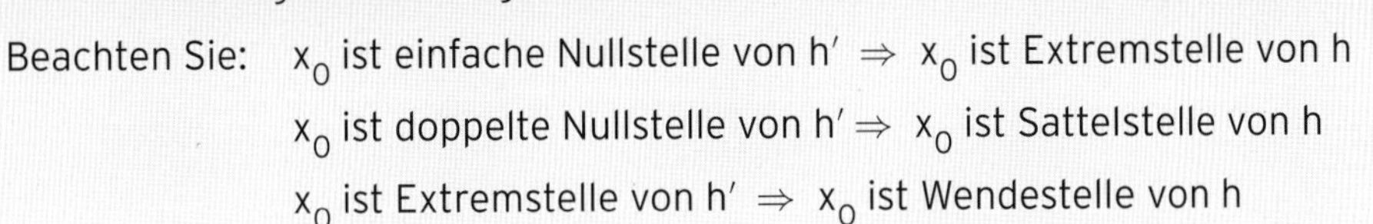

Beachten Sie: x_0 ist einfache Nullstelle von h′ ⇒ x_0 ist Extremstelle von h

x_0 ist doppelte Nullstelle von h′ ⇒ x_0 ist Sattelstelle von h

x_0 ist Extremstelle von h′ ⇒ x_0 ist Wendestelle von h

(x_0 ist Sattelstelle von h)

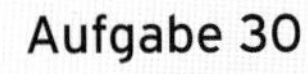

Aufgabe 30 **Aufgabe Seite 18**

Zuordnung: Abb. 1: h′ Abb. 2: h Abb. 3: H

Begründung: An der Stelle $x \approx 2{,}7$ hat nur der Graph in Abb. 2 einen Tiefpunkt.

An der Stelle $x \approx 2{,}7$ hat nur der Graph in Abb. 3 einen Wendepunkt.

An der Stelle $x \approx 2{,}7$ hat nur der Graph in Abb. 1 eine Nullstelle mit Vorzeichenwechsel von − nach +.

Aufgabe 31 **Aufgabe Seite 18**

Das Schaubild der Funktion g mit $g(x) = 2\cos(\pi x) + 2$ hat die Periode $p = \frac{2\pi}{\pi} = 2$, die Amplitude 2 und die Mittellinie $y = 2$. Das Schaubild berührt also die x-Achse und verläuft symmetrisch zur y-Achse.

$H(0 \mid 4)$ ist ein Hochpunkt.

Das untere Schaubild hat die Mittelinie $y = -3$, einen Wendepunkt bei $(1 \mid -3)$, die Amplitude $a = 1$ und die Periode $p = 2\pi$.

Das untere Schaubild ergibt sich aus der Kurve mit der Gleichung $y = \sin(x)$ mit Wendepunkt $(0 \mid 0)$ durch Verschiebung um 1 nach rechts und um 3 nach unten: $h(x) = \sin(x - 1) - 3$.

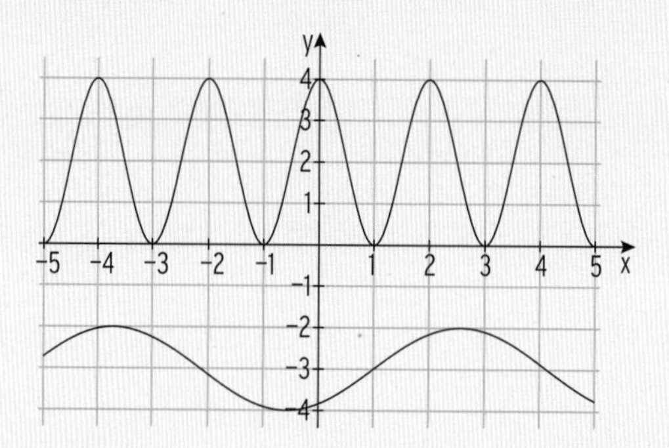

Aufgabe 32

- $f'(0{,}5) > f'(2{,}5)$ wahr; die Steigung in $x = 0{,}5$ ist positiv, die Steigung in $x = 2{,}5$ ist negativ.
- $f''(1) > 0$ falsch; an der Stelle $x = 1$ liegt eine Rechtskrümmung vor.
- $\int_0^4 f(x)dx > 0$ wahr; die Summe der Inhalte der Flächen oberhalb der x-Achse ist größer als Summe der Inhalte der Flächen unterhalb der x-Achse
- Die 4. Aussage ist wahr; Eine Stammfunktion von f hat dann eine Maximalstelle, wenn die Funktion f eine Nullstelle mit einem Vorzeichenwechsel von positiven zu negativen Werten besitzt.
  Dies ist für $0 \leq x \leq 7$ an der Stellen $x \approx 2{,}3$ und $x \approx 6{,}2$ der Fall.

Aufgabe 33

Aufgabe Seite 19

Eine Stammfunktion von f ist eine ganzrationale Funktion 4. Grades, die vom II. in den I. Quadranten verläuft.

Abbildung 1 ist das Schaubild einer Stammfunktion von f.

Abbildung 2 wird ausgeschlossen, wegen:

Der Verlauf trifft nicht zu, die Kurve verläuft vom III. in den IV. Quadranten

oder: $f(0) = F'(0) > 0$, aber die Kurve in Abbildung 2 ist fallend in $x = 0$

Abbildung 3 wird ausgeschlossen, wegen:

Das Schaubild in Abb. 3 ist symmetrisch zur y-Achse, aber K_f ist nicht symmetrisch zum Ursprung.

Aufgabe 34

a) Falsch: Die Methode „Kästchenzählen" liefert etwa den Integralwert 6,5.

oder: Das Rechteck, das die gesuchte Fläche umschließt, hat die Seitenlängen 3 und 4 und damit den Inhalt 12, ist aber viel größer als die Fläche zwischen Kurve und x-Achse.

b) wahr: Jede Wendestelle der Stammfunktion ist eine Extremstelle der Funktion. Die abgebildete Funktion hat zwei Extremstellen.

c) Falsch: Die größte Änderungsrate liegt an der Wendestelle $x = 1$ vor.

Aufgabe 35

Amplitude: $a = \frac{1}{2}(y_H - y_T) = \frac{1}{2}(6 - (-4)) = 5$

Periode $p = 4$: $p = \frac{2\pi}{b}$ ergibt $b = \frac{2\pi}{p} = \frac{2\pi}{4} = \frac{\pi}{2}$

Mittellinie $y = 1$, also $c = 1$

Aufgabe 36 **Aufgabe Seite 20**

a) $g'(x) = 3$ für $x \approx 2{,}3$
Das Schaubild von g hat für $x \approx 2{,}3$ die Steigung 3.
Die Aussage ist wahr.

b) $g'(-3) = 0$ mit Vorzeichenwechsel (VZW); $g'(1) = 0$ ohne VZW
Deshalb hat g nur eine Extremstelle bei $x = -3$; die Aussage ist falsch.

c) Aussage nicht entscheidbar, da der konstante Summand des Funktionsterms von g nicht bekannt ist.
Bemerkung: Eine Stammfunktion ist festgelegt bis auf den konstanten Summanden: $\int g'(x)dx = g(x) + c$

d) Die Aussage ist wahr, denn die Steigung der Wendetangente von $K_{g'}$ ist negativ und der Wert dieser Steigung ist der y-Wert des Tiefpunktes des Schaubildes der 2. Ableitung von g (g'').

Aufgabe 37

Das dargestellte Schaubild hat 4 Extrempunkte, kann also nicht das Schaubild einer ganzrationalen Funktion 4. Grades sein.
Aus der Zeichnung liest man ab: vier Nullstellen: $-1, 1, 2, 3$ und $S_y(0 \mid 3)$
Polynomfunktion 4. Grades:

Ansatz: $g(x) = a(x - x_1)(x - x_2)(x - x_3)(x - x_4)$

Mit den Nullstellen $-1, 1, 2, 3$
erhält man: $g(x) = a(x + 1)(x - 1)(x - 2)(x - 3)$

$g(0) = 3$ liefert a: $a(1)\cdot(-1)\cdot(-2)\cdot(-3) = 3 \Rightarrow a = -\frac{1}{2}$

Gesuchter Funktionsterm: $g(x) = -\frac{1}{2}(x + 1)(x - 1)(x - 2)(x - 3)$

Aufgabe 38

zu (1) Das Schaubild von g hat im Punkt $P(-1 \mid 1)$ eine waagerechte Tangente.
zu (2) Bei $x = 0$ ist die Steigung positiv.
zu (3) Bei $x = -2$ ist das Schaubild von g linksgekrümmt.
zu (4) Die vom Schaubild und der x-Achse für $0 \leq x \leq 6$ begrenzten Flächenstücke, die oberhalb der x-Achse liegen, sind genauso groß wie diejenigen, die unterhalb der x-Achse liegen.

Aufgabe 39

Ansatz: $f(x) = a(x - x_1)(x - x_2)^2$

Nullstellen: -1 und 2 (doppelt) einsetzen: $f(x) = a(x + 1)(x - 2)^2$
$S_y(0 \mid -1)$ ergibt $f(0) = -1$: $-1 = a(0 + 1)(0 - 2)^2$ für $a = -\frac{1}{4}$
Funktionsterm: $f(x) = -\frac{1}{4}(x + 1)(x - 2)^2$

2 Musteraufgaben Teil 1 ohne Hilfsmittel 30 Punkte

Aufgabe 1 **Lösungen Seite 40/41**

1.1 Berechnen Sie die Lösungen der Gleichung $x^4 - 7x^2 + 12 = 0$. 4

1.2 Gegeben sind die Funktionen f und g mit $f(x) = e^{4x}$ und $g(x) = 3e^{2x}$; $x \in \mathbb{R}$.
Zeigen Sie, dass sich die Schaubilder der Funktionen f und g genau einmal schneiden. 3

1.3 Das Schaubild einer trigonometrischen Funktion hat die benachbarten Hochpunkte $H_1(\frac{\pi}{2}|3)$ und $H_2(\frac{3\pi}{2}|3)$ sowie eine Amplitude von 2.
Geben Sie die Koordinaten des dazwischen liegenden Tiefpunktes und eines Wendepunktes an. 4

1.4 Bestimmen Sie die Stammfunktion von g mit $g(x) = 2e^{-4x} + 4x - 3$; $x \in \mathbb{R}$, deren Schaubild die y-Achse bei 6 schneidet. 4

1.5 Berechnen Sie den Wert des Integrals $\int_{\frac{\pi}{4}}^{\frac{\pi}{2}} 3\sin(2x)dx$. 4

1.6 In der nebenstehenden Abbildung schließen das zur y-Achse symmetrische Schaubild K_g der Funktion g und die x-Achse eine Fläche ein. In diese wird ein achsenparalleles Rechteck einbeschrieben.

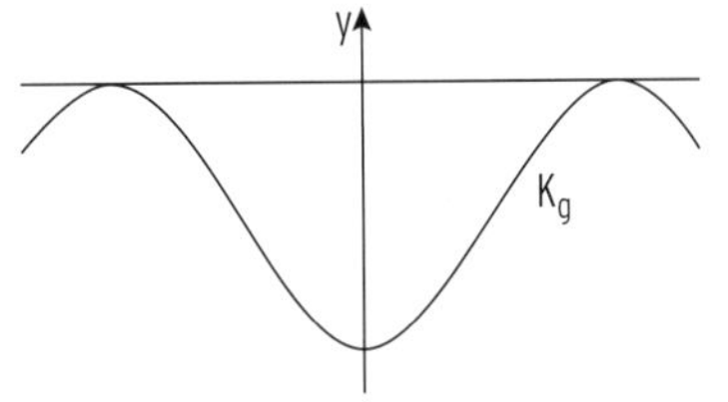

Geben Sie eine Zielfunktion an, mit deren Hilfe das Rechteck mit maximalem Flächeninhalt bestimmt werden kann. 5

1.7 Das Schaubild K_g aus 1.6 ist das Schaubild der Ableitungsfunktion der Funktion h, es gilt also $h' = g$.
Treffen Sie Aussagen über die Lage und Anzahl der Wendestellen von h. 3

1.8 Bestimmen Sie die Lösung des folgenden linearen Gleichungssystems:

$$x + y = 6$$
$$3x + 2y = -3$$

3

30

Musteraufgaben Teil 1 ohne Hilfsmittel 30 Punkte

Aufgabe 2 **Lösungen Seite 42/43**

2.1 Geben Sie die Nullstellen von f mit $f(x) = 3 \cdot x^3 - 27 \cdot x;\ x \in \mathbb{R}$ an. 3

2.2 Die Funktion g erfüllt folgende Bedingungen:
$g'(3) = 2$
$g''(3) = 0$
$g'''(3) \neq 0$

Welche Aussagen lassen sich damit über das Schaubild der Funktion g treffen? 3

2.3 Gegeben ist die Funktion h mit $h(x) = e^{2 \cdot x} - 4 \cdot x;\ x \in \mathbb{R}$.

2.3.1 Bestimmen Sie den Punkt, an dem das Schaubild von h eine waagrechte Tangente hat. 4

2.3.2 Bestimmen Sie die Gleichung der Tangente in $P(0 \mid h(0))$ an das Schaubild von h. 2

2.3.3 Ermitteln Sie eine Stammfunktion von h, deren Schaubild durch den Punkt $P(0 \mid 5)$ verläuft. 4

2.4 Gegeben ist die Funktion p mit $p(x) = \cos(x);\ x \in \mathbb{R}$.

2.4.1 Es gilt $\int_0^{\frac{\pi}{2}} \cos(x)dx = 1$. Bestimmen Sie, ohne Verwendung einer Stammfunktion, zwei verschiedene Werte für a, sodass gilt: $\int_a^{\frac{\pi}{2}} \cos(x)dx = 2$.
Erläutern Sie Ihre Vorgehensweise. 3

2.4.2 Beschreiben Sie, wie das Schaubild von q mit $q(x) = -\cos(x + 2);\ x \in \mathbb{R}$ aus dem Schaubild von p hervorgeht. 3

2.5 C ist das Schaubild einer Funktion g. Die Abbildung zeigt das Schaubild C′ der Ableitungsfunktion g′ von g für $-2{,}5 \leq x \leq 3{,}5$.

Begründen Sie, wieso die folgenden Aussagen falsch sind.

A1) C hat bei $x = -2$ einen Tiefpunkt.
A2) C hat genau zwei Wendepunkte.
A3) C ist bei $x = 1$ linksgekrümmt.
A4) C hat an höchstens 2 Punkten eine waagrechte Tangente.

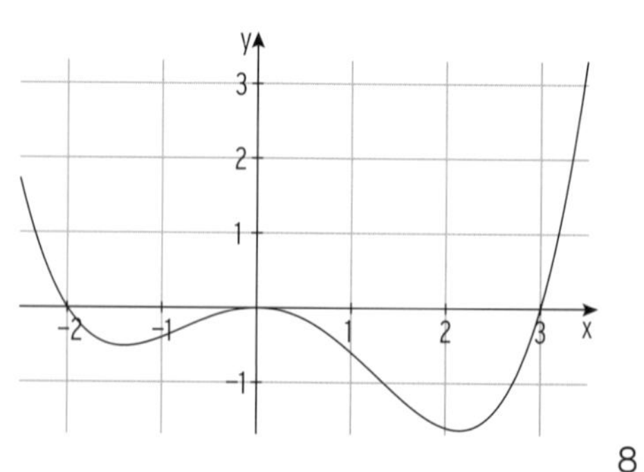

8

30

Musteraufgaben Teil 1 ohne Hilfsmittel 30 Punkte

Aufgabe 3

Lösungen Seite 44/45

3.1 Die Funktionen p und q sind gegeben durch $p(x) = \frac{1}{2} \cdot (x^2 - 1)$; $x \in \mathbb{R}$ und $q(x) = 2x(x - 1)$; $x \in \mathbb{R}$.
Ermitteln Sie die Koordinaten der beiden Schnittpunkte der Schaubilder von p und q. 3

3.2 Gegeben ist die Funktion s mit $s(x) = -3\sin(3x) + 1$; $x \in \mathbb{R}$.

3.2.1 Bestimmen Sie eine Stammfunktion von s, deren Schaubild durch den Punkt P(0 | 3) verläuft. 3

3.2.2 Wie entststeht das Schaubild von s aus dem Schaubild mit der Gleichung $y = \sin(x)$? 4

3.3 Die Ableitungsfunktion h′ einer Funktion h ist gegeben durch $h'(x) = -2 + 2e^{-x}$; $x \in \mathbb{R}$.
Weisen Sie nach, dass das Schaubild der Funktion h genau einen Hochpunkt besitzt. Bestimmen Sie die Koordinaten. 5

3.4 Die nebenstehende Abbildung zeigt einen Ausschnitt des Schaubilds einer Funktion r.

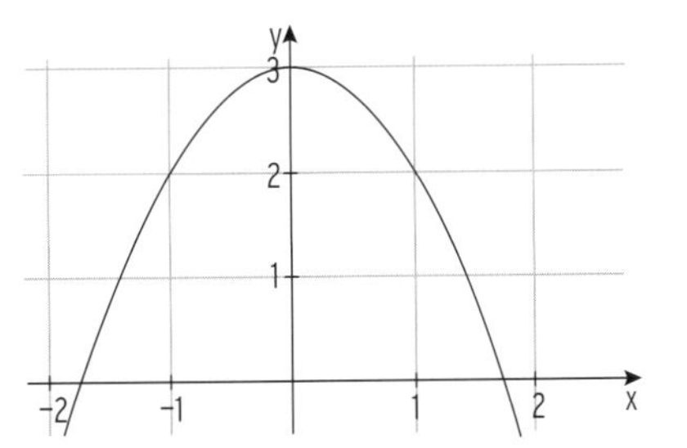

3.4.1 Entscheiden Sie, ob folgende Aussagen wahr oder falsch sind. Begründen Sie.

(1) Die Funktion r kann eine Polynomfunktion 3. Grades sein.

(2) Jede Stammfunktion R von r ist für $-1 \leq x \leq 1$ monoton wachsend.

(3) Der Wert von $\int_{-1}^{1} r(x)dx$ ist größer als 6. 7

3.4.2 In der Abbildung schließen das Schaubild K_r der Funktion r und die x-Achse eine Fläche ein. In diese wird ein gleichschenkliges Dreickeck mit Spitze in O einbeschrieben.
Geben Sie eine Zielfunktion an, mit deren Hilfe das Rechteck mit maximalem Flächeninhalt bestimmt werden kann. 5

3.5 Das Schaubild der Funktion f mit $f(x) = x^2$ wird um 3 nach links verschoben und mit Faktor 2 in y-Richtung gestreckt. Bestimmen Sie die Gleichung der entstandenen Kurve. 3

30

Musteraufgaben Teil 1 ohne Hilfsmittel 30 Punkte

Aufgabe 4

Lösungen Seite 46/47

1.1 Die Abbildung zeigt einen Ausschnitt des Schaubilds K_f einer Funktion f.

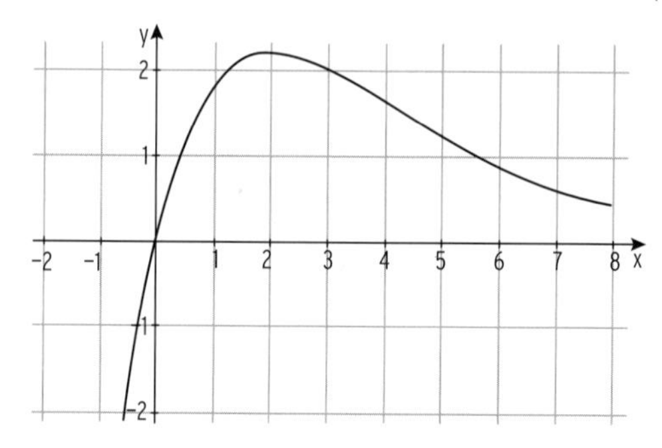

Welche der folgenden Aussagen sind wahr bzw. falsch? Begründen Sie.

(1) Es gilt: $f''(1) < 0$.

(2) Die Steigung von f an der Stelle x = 0 ist kleiner als die durchschnittliche Änderungsrate von f im Intervall [0 ; 3].

(3) Das Schaubild jeder Stammfunktion F von f hat an der Stelle x = 0 einen Tiefpunkt. — 6

1.2 Gegeben ist die Funktion h durch $h(x) = \cos(\pi \cdot x) + 1$ mit $x \in \mathbb{R}$.

1.2.1 Skizzieren Sie das Schaubild von h für $0 \leq x \leq 4$. — 3

1.2.2 Berechnen Sie: $\int_0^2 h(x)\,dx$ — 3

1.3 Gegeben sind die Funktionen g und h: $g(x) = 1 + 2e^{-0,5x}$

$h(x) = x^3 + x + 3,\ x \in \mathbb{R}$.

Die Schaubilder sind K_g und K_h.

1.3.1 An welcher Stelle hat die Tangente an K_g die Steigung -1? — 3

1.3.2 Bestimmen Sie eine Stammfunktion von h, deren Schaubild durch den Punkt P(1 | 4) verläuft. — 2

1.3.3 Zeigen Sie, dass sich K_g und K_h auf der y-Achse rechtwinklig schneiden. — 4

Musteraufgaben Teil 1 ohne Hilfsmittel 30 Punkte

Aufgabe 4

Lösungen Seite 46/47

1.4 Die Abbildung zeigt einen Ausschnitt des Schaubilds einer Funktion f.

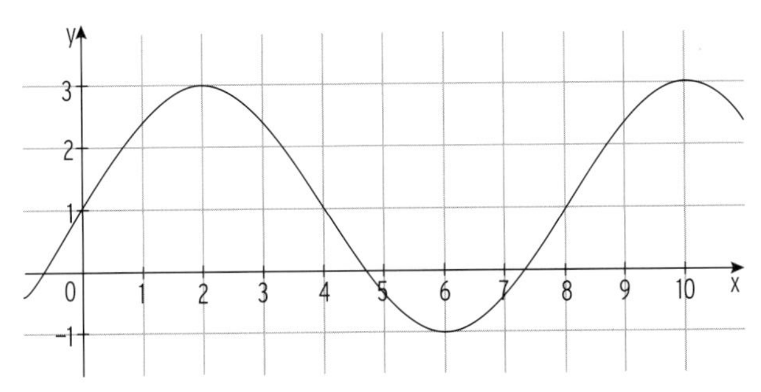

1.4.1 Begründen Sie anhand der Abbildung, welche der folgenden Aussagen wahr oder falsch sind. 6

(1) $f'(1) > 0$

(2) $\int_1^3 f(x)\,dx \geq 6$

(3) Für jede Stammfunktion F von f gilt: $F(4) = F(0)$

1.4.2 Ermitteln Sie einen Funktionsterm einer trigonometrischen Funktion, die zu diesem Schaubild passt. 3

30

Lösungen der Musteraufgaben Teil 1 ohne Hilfsmittel

Aufgabe 1

Aufgabe Seite 35

1.1 Biquadratische Gleichung $x^4 - 7x^2 + 12 = 0$

Lösung durch Substitution $u = x^2$: $u^2 - 7u + 12 = 0$

Lösung der quadratischen Gleichung in u: $u_{1|2} = 3{,}5 \pm \sqrt{3{,}5^2 - 12} = 3{,}5 \pm 0{,}5$

$\sqrt{0{,}25} = 0{,}5$ $u_1 = 4;\ u_2 = 3$

Rücksubstitution ergibt: $x_{1|2} = \pm 2;\ x_{3|4} = \pm\sqrt{3}$

1.2 $f(x) = e^{4x}$ und $g(x) = 3e^{2x}$; $x \in \mathbb{R}$.

Gemeinsame Punkte

Gleichsetzen: $f(x) = g(x)$ $e^{4x} = 3e^{2x}$

Nullform: $e^{4x} - 3e^{2x} = 0$

Ausklammern: $e^{2x}(e^{2x} - 3) = 0$

Satz vom Nullprodukt: $e^{2x} - 3 = 0$ $(e^{2x} \neq 0)$

$e^{2x} = 3$

Logarithmieren: $2x = \ln(3)$

Eine Lösung: $x = \frac{1}{2}\ln(3)$

Die Schaubilder der Funktionen f und g schneiden sich genau einmal.

1.3 Der Abstand von benachbarten Hochpunkte entspricht einer Periode: $p = \pi$

Amplitude von 2: $y_T = -1$ und die Mittellinie ist $y = 1$.

Dazwischen liegender Tiefpunkt $T(\pi \mid -1)$ und

Wendepunkt: $W(\frac{3}{4}\pi \mid 1)$ oder $W(\frac{5}{4}\pi \mid 1)$

1.4 Stammfunktion von g mit $g(x) = 2e^{-4x} + 4x - 3$: $G(x) = -\frac{1}{2}e^{-4x} + 2x^2 - 3x + C$

durch $S_y(0 \mid 6)$: $G(0) = -\frac{1}{2} + C = 6$ für $C = 6{,}5$

$G(x) = -\frac{1}{2}e^{-4x} + 2x^2 - 3x + 6{,}5$

1.5 $\int_{\frac{\pi}{4}}^{\frac{\pi}{2}} 3\sin(2x)dx = \left[-\frac{3}{2}\cos(2x)\right]_{\frac{\pi}{4}}^{\frac{\pi}{2}} = -\frac{3}{2}\cos(\pi) - (-\frac{3}{2}\cos(\frac{\pi}{2})) = \frac{3}{2}$

$\cos(0) = 1;\ \cos(\frac{\pi}{2}) = 0;\ \cos(\pi) = -1$

Lösungen der Musteraufgaben Teil 1 ohne Hilfsmittel

Aufgabe 1 Fortsetzung

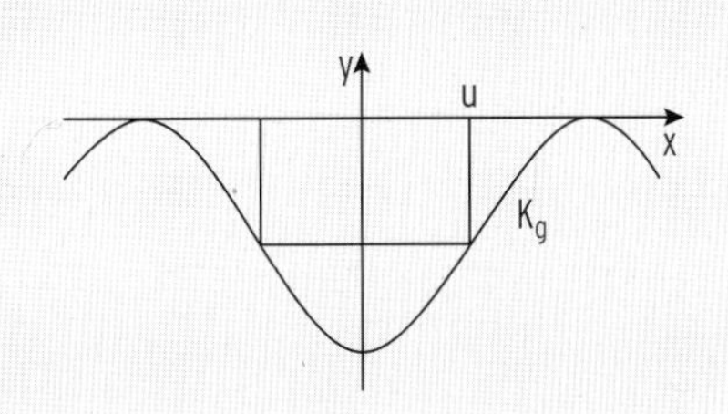

1.6 Grundseite: $u - (-u) = 2u$

Höhe: $-g(u) > 0$, da $g(u) < 0$

Zielfunktion A mit

$A(u) = 2u \cdot (-g(u))$; $u > 0$

1.7 h′ hat drei Extremstellen, somit hat h drei Wendestellen, nämlich eine auf der y-Achse und zwei, die symmetrisch zur y-Achse liegen.

1.8 Lösung des linearen Gleichungssystems: $x + y = 6$ (I)

$3x + 2y = -3$ (II)

z.B. durch Addition der Gleichungen:

(I) · (− 3) + (II) $\quad -y = -21 \Leftrightarrow y = 21$

Einsetzen in $x + y = 6$ (in Gleichung (I))

ergibt $\quad x + 21 = 6 \Rightarrow x = -15$

Lösung: $x = -15$; $y = 21$

oder durch Einsetzungsverfahren:
Aus $x + y = 6$ folgt $y = 6 - x$
Einsetzen in $3x + 2y = -3$ ergibt: $\quad 3x + 2(6 - x) = -3$

$x + 12 = -3 \Rightarrow x = -15$

Einsetzen in $y = 6 - x$ ergibt: $\quad y = 21$

Lösung: $x = -15$; $y = 21$

Lösungen der Musteraufgaben Teil 1 ohne Hilfsmittel

Aufgabe 2 **Seite 1/2** **Aufgabe Seite 36**

2.1 Nullstellen von f mit $f(x) = 3 \cdot x^3 - 27 \cdot x;\ x \in \mathbb{R}$

Nullstellen von f: $f(x) = 0$	$3 \cdot x^3 - 27 \cdot x = 0$
Ausklammern:	$3x(x^2 - 9) = 0$
Satz vom Nullprodukt:	$3x = 0$ oder $x^2 - 9 = 0$
Nullstellen:	$x = 0 \vee x = \pm 3$

2.2 $g'(3) = 2$ Die Steigung der Tangente an das Schaubild von g an der Stelle $x = 3$ ist 2.

$g''(3) = 0;\ g'''(3) \neq 0$ Das Schaubild der Funktion g hat einen Wendepunkt an der Stelle $x = 3$.

2.3 $h(x) = e^{2 \cdot x} - 4 \cdot x;\ x \in \mathbb{R}$.

$h'(x) = 2e^{2x} - 4$

2.3.1 Punkt mit waagrechter Tangente:

Bedingung: $h'(x) = 0$	$2e^{2x} - 4 = 0$
	$e^{2x} = 2$
Logarithmieren:	$2x = \ln(2)$, also $x = \frac{1}{2}\ln(2)$

y-Wert: $h(\frac{1}{2}\ln(2)) = 2 - 4 \cdot \frac{1}{2}\ln(2) = 2 - 2\ln(2)$

Gesuchter Punkt: $(\frac{1}{2}\ln(2) \mid 2 - 2\ln(2))$

2.3.2 $h(0) = 1$, also $b = 1$; $h'(0) = -2 = m$

Gleichung der Tangente: $y = -2x + 1$

2.3.3 Stammfunktion von h:	$H(x) = \frac{1}{2}e^{2x} - 2 \cdot x^2 + c$ mit $c \in \mathbb{R}$
durch $P(0 \mid 5)$:	$H(0) = \frac{1}{2}e^0 + c = 5$ für $c = 4{,}5$
Gesuchte Stammfunktion:	$H(x) = \frac{1}{2}e^{2x} - 2 \cdot x^2 + 4{,}5;\ x \in \mathbb{R}$

2.4 $p(x) = \cos(x);\ x \in \mathbb{R}$.

2.4.1 Der Wert des Integrals $\int_0^{\frac{\pi}{2}} \cos(x)dx = 1$ entspricht dem Inhalt der Fläche, die vom Schaubild von p, der y-Achse und der x-Achse im Intervall $[0; \frac{\pi}{2}]$ umrandet wird: $A = 1$

$\int_a^{\frac{\pi}{2}} \cos(x)dx = 2$ für $a = -\frac{\pi}{2}$

(wegen der Achsensymmetrie zur y-Achse)

Skizze:

Lösungen der Musteraufgaben Teil 1 ohne Hilfsmittel

Aufgabe 2 **Seite 2/2**

2.4.1 oder für $a = -\frac{5\pi}{2}$ oder für $a = -\frac{9\pi}{2}$

($\int_0^{2\pi} \cos(x)dx = 0$; Integral über eine Periode ergibt den Wert 0)

2.4.2 Das Schaubild von q mit $q(x) = -\cos(x + 2); x \in \mathbb{R}$
geht aus dem Schaubild von p hervor durch
- Verschiebung des Schaubildes von p um 2 nach links
- Spiegelung an der x-Achse

2.5 Abbildung: Schaubild C′ von g′

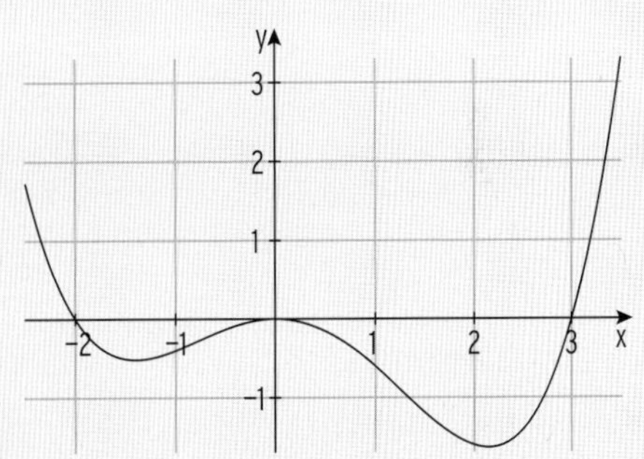

Die Aussagen A1) bis A4) sind falsch.

A1) C hat bei $x = -2$ einen Tiefpunkt.

Bei $x = -2$ hat g′ einen Vorzeichenwechsel von + nach −. Daher hat C an dieser Stelle einen Hochpunkt.

A2) C hat genau zwei Wendepunkte.

C′ hat auf dem dargestellten Bereich drei Extrempunkte, somit hat C drei Wendepunkte.

A3) C ist bei $x = 1$ linksgekrümmt.

An der Stelle $x = 1$ hat C′ eine negative Steigung Somit ist $g''(1) < 0$ und daher ist C an dieser Stelle rechtsgekrümmt.

A4) C hat an höchstens 2 Punkten eine waagrechte Tangente.

Da C′ auf dem dargestellten Bereich drei gemeinsame Punkte mit der x-Achse hat, hat C drei Punkte mit je einer waagrechten Tangente.

Lösungen der Musteraufgaben Teil 1 ohne Hilfsmittel

Aufgabe 3 **Seite 1/2** **Aufgabe Seite 37**

3.1 $p(x) = \frac{1}{2} \cdot (x^2 - 1);\ x \in \mathbb{R}\ ;\ q(x) = 2x(x - 1)\ ;\ x \in \mathbb{R}.$

Gemeinsame Punkte

Gleichsetzen: $p(x) = q(x)$ $\quad \frac{1}{2} \cdot (x^2 - 1) = 2x(x - 1)$

$\frac{1}{2}x^2 - \frac{1}{2} = 2x^2 - 2x$

Nullform: $\quad \frac{3}{2}x^2 - 2x + \frac{1}{2} = 0 \quad | \cdot 2$

$3x^2 - 4x + 1 = 0$

Lösung mit Formel $\quad x_{1|2} = \frac{4 \pm \sqrt{16 - 12}}{6} = \frac{4 \pm 2}{6}$

$x_1 = \frac{1}{3};\ x_2 = 1$

oder: $x^2 - \frac{4}{3}x + \frac{1}{3} = 0 \quad x_{1|2} = \frac{2}{3} \pm \sqrt{\frac{4}{9} - \frac{1}{3}} = \frac{2}{3} \pm \frac{1}{3}$

Mit $q(\frac{1}{3}) = -\frac{4}{9}$ und $q(1) = 0$ ergeben sich

die Schnittpunkte der Schaubilder von p und q : $S_1(\frac{1}{3} \mid -\frac{4}{9});\ S_2(1 \mid 0)$

3.2 $s(x) = -3\sin(3x) + 1\ ;\ x \in \mathbb{R}$

3.2.1 Stammfunktion von s: $\quad S(x) = \cos(3x) + x + C$

durch $P(0 \mid 3)$: $\quad 3 = 1 + C \Rightarrow C = 2$

3.2.2 Das Schaubild mit der Gleichung $y = \sin(x)$ wird

an der x-Achse gespiegelt $(y = -\sin(x))$

mit Faktor 3 in y-Richtung gestreckt $(y = -3\sin(x))$

mit Faktor $\frac{1}{3}$ in x-Richtung gestreckt $(y = -3\sin(3x))$

um 1 nach oben verschoben: $y = s(x)$

3.3 $h'(x) = -2 + 2e^{-x}\ ;\ x \in \mathbb{R} \quad h''(x) = -2e^{-x} < 0$

Hochpunkt

Bedingung: $h'(x) = 0$ $\quad -2 + 2 \cdot e^{-x} = 0$

$e^{-x} = 1$

$x = 0$

Mit $h''(0) = -2 < 0$ erhält man einen Hochpunkt in $x = 0$.

h als Stammfunktion von h': $h(x) = -2x - 2e^{-x} + C$

Mit $h(0) = -2 + C$ erhält man die Koordinaten $H(0 \mid -2 + C)$

Lösungen der Musteraufgaben Teil 1 ohne Hilfsmittel

Aufgabe 3 **Seite 2/2**

3.4 Ausschnitt des Schaubilds von r.

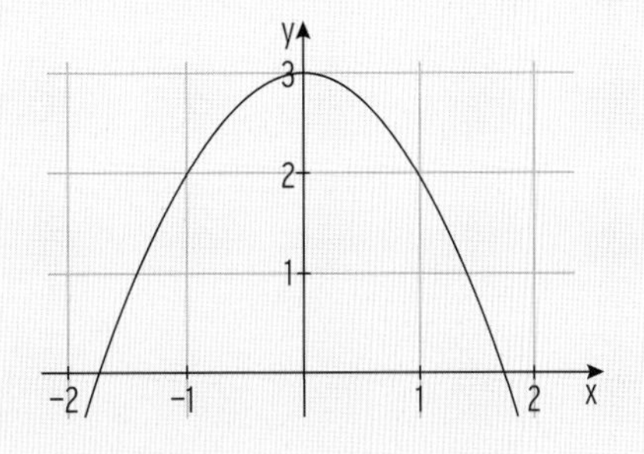

3.4.1 (1) Die Aussage ist falsch, das Schaubild von r ist symmetrisch zur y-Achse

(2) Die Aussage ist wahr.
Für eine Stammfunktion R von r gilt in diesem Bereich: $R'(x) = r(x) > 0$

(3) Die Aussage ist falsch.
Für $-1 \leq x \leq 1$ gilt $r(x) \leq 3$, also $\int_{-1}^{1} r(x)dx \leq \int_{-1}^{1} (3)dx = 6$.

3.4.2 Grundseite: $u - (-u) = 2u$
Höhe: $r(u)$
Zielfunktion
$A(u) = \frac{1}{2} \cdot 2 \cdot u \cdot r(u)$
$= u \cdot r(u); \; 0 \leq u \leq 1{,}7$

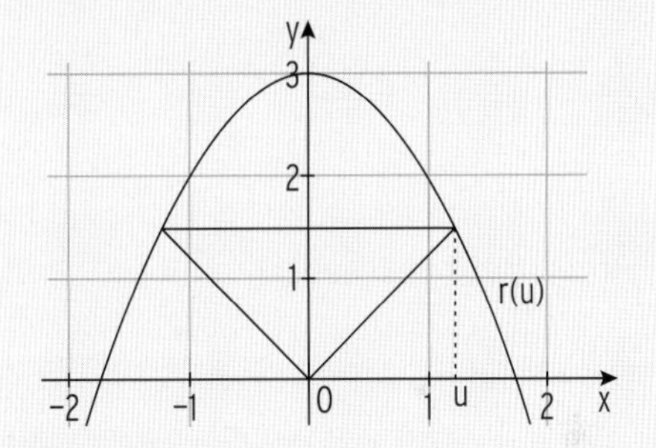

3.5 Das Schaubild der Funktion f mit $f(x) = x^2$ wird
um 3 nach links verschoben ($y = (x + 3)^2$)
und
mit Faktor 2 in y-Richtung gestreckt: $y = 2(x + 3)^2 = g(x)$

Lösungen der Musteraufgaben Teil 1 ohne Hilfsmittel

Aufgabe 4 **Seite 1/2** **Aufgabe Seite 38/39**

1.1 (1) Die Aussage ist wahr. Das Schaubild K_f ist in P(1 | f(1)) rechtsgekrümmt denn die Steigung von f nimmt hier ab.

(2) Die Aussage ist falsch. Die Steigung von K_f in x = 0 ist größer als 1 und damit größer als die durchschnittliche Änderungsrate („mittlere Steigung") im Intervall [0; 3], welche ca. $\frac{2}{3}$ beträgt.

Erläuterungen:

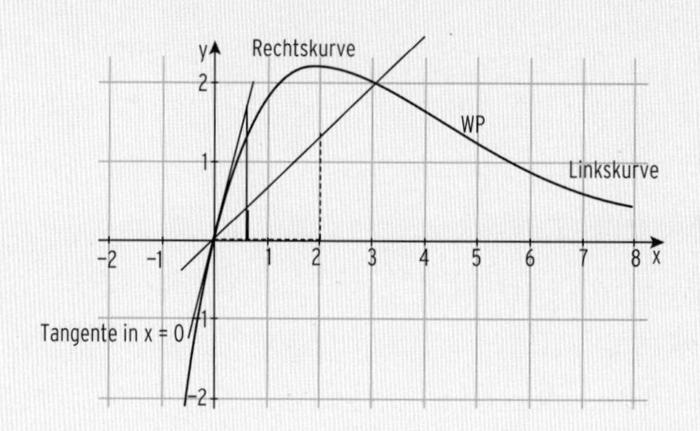

(3) Die Aussage ist wahr. Die Funktion f, welche die Ableitung jeder Stammfunktion von F darstellt (F′(x) = f(x)), hat in x = 0 eine Nullstelle mit einem Vorzeichenwechsel von – nach +.

1.2.1 Schaubild von h mit

$h(x) = \cos(\pi \cdot x) + 1$ für $0 \leq x \leq 4$.

Periodenlänge: $p = \frac{2\pi}{\pi} = 2$

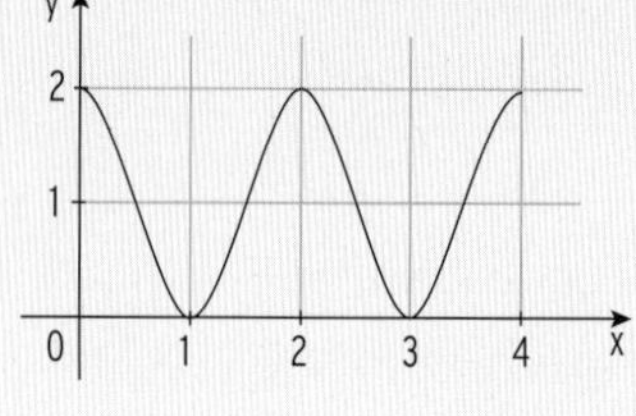

1.2.2 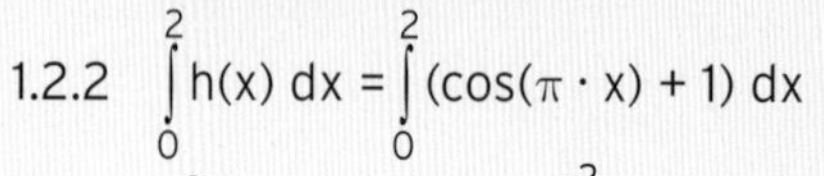

$$\int_0^2 h(x)\,dx = \int_0^2 (\cos(\pi \cdot x) + 1)\,dx$$

$$= \left[\frac{1}{\pi} \cdot \sin(\pi \cdot x) + x\right]_0^2 = \frac{1}{\pi} \cdot \sin(\pi \cdot 2) + 2 - \frac{1}{\pi} \cdot \sin(0) = \frac{1}{\pi} \cdot 0 + 2 - \left(\frac{1}{\pi} \cdot 0\right) = 2$$

1.3 $g(x) = 1 + 2e^{-0,5x}$; $g'(x) = -e^{-0,5x}$; $h(x) = x^3 + x + 3$; $h'(x) = 3x^2 + 1$

1.3.1 Tangente an K_g mit Steigung – 1: $g'(x) = -1$

$$-e^{-0,5x} = -1 \Leftrightarrow e^{-0,5x} = 1$$

Mit ln(1) = 0 $\qquad -0,5x = \ln(1) = 0 \Rightarrow x = 0$

1.3.2 Stammfunktion von h durch P(1 | 4)

Stammfunktion von h: $H(x) = \frac{1}{4}x^4 + \frac{1}{2}x^2 + 3x + C$

P(1 | 4): $\qquad H(1) = \frac{1}{4} + \frac{1}{2} + 3 + C = 4$ für $C = \frac{1}{4}$

$H(x) = \frac{1}{4}x^4 + \frac{1}{2}x^2 + 3x + \frac{1}{4}$

Lösungen der Musteraufgaben Teil 1 ohne Hilfsmittel

Aufgabe 4 Seite 2/2

1.3.3 K_g und K_h schneiden sich auf der y-Achse rechtwinklig wenn sich die Steigungen wie der negative Kehrwert verhalten.
$g'(0) = -e^{-0{,}5 \cdot 0} = -1$; $h'(0) = 1$ und damit $m_g \cdot m_h = -1$

14.1 (1) Die Aussage ist wahr. Das Schaubild von f ist wachsend bei x = 1.

(2) Die Aussage ist falsch. Der Inhalt der Fläche, die vom Schaubild von f, der x-Achse und den begrenzenden Geraden x = 1 und x = 3 eingeschlossen wird, ist kleiner als der Flächeninhalt eines Rechtecks mit Breite 2 und Höhe 3 (A < 6 FE; "Kästchenzählen").

(3) Die Aussage ist falsch.
Die Funktionswerte von f, der Ableitungsfunktion von F, sind zwischen x = 0 und x = 4 positiv (siehe Schaubild). Somit ist das Schaubild von F in diesem Bereich streng monoton wachsend und es gilt F(4) > F(0).
Alternative Begründung: Durch den Ansatz $\int_0^4 f(x)\,dx = [F(x)]_0^4 = F(4) - F(0)$ wird der Inhalt der Fläche zwischen K_f und x-Achse im Intervall [0; 4] berechnet. Da das Schaubild von f hier oberhalb der x-Achse verläuft, ist der Wert des Integrals positiv. Also gilt F(4) − F(0) > 0 und somit F(4) > F(0).

1.4.2 Ansatz: $f(x) = a \cdot \sin(b \cdot x) + d$
Ausgehend von einer Sinuskurve liegt keine Verschiebung in x-Richtung vor.
Die waagerechte "Mittellinie" bzw. die Verschiebung nach oben führt auf d = 1. Man erkennt eine Amplitude von 2, somit a = 2.
Die abgelesene Periodenlänge von 8 führt auf $b = \frac{2\pi}{p} = \frac{2\pi}{8} = \frac{\pi}{4}$.
Insgesamt erhält man: $f(x) = 2 \cdot \sin(\frac{\pi}{4} \cdot x) + 1$

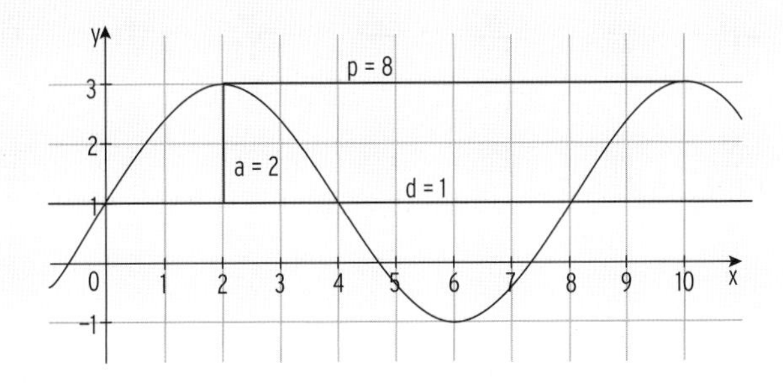

II Teil 2 der Fachhochschulreife-Prüfung mit Hilfsmittel

1 Auszug aus der Merkhilfe

Potenzgleichung mit $n \in \mathbb{N}\setminus\{0;1\}$

$x^n = a$	$a \geq 0$	falls n gerade	$x_{1/2} = \pm\sqrt[n]{a}$
		falls n ungerade	$x = \sqrt[n]{a}$
$x^n = a$	$a < 0$	falls n ungerade	$x = -\sqrt[n]{\lvert a \rvert}$

Polynomfunktion

Polynomfunktion ersten Grades (Lineare Funktion)

$f(x) = mx + b$

Das Schaubild ist eine Gerade mit der Steigung m und dem y-Achsenabschnitt b.

Steigung	$m = \frac{\Delta y}{\Delta x} = \frac{y_Q - y_P}{x_Q - x_P}$
Punkt-Steigungs-Form	$y = m(x - x_P) + y_P$
Steigungswinkel	$m = \tan(\alpha)$
Orthogonalität	$m_g \cdot m_h = -1 \Leftrightarrow g \perp h$

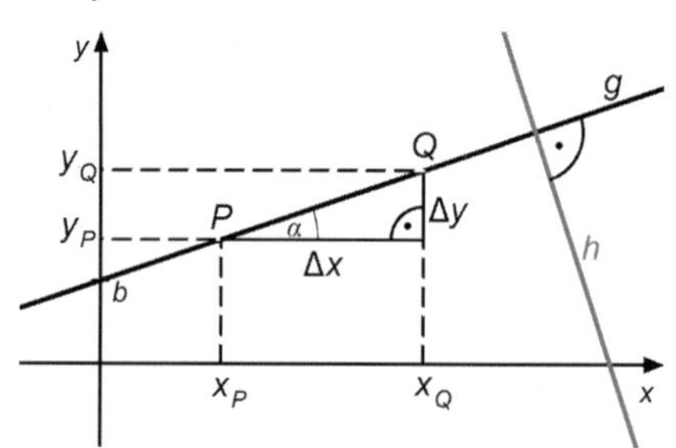

Polynomfunktion zweiten Grades (Quadratische Funktion)

$f(x) = ax^2 + bx + c$

Linearfaktorzerlegung $f(x) = a(x - x_1)(x - x_2)$

Das Schaubild ist eine Parabel mit Scheitel S.

Scheitelform $y = a(x - x_S)^2 + y_S$

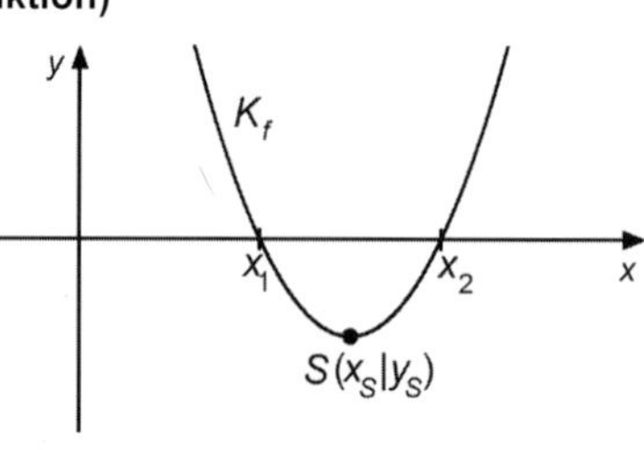

Quadratische Gleichung

$ax^2 + bx + c = 0 \qquad x_{1/2} = \frac{-b \pm \sqrt{b^2 - 4ac}}{2a} \qquad$ falls $b^2 - 4ac \geq 0$

$x^2 + px + q = 0 \qquad x_{1/2} = -\frac{p}{2} \pm \sqrt{\left(\frac{p}{2}\right)^2 - q} \qquad$ falls $\left(\frac{p}{2}\right)^2 - q \geq 0$

Polynomfunktion dritten Grades

$f(x) = ax^3 + bx^2 + cx + d$

Polynomfunktion n-ten Grades

$f(x) = a_n x^n + a_{n-1} x^{n-1} + \ldots + a_2 x^2 + a_1 x + a_0$ mit Koeffizienten $a_i \in \mathbb{R}; a_n \neq 0$

Exponentialfunktion

$f(x) = a \cdot q^x + d$ mit $a \neq 0;\ q > 0 \wedge q \neq 1$

$f(x) = a \cdot e^{bx} + d$ mit $a \neq 0;\ b \in \mathbb{R}^*$

Asymptote $y = d$

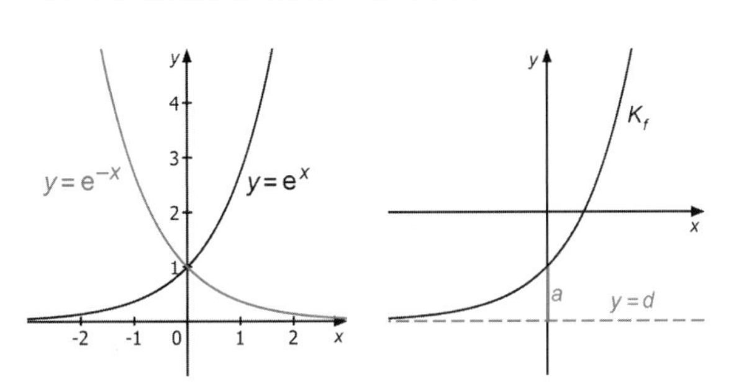

Exponentialgleichung mit $q, y \in \mathbb{R}_+^*$

$y = q^x \quad \Leftrightarrow \quad x = \log_q(y)$

$y = e^x \quad \Leftrightarrow \quad x = \ln(y)$

$q^x = e^{\ln(q) \cdot x}$ $\qquad \log_q(y) = \dfrac{\ln(y)}{\ln(q)}$ $\qquad e^{\ln(y)} = y$ $\qquad \ln(e^x) = x$

Trigonometrische Funktion

$f(x) = a \cdot \sin(b(x-c)) + d$ mit $a, b \neq 0$

Amplitude $|a|$

Periode $\quad p = \dfrac{2\pi}{|b|}$

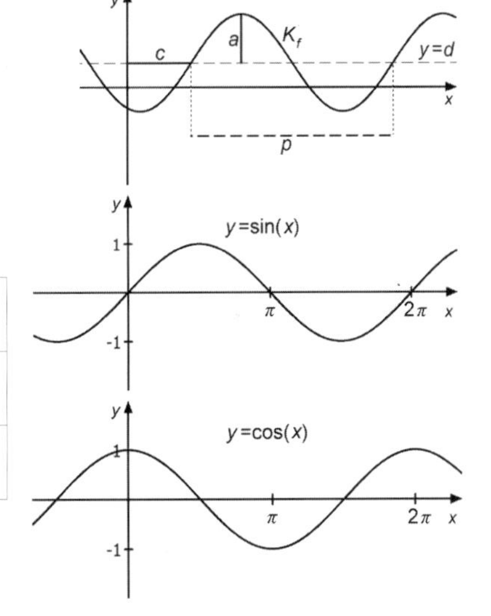

Bogenmaß x	0	$\frac{1}{6}\pi$	$\frac{1}{4}\pi$	$\frac{1}{3}\pi$	$\frac{1}{2}\pi$
sin(x)	0	$\frac{1}{2}$	$\frac{1}{2}\sqrt{2}$	$\frac{1}{2}\sqrt{3}$	1
cos(x)	1	$\frac{1}{2}\sqrt{3}$	$\frac{1}{2}\sqrt{2}$	$\frac{1}{2}$	0

Abbildungen

Das Schaubild von g entsteht aus dem Schaubild von f durch

Spiegelung	an der x-Achse	$g(x) = -f(x)$
	an der y-Achse	$g(x) = f(-x)$
Streckung	mit Faktor $\frac{1}{b}$ ($b > 0$) in x-Richtung	$g(x) = f(b \cdot x)$
	mit Faktor a ($a > 0$) in y-Richtung	$g(x) = a \cdot f(x)$
Verschiebung	um c in x-Richtung	$g(x) = f(x-c)$
	um d in y-Richtung	$g(x) = f(x) + d$

5 Analysis

Änderungsrate

Durchschnittliche / Mittlere Änderungsrate im Intervall $[x_0; x_1]$ $\qquad \frac{\Delta y}{\Delta x} = \frac{f(x_1) - f(x_0)}{x_1 - x_0}$

Momentane / Lokale Änderungsrate (Ableitung) an der Stelle x_0 $\qquad f'(x_0) = \lim\limits_{x \to x_0} \frac{f(x) - f(x_0)}{x - x_0}$

Ableitungsregeln

Summenregel	$f(x) = u(x) + v(x)$	$\Rightarrow$	$f'(x) = u'(x) + v'(x)$
Faktorregel	$f(x) = a \cdot u(x)$	$\Rightarrow$	$f'(x) = a \cdot u'(x)$
Kettenregel	$f(x) = u(v(x))$	$\Rightarrow$	$f'(x) = u'(v(x)) \cdot v'(x)$

Spezielle Ableitungen / Stammfunktionen mit $C \in \mathbb{R}$

$f(x) = x^k$	$f'(x) = k \cdot x^{k-1}$	$F(x) = \frac{1}{k+1} \cdot x^{k+1} + C$ mit $k \neq -1$
$f(x) = e^{bx}$	$f'(x) = b \cdot e^{bx}$	$F(x) = \frac{1}{b} \cdot e^{bx} + C$ mit $b \in \mathbb{R}^*$
$f(x) = \sin(bx)$	$f'(x) = b \cdot \cos(bx)$	$F(x) = -\frac{1}{b} \cdot \cos(bx) + C$ mit $b \in \mathbb{R}^*$
$f(x) = \cos(bx)$	$f'(x) = -b \cdot \sin(bx)$	$F(x) = \frac{1}{b} \cdot \sin(bx) + C$ mit $b \in \mathbb{R}^*$

Tangente

Tangentensteigung $\qquad m_t = f'(u)$

Tangentengleichung $\qquad y = f'(u)(x - u) + f(u)$

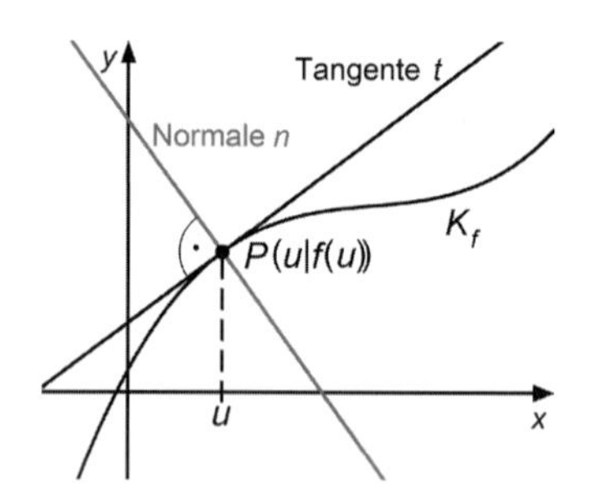

Untersuchung von Funktionen und ihren Schaubildern

Symmetrie	K_f ist symmetrisch zur y-Achse K_f ist symmetrisch zum Ursprung	$f(-x)=f(x)$ für alle x $f(-x)=-f(x)$ für alle x
Monotonie	f steigt monoton im Intervall J f fällt monoton im Intervall J	$f'(x)>0$ im Intervall J $f'(x)<0$ im Intervall J
Krümmung	K_f ist im Intervall J linksgekrümmt K_f ist im Intervall J rechtsgekrümmt	$f''(x)>0$ im Intervall J $f''(x)<0$ im Intervall J
Hochpunkt	K_f hat den Hochpunkt $H(x_0 \mid f(x_0))$	$f'(x_0)=0$ und VZW +/- von $f'(x)$ bei x_0 oder $f''(x_0)<0$
Tiefpunkt	K_f hat den Tiefpunkt $T(x_0 \mid f(x_0))$	$f'(x_0)=0$ und VZW -/+ von $f'(x)$ bei x_0 oder $f''(x_0)>0$
Wendepunkt	K_f hat den Wendepunkt $W(x_0 \mid f(x_0))$	$f''(x_0)=0$ und VZW von $f''(x)$ bei x_0 oder $f'''(x_0)\neq 0$

Berechnung bestimmter Integrale

$\int_a^b f(x)dx = [F(x)]_a^b = F(b)-F(a)$, wobei F eine Stammfunktion von f ist.

Flächenberechnung

$$A_1 = \int_a^{x_1} f(x)dx$$

$$A_2 = -\int_{x_1}^{b} f(x)dx$$

$$A = \int_{x_1}^{x_2} (f(x)-g(x))dx$$

falls $f(x) \geq g(x)$ für $x \in [x_1; x_2]$

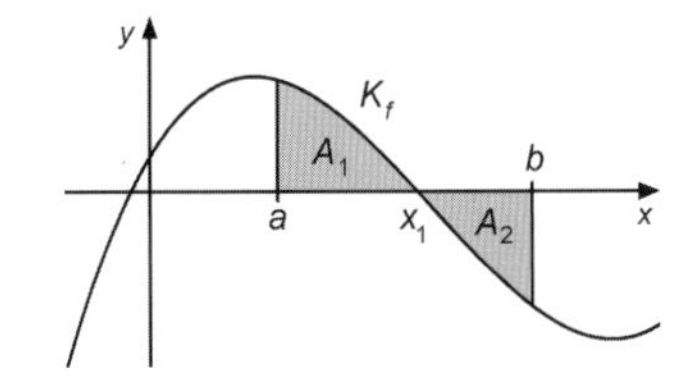

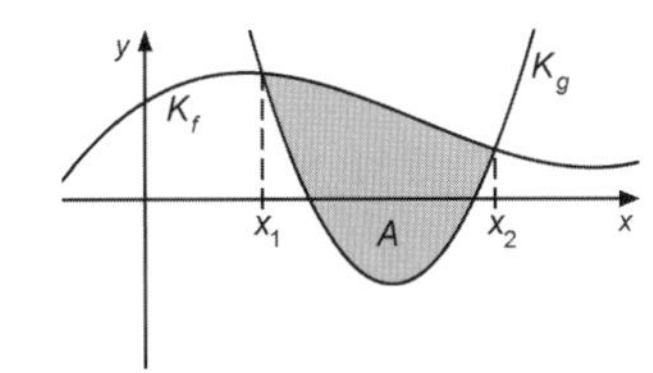

Die Merkhilfe stellt keine Formelsammlung im klassischen Sinn dar. Bezeichnungen werden nicht vollständig erklärt und Voraussetzungen für die Gültigkeit der Formeln in der Regel nicht dargestellt.

2 Musteraufgaben zum Teil 2 mit Hilfsmittel

Aufgabe 1 **Seite 1/2**

Lösungen Seite 61/62 **Punkte**

1.1 Das Schaubild einer ganzrationalen Funktion 4. Grades ist symmetrisch zur y-Achse. Es hat im Punkt H(− 1| 3) eine waagrechte Tangente und schneidet die y-Achse bei − 4,5.
Stellen Sie ein lineares Gleichungssystem auf, mit dem der Funktionsterm bestimmt werden kann. 4

Gegeben ist die Funktion f mit $f(x) = -\frac{1}{12}x^4 + \frac{3}{2}x^2 - 5$; $x \in \mathbb{R}$.
Ihr Schaubild ist K_f.

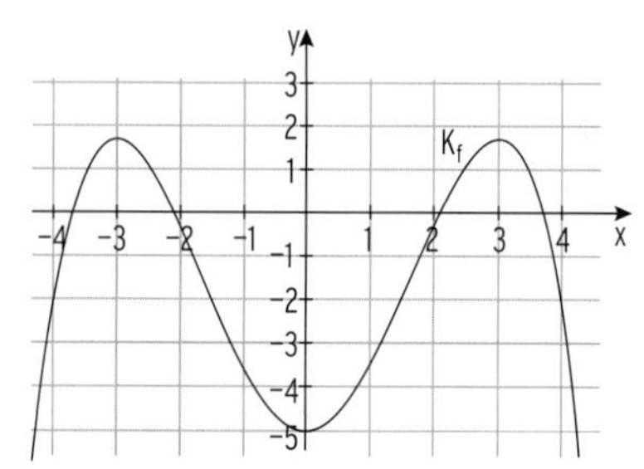

1.2 Bestimmen Sie die Koordinaten der Extrempunkte von K_f.
Zeigen Sie, eine der beiden Wendetangenten hat die Gleichung

$$y = 2\sqrt{3}\cdot x - 7{,}25.$$

Geben Sie die Gleichung der anderen Wendetangente an.
Zeichnen Sie die Wendetangenten in das Koordinatensystem ein. 8

1.3 K_f schneidet die x-Achse unter anderem in $x \approx 2{,}1$. K_f und die x-Achse begrenzen drei Teilflächen. Bestimmen Sie den Flächeninhalt der größten Teilfläche. 6

Musteraufgaben zum Teil 2 mit Hilfsmittel

Aufgabe 1 **Seite 2/2** **Punkte**

Gegeben ist die Funktion g mit $g(x) = e^x - 4;\ x \in \mathbb{R}$.

Ihr Schaubild ist K_g.

1.4 Die Schnittpunkte von K_g mit den Koordinatenachsen sind mehr als $d = \sqrt{10}$ voneinander entfernt. Überprüfen Sie die Behauptung.
Silke behauptet, dass eine Ursprungsgerade K_g in $x_1 = 1$ senkrecht schneidet.
Hat Silke Recht? Begründen Sie Ihre Antwort. 6

1.5 Gegeben ist die Funktion h mit $h(x) = a \cdot e^{-x} + b$ mit $a, b, x \in \mathbb{R}$ und $a \neq 0$.
Geben Sie jeweils Werte für a und b an, so dass ...

(1) ... die Funktion h monoton steigt.

(2) ... das Schaubild von h durch genau zwei Quadranten verläuft.

(3) ... die Gerade $y = 2$ waagrechte Asymptote des Schaubildes von h ist.

Gibt es Werte von a und b, für die alle Bedingungen (1) bis (3) gleichzeitig erfüllt sind?
Geben Sie diese Werte gegebenenfalls an. 6

$\overline{30}$

Musteraufgaben zum Teil 2 mit Hilfsmittel

Aufgabe 2 **Lösungen Seite 63/64** **Punkte**

Gegeben ist die Funktion f mit $f(x) = e^{0,5x} - 2x - 1$, $x \in \mathbb{R}$.
Ihr Schaubild ist K_f.

2.1 Bestimmen Sie die Koordinaten des Extrempunktes von K_f.
Welche Art von Extrempunkt liegt vor?
Geben Sie die Gleichung der Asymptote von K_f an.
Zeichnen Sie K_f. — 8

2.2 K_f, die x-Achse und die Gerade mit der Gleichung $x = 2$ schließen eine Fläche ein, die den Punkt $(1 \mid -1)$ enthält.
Berechnen Sie den Inhalt dieser Fläche. — 4

2.3 Die Gerade mit der Gleichung $x = u$ mit $1 < u \leq 4,5$ schneidet K_f im Punkt P und die x-Achse im Punkt Q.
Die Punkte P, Q und $R(1 \mid 0)$ sind Eckpunkte eines Dreiecks.
Bestimmen Sie den Flächeninhalt dieses Dreiecks in Abhängigkeit von u.
Wird dieser Flächeninhalt für $u = 3$ maximal?
Überprüfen Sie. — 6

Gegeben ist die Funktion g mit $g(x) = \frac{1}{2}\sin(2x) - \frac{1}{3}x$, $x \in \mathbb{R}$.
Ihr Schaubild ist K_g.

2.4 Bestimmen Sie zwei Wendepunkte von K_g.
Zeigen Sie, dass sich K_f und K_g im Ursprung senkrecht schneiden. — 5

2.5 Das Schaubild einer trigonometrischen Funktion h hat einen Hochpunkt in $H(0 \mid \frac{2}{3})$. Der benachbarte Tiefpunkt hat die Koordinaten $T(\frac{\pi}{2} \mid -\frac{4}{3})$.
Ermitteln Sie einen möglichen Funktionsterm von h.

Welcher Zusammenhang besteht zwischen den Funktionen g und h.
Begründen Sie mit Hilfe dieses Zusammenhangs, dass g an der Stelle $x = \frac{\pi}{2}$ eine Wendestelle hat. — 7

30

Musteraufgaben zum Teil 2 mit Hilfsmittel

Aufgabe 3 **Lösungen Seite 65/66** **Punkte**

Gegeben sind die Funktion f und die Funktion g mit

$$f(x) = -\frac{1}{3}x^3 + 3x \text{ und } g(x) = 4{,}5\cos(\tfrac{1}{2}x) - 1{,}5,\ x \in \mathbb{R}.$$

Ihre Schaubilder sind K_f und K_g.

3.1 Bestimmen Sie die Koordinaten der Schnittpunkte von K_f mit der x-Achse.
Untersuchen Sie K_f auf Symmetrie.
Zeichnen Sie K_f. 5

3.2 Zeigen Sie, dass die Gerade mit der Gleichung $y = x - \frac{4}{3}$ das Schaubild K_f im Punkt $P(-2 \mid f(-2))$ senkrecht schneidet. 4

3.3 Bestimmen Sie die ersten beiden Ableitungen von g.
Geben Sie den Wertebereich der ersten Ableitungsfunktion von g an. 3

3.4 Untersuchen Sie K_g im Intervall $(43\pi; 45\pi)$ auf Krümmung.
Bestimmen Sie ein Intervall, in welchem beide Schaubilder K_f und K_g rechtsgekrümmt sind. 5

3.5 K_f und K_g schneiden sich in $x_1 \approx -2{,}85$, $x_2 \approx 0{,}93$ und $x_3 \approx 3{,}26$.
K_f und K_g begrenzen zwei Flächenstücke.
Jan will die Differenz der Inhalte der beiden Flächenstücke berechnen.
Geben Sie einen geeigneten Term an. 5

3.6 Gegeben ist das Schaubild der Funktion h.
Die folgenden Aussagen beziehen sich auf den gezeichneten Abschnitt.
Begründen Sie, ob sie wahr oder falsch sind.

a) $h(-1) - h(1) > 0$

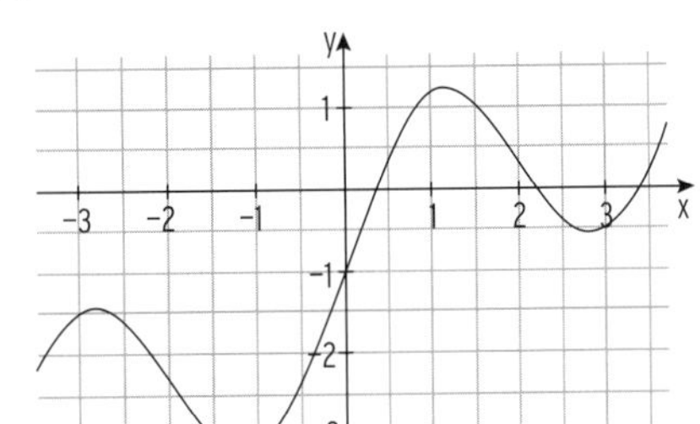

b) Das Schaubild der Ableitungsfunktion besitzt drei Extrempunkte.

c) $\int_{-2}^{2} h(x)\,dx < 0$

d) Das Schaubild einer Stammfunktion von h besitzt genau zwei Punkte mit waagrechter Tangente. 8

30

Musteraufgaben zum Teil 2 mit Hilfsmittel

Aufgabe 4 **Lösungen Seite 67/68** **Punkte**

Gegeben ist die Funktion f mit $f(x) = -\frac{1}{8}x^3 + \frac{3}{2}x^2 - \frac{9}{2}x,\ x \in \mathbb{R}$.
Ihr Schaubild ist K_f.

1.1 Bestimmen Sie die Koordinaten der Extrempunkte von K_f.
Untersuchen Sie das Krümmungsverhalten von K_f.
Skizzieren Sie K_f. — 8

1.2 Das Schaubild K_f und die x-Achse schließen eine Fläche mit dem Inhalt 13,5 FE ein.
Überprüfen Sie, ob die Gerade mit der Gleichung $y = -0{,}5x$ diese Fläche halbiert. — 5

1.3 Erklären Sie, warum das Schaubild jeder Stammfunktion von f an der Stelle $x = 6$ einen Sattelpunkt hat.
Ermitteln Sie den Funktionsterm der Stammfunktion F, deren Schaubild den Sattelpunkt auf der x-Achse hat. — 5

Die Höhe einer Pflanze wird beschrieben durch die Funktion h mit
$h(t) = 120 - 100e^{-0{,}046t}$; $t \geq 0$.
t in Monaten nach Beginn der Beobachtung, h(t) in cm)

1.4 Wie hoch war die Pflanze zu Beginn der Beobachtung und welche Höhe wird langfristig erwartet?
Wann erreicht sie die Höhe von einem Meter? — 6

1.5 Zu welchem Zeitpunkt stimmen mittlere Änderungsrate zwischen 12 und 20 Monaten und die momentane Änderungsrate überein? — 3

1.6 Die Höhe einer zweiten Pflanze wird beschrieben durch die Funktion k mit $k(t) = 115 - 80e^{-0{,}046t}$; $t \geq 0$. (t in Monaten, k(t) in cm)
Wie viel Prozent der momentanen Änderungsrate der ersten Pflanze beträgt die momentane Änderungsrate der zweiten Pflanze? — 3

Summe: 30

Musteraufgaben zum Teil 2 mit Hilfsmittel

Aufgabe 5 **Lösungen Seite 69/70** **Punkte**

Gegeben ist die Funktion f mit $f(x) = e^{-2x} - 4e^{-x}$, $x \in \mathbb{R}$.

Ihr Schaubild ist K_f.

2.1 Bestimmen Sie die Koordinaten des Tiefpunktes von K_f. — 5

Geben Sie die Gleichung der Asymptote an. Skizzieren Sie K_f .

2.2 Zeigen Sie, dass der Schnittpunkt von K_f mit der y-Achse Wendepunkt von K_f ist.

Berechnen Sie die Koordinaten des Schnittpunktes der Wendetangente mit der x-Achse. — 6

2.3 K_f und die y-Achse schließen im 3. Quadranten eine Fläche ein. — 6

Berechnen Sie den Inhalt.

Gegeben ist die Funktion g mit $g(x) = 2\sin(3x)$, $x \in \mathbb{R}$. Ihr Schaubild ist K_g.

2.4 Bestimmen Sie die Periode von g.

Geben Sie die Koordinaten von zwei Kurvenpunkten an, in denen jeweils die größte Steigung vorliegt.

Wie muss die Periode von g verändert werden, damit die kleinste positive Nullstelle bei $\frac{1}{6}\pi$ liegt?

Geben Sie einen entsprechend veränderten Funktionsterm an. — 7

2.5 Die folgende Abbildung stellt das Schaubild einer Funktion h dar.

Ordnen Sie die folgenden Integrale nach ihrem Wert in aufsteigender Reihenfolge und begründen Sie Ihre Wahl. — 6

(1) $\int_{-c}^{c} h(x)dx$

(2) $\int_{-a}^{0} h(x)dx$

(3) $\int_{0}^{c} h(x)dx$

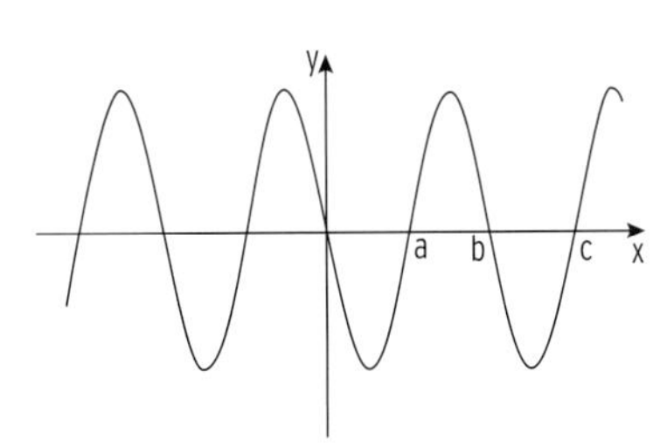

30

Musteraufgaben zum Teil 2 mit Hilfsmittel

Aufgabe 6 **Seite 1/2** **Lösungen Seite 71/72** **Punkte**

Gegeben ist die Funktion f mit $f(x) = 2\sin(\frac{\pi}{3}x) + 1$, $x \in [-2; 5]$,
Ihr Schaubild ist K_f.

3.1 Beschreiben Sie, wie das Schaubild K_f aus dem Schaubild mit der Gleichung $y = \sin(x)$ hervorgeht. 3

3.2 Geben Sie die Koordinaten der Extrempunkte von K_f an. 4
Skizzieren Sie K_f.

3.3 Bestimmen Sie die ersten beiden Ableitungen von f. 6
Ermitteln Sie den Wertebereich der ersten Ableitungsfunktion von f.
Untersuchen Sie, ob es auf K_f Punkte mit der Tangentensteigung 2,5 gibt.
Geben Sie einen Punkt an, der auf einem linksgekrümmten Teilstück von K_f liegt und begründen Sie.

3.4 Die folgenden Abbildungen zeigen die Schaubilder einer Funktion g, ihrer Ableitungsfunktion g′ und einer weiteren Funktion k. 5
Ordnen Sie die Schaubilder den Funktionen zu und begründen Sie.

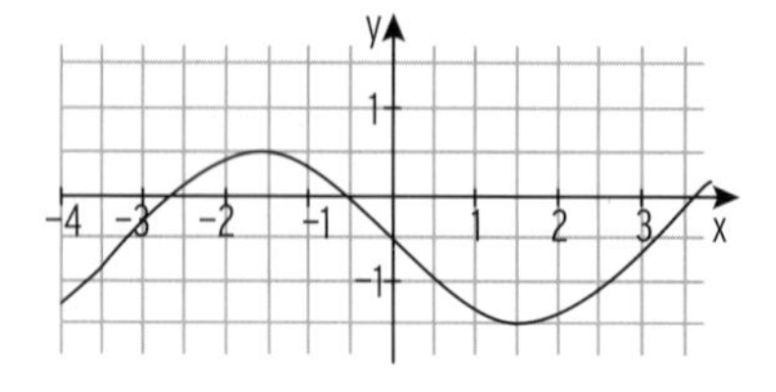

Abbildung 1

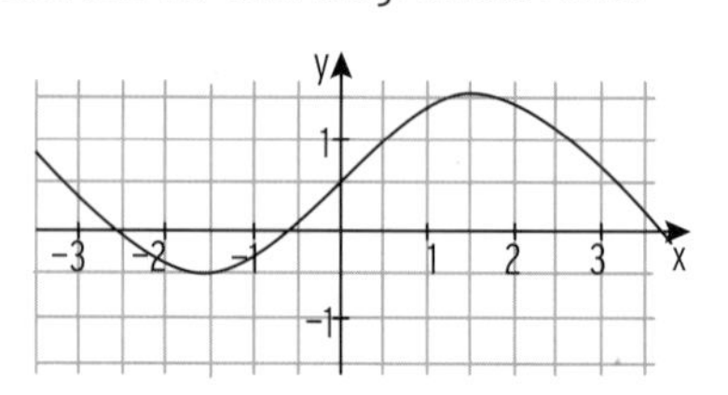

Abbildung 2

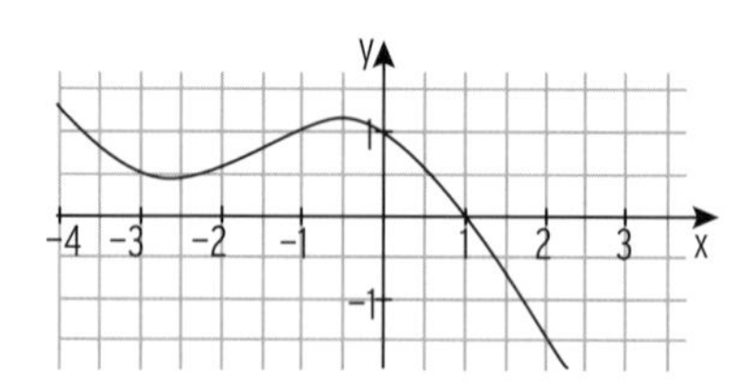

Abbildung 3

Musteraufgaben zum Teil 2 mit Hilfsmittel

Aufgabe 6 **Seite 2/2** **Punkte**

Abbildung 4 zeigt den Graphen G_h einer ganzrationalen Funktion h dritten Grades mit Definitionsmenge $\mathbb{R}$.

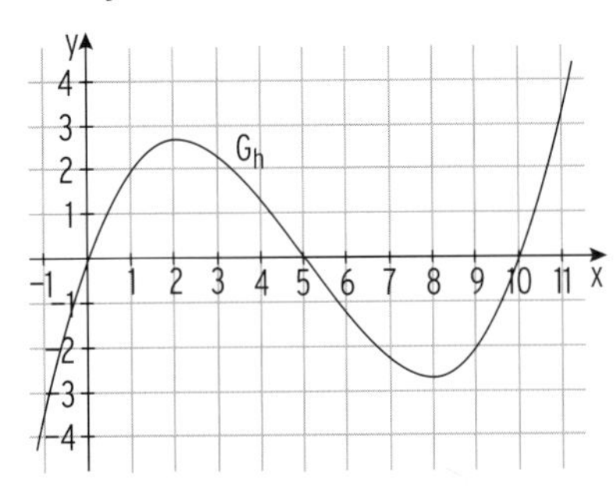

Abbildung 4

3.5 G_h schneidet die x-Achse bei $x = 0$, $x = 5$ und $x = 10$ und verläuft durch den Punkt $P(1|\,2)$.
Ermitteln Sie einen Funktionsterm von h. — 4
Kontrollergebnis: $h(x) = \frac{1}{18}(x^3 - 15x^2 + 50x),\ x \in \mathbb{R}$.

3.6 Zeigen Sie, dass G_h in $W(5 \mid 0)$ einen Wendepunkt besitzt, und ermitteln Sie eine Gleichung der Tangente an G_h im Punkt W. — 6

3.7 G_h geht aus dem Graphen der in $\mathbb{R}$ definierten Funktion k mit $k(x) = \frac{1}{18}(x^3 - 25x)$ durch eine Verschiebung in positive x-Richtung hervor.
Geben Sie an, um wie viel der Graph von k dazu verschoben werden muss. — 2

30

Musteraufgaben zum Teil 2 mit Hilfsmittel

Aufgabe 7 **Lösungen Seite 73/74** **Punkte**

1.1 Gegeben sind die Funktionen f, g und h mit $f(x) = -\frac{1}{2}\sin(\frac{1}{2}x)$

$g(x) = \sin(2x) + 1$

$h(x) = -\sin(x - \frac{\pi}{4})$; $x \in \mathbb{R}$.

Ihre Schaubilder sind K_f, K_g und K_h.

Beschreiben Sie, wie K_f, K_g und K_h aus dem Schaubild mit der Gleichung $y = \sin(x)$ hervorgehen. 6

1.2 Skizzieren Sie K_g.

Es gibt unendlich viele Stellen, an denen die Funktionswerte von g minimal sind. Bestimmen Sie diejenige exakt, die am nächsten bei Null liegt. Erläutern Sie, wie sich die anderen Stellen aus dieser berechnen. Geben Sie den Wertebereich von g an. 8

1.3 Das Schaubild K_g schließt im 2. Quadranten mit den Achsen eine Fläche ein. Berechnen Sie den Inhalt dieser Fläche. 6

1.4 Überprüfen Sie, ob die Gerade mit der Gleichung $y = -2x + \pi + 1$ Tangente an K_g im Punkt $S(\frac{\pi}{2} \mid 1)$ ist. Ist die Gerade eine Wendetangente? 4

1.5 Wählen Sie aus jedem Diagramm jeweils ein Schaubild aus und geben Sie für diese jeweils einen möglichen Funktionsterm an. 6

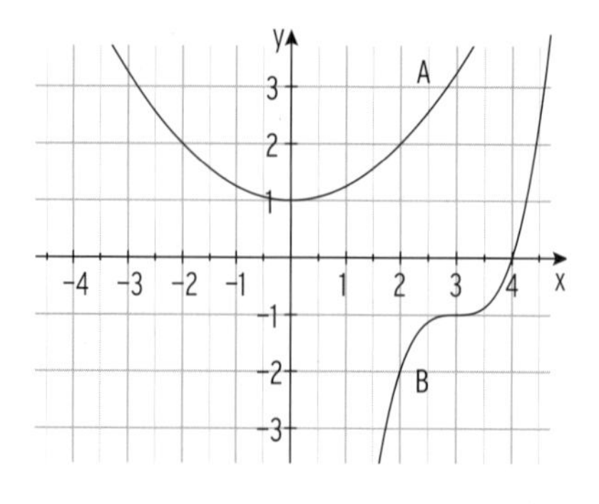

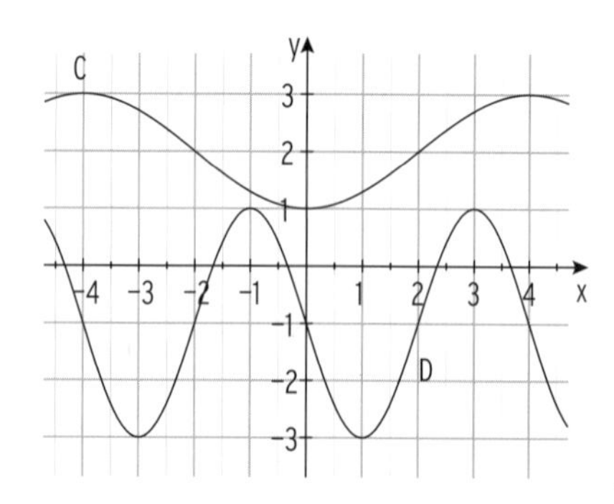

30

3 Lösungen der Musteraufgaben zum Teil 2 mit Hilfsmittel

Aufgabe 1 **Seite 1/2** **Aufgabe Seite 52/53**

1.1 4. Grades, symmetrisch zur y-Achse: $f(x) = ax^4 + bx^2 + c$; $f'(x) = 4ax^3 + 2bx$

$H(-1|\,3)$: $f(-1) = 3$ $\quad a + b + c = 3$

waagrechte Tangente: $f'(-1) = 0$ $\quad -4a - 2b = 0$

$S_y(0|-4{,}5)$: $f(0) = -4{,}5$ $\quad c = -4{,}5$

Hinweis: **Funktionsterm:** $f(x) = -7{,}5x^4 + 15x^2 - 4{,}5$

K_f: $f(x) = -\frac{1}{12}x^4 + \frac{3}{2}x^2 - 5;\ x \in \mathbb{R}$

1.2 **Koordinaten der Extrempunkte**

Ableitungen: $f'(x) = -\frac{1}{3}x^3 + 3x$; $f''(x) = -x^2 + 3$; $f'''(x) = -2x$

Bedingung: $f'(x) = 0$ $\quad x(-\frac{1}{3}x^2 + 3) = 0$

Satz vom Nullprodukt: $\quad x_1 = 0;\ x_{2|3} = \pm 3$

Mit $f''(0) = 3 > 0$ und $f(0) = -5$ ergibt sich der Tiefpunkt $T(0|-5)$.

Mit $f''(\pm 3) = -6$ und $f(\pm 3) = 1{,}75$ ergeben sich

die Hochpunkte $H_1(-3\,|\,1{,}75)$ $H_2(3\,|\,1{,}75)$ (Symmetrie)

Wendepunkte und **Wendetangente**

Bedingung: $f''(x) = 0$ $\quad -x^2 + 3 = 0 \Leftrightarrow x_{1|2} = \pm\sqrt{3}$

Mit $f'''(\sqrt{3}) \neq 0$ und $f(\sqrt{3}) = -1{,}25$ ergibt sich ein Wendepunkt: $W_1(\sqrt{3}\,|-1{,}25)$.

Mit $f'(\sqrt{3}) = -\frac{1}{3}(\sqrt{3})^3 + 3\sqrt{3} = 2\sqrt{3}$ erhält man:

$y = 2\sqrt{3}\cdot x - 7{,}25$ muss die Tangente sein

Punktprobe mit $W_1(\sqrt{3}\,|-1{,}25)$: $-1{,}25 = 2\sqrt{3}\cdot\sqrt{3} - 7{,}25$ wahre Aussage

Wendetangente in W_2: $y = -2\sqrt{3}\cdot x - 7{,}25$

Zeichnung: K_f und Wendetangenten

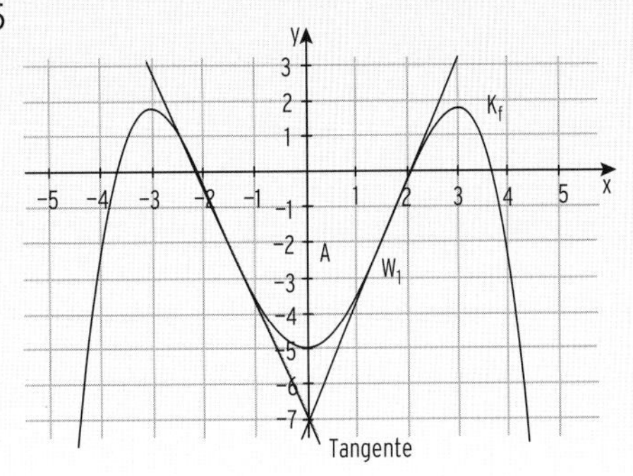

1.3 **Flächeninhalt der größten Teilfläche A**

Schnittstellen von K_f mit der x-Achse:

$x_{1|2} \approx \pm 2{,}1$; $(x_{3|4} \approx \pm 3{,}7)$

$$\int_0^{2,1} f(x)dx = \left[-\frac{1}{60}x^5 + \frac{1}{2}x^3 - 5x\right]_0^{2,1} = -6{,}55$$

Wegen der Symmetrie und Fläche

unterhalb der x-Achse: $A = 2\cdot 6{,}55 = 13{,}10$

Lösungen - Musteraufgaben zum Teil 2 mit Hilfsmittel

Aufgabe 1 **Seite 2/2**

K_g: $g(x) = e^x - 4$; $g'(x) = e^x$; $x \in \mathbb{R}$

1.4 Schnittpunkt mit der y-Achse: $g(0) = -3$: $S_y(0 \mid -3)$ $(e^0 = 1)$

Schnittpunkt mit der x-Achse: $g(x) = 0$ für $x = \ln(4)$

$N(\ln(4) \mid 0)$

Abstand der beiden Punkte: $d = \sqrt{(-3)^2 + (\ln(4))^2} = \sqrt{9 + (\ln(4))^2}$ (Pythagoras)

$d = \sqrt{9 + (\ln(4))^2} > \sqrt{10}$ da $\ln(4) > \ln(e) = 1$; $e = 2{,}7...$

Bedingung für die Schnittstelle: $m = -\frac{1}{g'(1)} = -\frac{1}{e}$

Normale in $x = 1$ bzw. in $P(1 \mid e - 4)$: $y = -\frac{1}{e}x + b$

Einsetzen ergibt: $e - 4 = -\frac{1}{e} \cdot 1 + b \Rightarrow b = e - 4 + \frac{1}{e} \cdot 1 \neq 0$

Die Normale ist keine Ursprungsgerade.

1.5 $h(x) = a \cdot e^{-x} + b$

(1) ... die Funktion h monoton steigt.

$h'(x) \geq 0$, also $-a \cdot e^{-x} \geq 0$ für $a < 0$, b beliebig

(2) ... das Schaubild von h durch genau zwei Quadranten verläuft.

$a > 0$ und $b \geq 0$; das Schaubild von h verläuft im I. und II. Quadranten

oder $a < 0$ und $b \leq 0$; das Schaubild von h verläuft im III. und IV. Quadranten

oder das Schaubild von h verläuft durch den Ursprung, also $a = -b$

(3) ... die Gerade $y = 2$ waagrechte Asymptote des Schaubildes von h ist.

Die Asymptote hat die Gleichung $y = b$; also $b = 2$; a beliebig

Alle Bedingungen (1) bis (3) gleichzeitig erfüllt, wenn

- $b = 2$:
- die Funktion h monoton steigt: $a < 0$
- das Schaubild von h durch genau zwei Quadranten verläuft:

  Dies gelingt nur, wenn das Schaubild durch den Ursprung verläuft:

  $0 = a \cdot e^{-0} + b \Rightarrow a + b = 0 \Rightarrow a = -b$; also mit $b = 2$: $a = -2$

Lösungen - Musteraufgaben zum Teil 2 mit Hilfsmittel

Aufgabe 2 **Seite 1/2** **Aufgabe Seite 54**

K_f: $f(x) = e^{0,5x} - 2x - 1$

2.1 **Extrempunkt**

Ableitungen: $f'(x) = 0{,}5\, e^{0,5x} - 2$; $f''(x) = 0{,}25\, e^{0,5x} > 0$

Bedingung: $f'(x) = 0$ $\quad 0{,}5\, e^{0,5x} - 2 = 0$

$e^{0,5x} = 4$

Logarithmieren: $\quad 0{,}5x = \ln(4)$

$x = 2\ln(4) \approx 2{,}77$

Mit $f''(x) > 0$ und $f(2\ln(4)) \approx -2{,}55$

erhält man den Tiefpunkt $T(2\ln(4) \mid 3 - 4\ln(4))$ oder $T(2{,}77 \mid -2{,}55)$

Gleichung der Asymptote

Für $x \to -\infty : y = -2x - 1 \quad (e^{0,5x} \to 0)$

Schaubild mit möglichem Dreieck aus 2.3

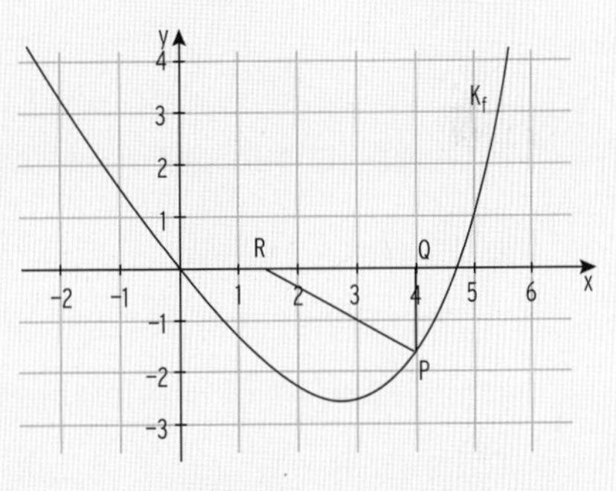

2.2 K_f verläuft durch den Ursprung.

Flächenberechnung

$$\int_0^2 f(x)dx = [2e^{0,5x} - x^2 - x]_0^2 = 2e^{0,5\cdot 2} - 4 - 2 - (2e^{0,5\cdot 0}) = 2e^1 - 8 \approx -2{,}56$$

Die Fläche liegt unterhalb der x-Achse, also $A = -(2e^1 - 8) = -2e + 8$.

Auch: Die Fläche beträgt etwa 2,56.

2.3 Flächeninhalt in Abhängigkeit von u: $\quad A(u) = \frac{1}{2}(u - 1)\,(-f(u));\ 1 < u \leq 4{,}5$

$A(u) = -\frac{1}{2}(u - 1) \cdot (e^{0,5u} - 2u - 1)$

(Ausmultiplizieren ist nicht nötig.)

Flächeninhalt maximal

Funktionswerte von A: $\quad A(3) = 2{,}518$; $A(3{,}1) = 2{,}613$

Der maximale Flächeninhalt wird nicht in u = 3 angenommen.

Hinweis: Mit $A'(3) \neq 0$ kann man hier nicht argumentieren, da $A'(u)$ nicht machbar ist.

Lösungen - Musteraufgaben zum Teil 2 mit Hilfsmittel

Aufgabe 2 **Seite 2/2**

$K_g: g(x) = \frac{1}{2}\sin(2x) - \frac{1}{3}x$; $g'(x) = \cos(2x) - \frac{1}{3}$; $g''(x) = -2\sin(2x)$

2.4 Das Schaubild von g'' hat Nullstellen in $x = 0$, $x = \frac{\pi}{2}$, $x = \pi, \ldots$

Hinweis: $\sin(0) = \sin(\pi) = \sin(2\pi) = 0$

Wendepunkte: $W_1(0 \mid 0)$; $W_2(\frac{\pi}{2} \mid -\frac{\pi}{6})$; $W_3(-\frac{\pi}{2} \mid \frac{\pi}{6})$; $W_4(\pi \mid -\frac{\pi}{3})$

Hinweis: $\sin(2x_W) = 0$

K_f und K_g schneiden sich im Ursprung senkrecht, wenn

$f(0) = g(0) = 0$ und $f'(0) \cdot g'(0) = -1$

Probe ergibt: $f(0) = e^0 - 2 \cdot 0 - 1 = 0$; $g(0) = \frac{1}{2}\sin(0) - \frac{1}{3} \cdot 0 = 0$

$f'(0) \cdot g'(0) = -\frac{3}{2} \cdot \frac{2}{3} = -1$

Die beiden Schaubilder schneiden sich in O senkrecht.

2.5 Ansatz: $h(x) = a\cos(bx) + c$

(Der Hochpunkt liegt auf der y-Achse, mit dem Kosinusansatz ist die Verschiebung in x-Richtung nicht nötig.)

$H(0 \mid \frac{2}{3})$: $h(0) = \frac{2}{3}$ $\qquad a + c = \frac{2}{3} \quad (*)$

Der Abstand der x-Koordinaten von benachbarten Extrempunkten beträgt eine halbe Periode, also $p = \pi$ und damit $b = \frac{2\pi}{\pi} = 2$.

Der Abstand der y-Koordinaten von benachbarten Extrempunkten ergibt die doppelte Amplitude, also $2a = \frac{2}{3} - (-\frac{4}{3}) = 2 \Rightarrow a = 1$

Aus (*) folgt $c = -\frac{1}{3}$

Alternativ: Verschiebung in y-Richtung: $c = \frac{y_H + y_T}{2} = -\frac{1}{3}$ (Mittellinie)

Möglicher Funktionsterm von h: $h(x) = \cos(2x) - \frac{1}{3}$

Zusammenhang zwischen g und h: $h(x) = g'(x)$

g hat an der Stelle $x = \frac{\pi}{2}$ eine Wendestelle, wenn h in $x = \frac{\pi}{2}$ eine Extremstelle hat. Da K_g in $T(\frac{\pi}{2} \mid -\frac{4}{3})$ einen Tiefpunkt hat, ist diese Bedingung erfüllt.

Lösungen - Musteraufgaben zum Teil 2 mit Hilfsmittel

Aufgabe 3 **Seite 1/2** **Aufgabe Seite 55**

K_f: $f(x) = -\frac{1}{3}x^3 + 3x$ K_g: $g(x) = 4{,}5\cos(\frac{1}{2}x) - 1{,}5$

3.1 Schnittpunkte von K_f mit der x-Achse: $f(x) = 0$ $-\frac{1}{3}x^3 + 3x = 0$

Ausklammern: $x(-\frac{1}{3}x^2 + 3) = 0$

Satz vom Nullprodukt: $x = 0;\ -\frac{1}{3}x^2 + 3 = 0$

$x_1 = 0;\ x_{2|3} = \pm 3$

$N_1(-3 \mid 0)$; $N_2(0 \mid 0)$; $N_3(3 \mid 0)$

K_f ist punktsymmetrisch zum Ursprung

(nur ungerade Hochzahlen von x;

oder $f(-x) = -f(x)$)

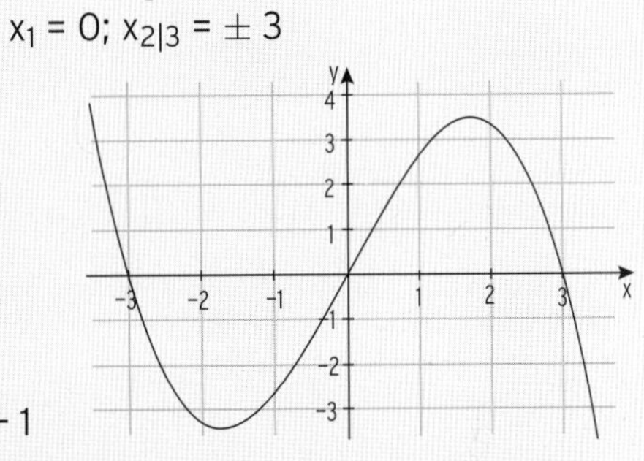

3.2 Ableitung: $f'(x) = -x^2 + 3$ und $f'(-2) = -1$

Steigung der Senkrechten: $m_n = \frac{-1}{m_t} = \frac{-1}{-1} = 1$

$f(-2) = -\frac{10}{3}$ und $-2 - \frac{4}{3} = -\frac{10}{3}$

($P(-2 \mid -\frac{10}{3})$ liegt auf K_f und auf der Geraden.)

Die Gerade mit der Gleichung $y = x - \frac{4}{3}$ schneidet K_f im Punkt P senkrecht.

3.3 **Ableitungen von g:**

$g'(x) = -2{,}25\sin(\frac{1}{2}x)$; $g''(x) = -1{,}125\cos(\frac{1}{2}x)$

Wertebereich von g': $[-2{,}25;\ 2{,}25]$

(keine Verschiebung in y-Richtung)

3.4 **Krümmung** von K_g im Intervall $(43\pi;\ 45\pi)$

$g''(x) = 0 \Leftrightarrow \frac{1}{2}x = \frac{\pi}{2}; \frac{3}{2}\pi; \ldots \Leftrightarrow x_1 = \pi;\ x_2 = 3\pi; \ldots$

(Zwei Lösungen auf einer Periode)

Mit $g'''(x) \neq 0$ für beide Stellen und der Periode $p = 4\pi$ ergeben sich die

Wendestellen: $\pi;\ 3\pi;\ 5\pi;\ 7\pi;\ \ldots\ 43\pi;\ 45\pi;\ \ldots$

Die Intervallgrenzen sind also Wendestellen.

Mit $g''(44\pi) = -1{,}125 < 0$ gilt: K_g ist im Intervall $(43\pi;\ 45\pi)$ rechtsgekrümmt.

Mit $f''(x) = -2x < 0$ für $x > 0$ gilt: K_f ist für $x > 0$ rechtsgekrümmt.

Im Intervall $(43\pi;\ 45\pi)$ sind beide Schaubilder K_f und K_g rechtsgekrümmt.

Lösungen - Musteraufgaben zum Teil 2 mit Hilfsmittel

Aufgabe 3 Seite 2/2

3.5 Schnittstellen von K_f und K_g: $x_1 \approx -2{,}85$; $x_2 \approx 0{,}93$; $x_3 \approx 3{,}26$

Inhalte der beiden Flächenstücke

$A_1 = \int_{x_1}^{x_2} (g(x) - f(x))dx$

Beachten Sie: obere – untere Kurve

$A_2 = \int_{x_2}^{x_3} (f(x) - g(x))dx$

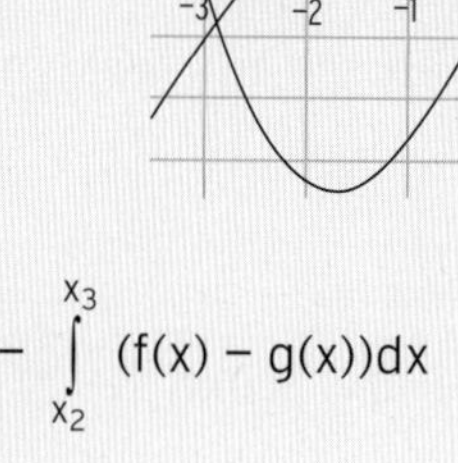

Hinweis: $\int_{x_2}^{x_3} (g(x) - f(x))dx = -3{,}84$

Differenz $A_1 - A_2 = \int_{x_1}^{x_2} (g(x) - f(x))dx - \int_{x_2}^{x_3} (f(x) - g(x))dx$

oder auch: $A_1 - A_2 = \int_{x_1}^{x_3} (g(x) - f(x))dx$

3.6 Schaubild der Funktion h.

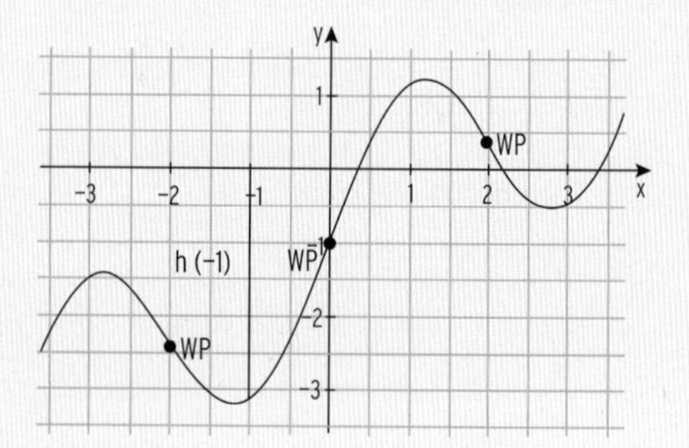

a) $h(-1) - h(1) > 0$ falsch

$h(-1) \approx -3{,}2$; $h(1) \approx 1{,}2$

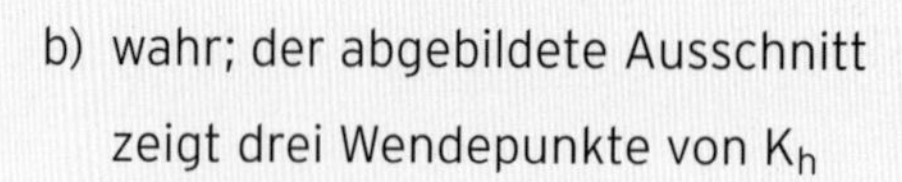

b) wahr; der abgebildete Ausschnitt zeigt drei Wendepunkte von K_h

c) wahr; das Flächenstück unterhalb der x-Achse (von – 2 bis etwa 0,3) ist offensichtlich größer als das Flächenstück oberhalb der x-Achse (von etwa 0,3 bis 2).

d) falsch; das Schaubild von h besitzt genau 3 Schnittpunkte mit der x-Achse, also hat das Schaubild einer Stammfunktion von h genau drei Punkte mit waagrechter Tangente.

Lösungen - Musteraufgaben zum Teil 2 mit Hilfsmittel

Aufgabe 4 **Seite 1/2** **Aufgabe Seite 56**

$f(x) = -\frac{1}{8}x^3 + \frac{3}{2}x^2 - \frac{9}{2}x,\ x \in \mathbb{R}$ mit Schaubild K_f

1.1 **Extrempunkte von K_f**

$f'(x) = -\frac{3}{8}x^2 + 3x - \frac{9}{2}$; $f''(x) = -\frac{3}{4}x + 3$; $f'''(x) = -\frac{3}{4}$

Bedingung: $f'(x) = 0$ $\quad -\frac{3}{8}x^2 + 3x - \frac{9}{2} = 0 \quad | \cdot (-\frac{8}{3})$

$x^2 - 8x + 12 = 0$

Formel $\quad x_{1|2} = 4 \pm \sqrt{4^2 - 12} = 4 \pm 2$

oder Zerlegung $x^2 - 8x + 12 = (x - 2)(x - 6)$: $x_1 = 2$; $x_2 = 6$

Mit $f''(2) = 1{,}5 > 0$ und $f(2) = -4$ ergibt sich der Tiefpunkt $T(2| -4)$.

Mit $f''(6) = -1{,}5$ und $f(6) = 0$ ergibt sich der Hochpunkt $H(6 \mid 0)$.

Krümmungsverhalten von K_f

Wendestelle: $f''(x) = 0$ $\quad -\frac{3}{4}x + 3 = 0$ für $x = 4$

$f''(0) = 3 > 0$

K_f ist linksgekrümmt für $x \leq 4$ und

rechtsgekrümmt für $x \geq 4$

(auch aus der Skizze)

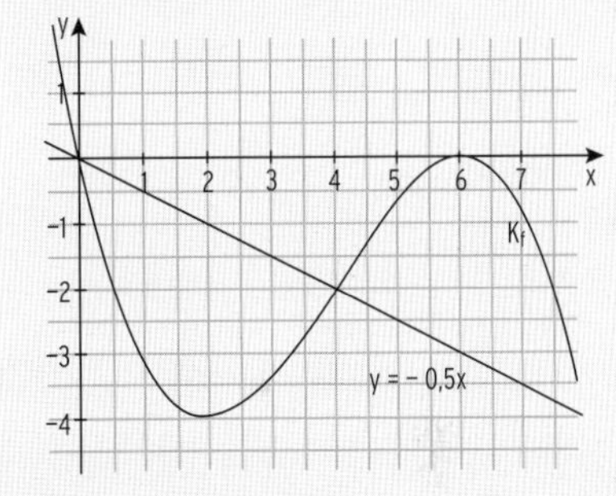

1.2 **Fläche zwischen Gerade und K_f auf [0; 4]**

(Die Gerade schneidet K_f im Wendepunkt.)

$$\int_0^4 (-0{,}5x - f(x))dx = \int_0^4 \left(\frac{1}{8}x^3 - \frac{3}{2}x^2 + 4x\right)dx = \left[\frac{1}{32}x^4 - \frac{1}{2}x^3 + 2x^2\right]_0^4 = 8$$

Die Fläche wird nicht halbiert.

1.3 Das Schaubild von f besitzt an der Stelle $x = 6$ einen Berührpunkt mit der x-Achse. Damit liegt an dieser Stelle für das Schaubild der Stammfunktion von f ein Wendepunkt mit horizontaler Tangente (Sattelpunkt) vor.

Funktionsterm der Stammfunktion F mit $F(6) = 0$

$F(x) = -\frac{1}{32}x^4 + \frac{1}{2}x^3 - \frac{9}{4}x^2 + c$

$F(6) = -13{,}5 + c = 0$ für $c = 13{,}5$

$F(x) = -\frac{1}{32}x^4 + \frac{1}{2}x^3 - \frac{9}{4}x^2 + 13{,}5$

Lösungen - Musteraufgaben zum Teil 2 mit Hilfsmittel

Aufgabe 4 Seite 2/2

$h(t) = 120 - 100e^{-0,046t}$; $t \geq 0$; t in Monaten, h(t) in cm

1.4 **Höhe zu Beginn der Beobachtung:** $h(0) = 20$

Die Pflanze war zu Beginn 20 cm hoch.

Höhe langfristig

Für $t \to \infty$ strebt das Schaubild von h gegen die waagrechte Asymptote mit der Gleichung $y = 120$.

Also wird langfristig eine Höhe von 120 cm erwartet.

Höhe von einem Meter

Bedingung: $h(t) = 100$

$$120 - 100e^{-0,046t} = 100$$

$$100e^{-0,046t} = 20$$

$$e^{-0,046t} = 0,2$$

Logarithmieren: $t = \frac{\ln(0,2)}{-0,046} \approx 35$

Die Pflanze erreicht etwa nach 35 Monaten eine Höhe von 1 m.

1.5 Mittlere Änderungsrate $m = \frac{h(20) - h(12)}{20 - 12} \approx \frac{80,15 - 62,42}{8} \approx 2,22$

Die mittlere Änderungsrate beträgt 2,22cm pro Monat.

momentane Änderungsrate: $h'(t) = -100 \cdot (-0,046) \cdot e^{-0,046t} = 4,6 \cdot e^{-0,046t}$

Bedingung: $h'(t) = 2,22$

$$4,6 \cdot e^{-0,046t} = 2,22$$

$$e^{-0,046t} = \frac{2,22}{4,6} \approx 0,48$$

$$t = \frac{\ln(0,48)}{-0,046} \approx 15,96$$

Die beiden Größen sind also nach knapp 16 Monaten gleich.

1.6 $k(t) = 115 - 80e^{-0,046t}$; $t \geq 0$; $k'(t) = -80 \cdot (-0,046) \cdot e^{-0,046t}$

$$\frac{\text{momentane Änderungsrate der zweiten Pflanze}}{\text{momentane Änderungsrate der ersten Pflanze}} = \frac{-80 \cdot (-0,046)\, e^{-0,046t}}{-100 \cdot (-0,046)\, e^{-0,046t}} = \frac{80}{100}$$

Die zweite Pflanze wächst mit einer 80%igen momentanen Änderungsrate der momentanen Änderungsrate der ersten Pflanze.

Lösungen - Musteraufgaben zum Teil 2 mit Hilfsmittel

Aufgabe 5 **Seite 1/2** **Aufgabe Seite 57**

$f(x) = e^{-2x} - 4e^{-x}$, $x \in \mathbb{R}$ mit Schaubild K_f

2.1 Tiefpunkt von K_f

$f'(x) = -2e^{-2x} + 4e^{-x}$; $f''(x) = 4e^{-2x} - 4e^{-x}$; $f'''(x) = -8e^{-2x} + 4e^{-x}$

Bedingung: $f'(x) = 0$ $\quad -2e^{-2x} + 4e^{-x} = 0$

$e^{-x}(-2e^{-x} + 4) = 0$

$e^{-x} > 0$ $\quad -2e^{-x} + 4 = 0 \Leftrightarrow e^{-x} = 2$

$x = -\ln(2)$

Mit $f''(-\ln(2)) > 0$ und $f(-\ln(2)) = -4$ ergibt einen Tiefpunkt $T(-\ln(2)|-4)$

Gleichung der Asymptote

Wegen $e^{-2x} \to 0$ und $4e^{-x} \to 0$

für $x \to \infty$ streben die Funktionswerte

gegen 0.

Gleichung der Asymptote $y = 0$

Skizze von K_f

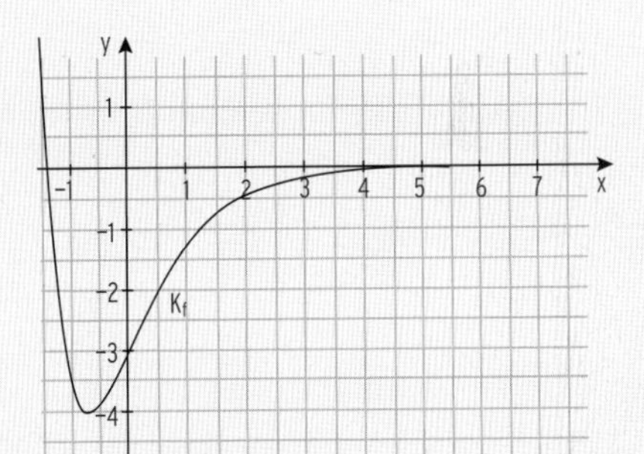

2.2 Schnittpunkt von K_f mit der y-Achse ist Wendepunkt

$f(0) = -3$; $f''(0) = 0$; $f'''(0) = -4 \neq 0$ $\quad W = S_y(0|-3)$

Wendetangente

Mit $f'(0) = 2$ ergibt sich $y = 2x - 3$

Schnittpunkt von Wendetangente mit der x-Achse $S(1{,}5|0)$.

2.3 Nullstelle von f

$f(x) = 0$ $\quad e^{-2x} - 4e^{-x} = 0$

Ausklammern: $\quad e^{-x}(e^{-x} - 4) = 0$

$e^{-x} > 0$ $\quad e^{-x} - 4 = 0 \Leftrightarrow e^{-x} = 4$

$x = -\ln(4)$

Flächenberechnung

$$\int_{-\ln(4)}^{0} f(x)dx = \left[-\frac{1}{2}e^{-2x} + 4e^{-x}\right]_{-\ln(4)}^{0} = 3{,}5 - 8 = -4{,}5$$

Hinweis: $e^{\ln(4)} = 4$; $e^{2\ln(4)} = 16$

Der Flächeninhalt beträgt 4,5 FE.

Lösungen - Musteraufgaben zum Teil 2 mit Hilfsmittel

Aufgabe 5 Seite 2/2

$g(x) = 2\sin(3x)$, $x \in \mathbb{R}$ mit Schaubild K_g

2.4 Periode von g: $p = \frac{2\pi}{3}$

Kurvenpunkte mit größter Steigung sind Wendepunkte mit positiver Steigung

z. B. $W_1(0 \mid 0)$; $W_2(\frac{2\pi}{3} \mid 0)$; $W_3(\frac{4\pi}{3} \mid 0)$; ... im Abstand von einer Periode

Kleinste positive Nullstelle bei $\frac{1}{6}\pi$:

Hinweis: $\sin(0) = \sin(\pi) = \sin(2\pi) = 0$

Die kleinste positive Nullstelle von g liegt bei $\frac{\pi}{3}$ (nach einer halben Periode)

Die Periode müsste also halbiert werden: $p_{neu} = \frac{\pi}{3}$

Aus $k = \frac{2\pi}{p}$ folgt $k = \frac{2\pi}{\frac{\pi}{3}} = 6$

Funktionsterm: $g_{neu}(x) = 2 \cdot \sin(6x)$

2.5 Aufsteigende Reihenfolge

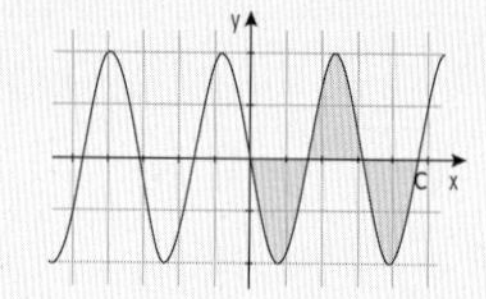

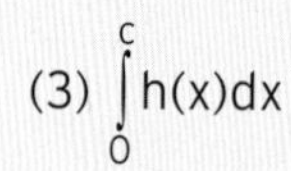

(3) $\int_0^c h(x)dx$

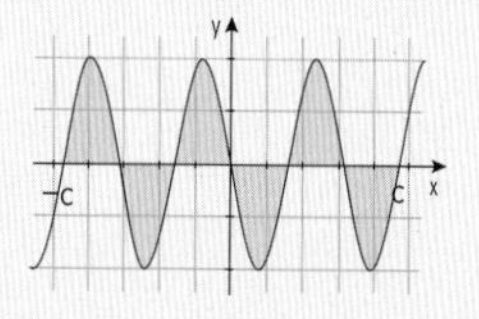

(1) $\int_{-c}^{c} h(x)dx$

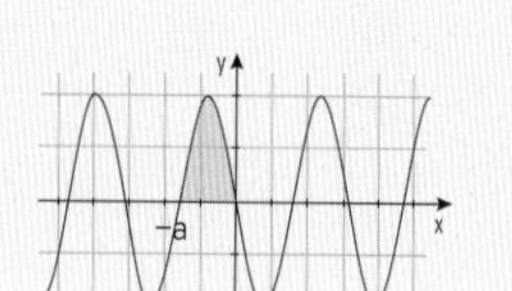

(2) $\int_{-a}^{0} h(x)dx$

Begründung:

(3) Integralwert ist negativ, da die Flächenanteile unterhalb der x-Achse überwiegen.

(1) Integralwert ist Null, da die Flächenanteile oberhalb und unterhalb der x-Achse gerade aufheben.

(2) Integralwert ist positiv, da die zugehörige Fläche komplett oberhalb der x-Achse liegt.

Lösungen - Musteraufgaben zum Teil 2 mit Hilfsmittel

Aufgabe 6 **Seite 1/2** **Aufgabe Seite 58/59**

$f(x) = 2\sin(\frac{\pi}{3}x) + 1,\ x \in [-2;\ 5]$ mit Schaubild K_f

3.1 Das Schaubild von $y = \sin(x)$ wird in y-Richtung mit dem Faktor 2 gestreckt ($y = 2\sin(x)$), in x-Richtung mit dem Faktor $\frac{3}{\pi}$ gestreckt ($y = 2\sin(\frac{\pi}{3}x)$) und in y-Richtung um eine Längeneinheit nach oben verschoben.

3.2 f hat die Periode $p = \frac{2\pi}{\frac{\pi}{3}} = 6$,

die Amplitude 2, Mittellinie $y = 1$

K_f verläuft durch $(0 \mid 1)$

Extrempunkte von K_f:

$T_1(-1{,}5 \mid -1)$; $H(1{,}5 \mid 3)$; $T_2(4{,}5 \mid -1)$

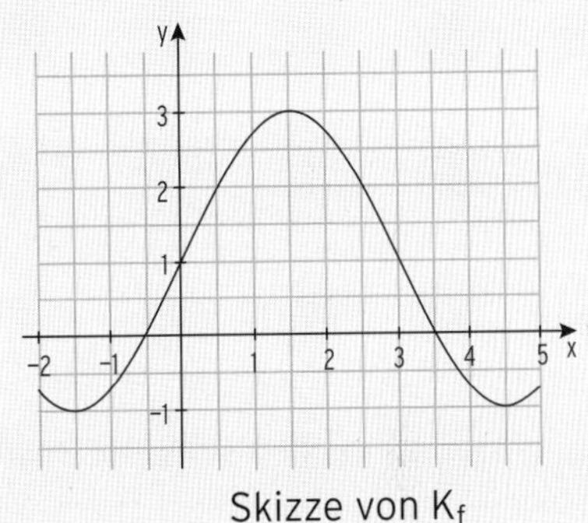

Skizze von K_f

3.3 Ableitungen von f

$f'(x) = \frac{2\pi}{3}\cos(\frac{\pi}{3}x)$; $f''(x) = -\frac{2\pi^2}{9}\sin(\frac{\pi}{3}x)$

Wertebereich der ersten Ableitungsfunktion von f: $\left[-\frac{2\pi}{3};\ \frac{2\pi}{3}\right] \approx [-2{,}09;\ 2{,}09]$

Hinweis: Wertebereich von $y = \sin(\frac{\pi}{3}x)$: $[-1;\ 1]$

Punkte mit der Tangentensteigung 2,5 gibt es auf K_f nicht,

da 2,5 nicht im Wertebereich von f' liegt.

Punkt auf einem linksgekrümmten Teilstück von K_f

K_f ist linksgekrümmt für $-2 \leq x \leq 0$ bzw. $3 \leq x \leq 5$

$P(-0{,}5 \mid 0)$ ist ein geeigneter Punkt (oder $T_1(-1{,}5 \mid -1)$ oder $T_2(4{,}5 \mid -1)$)

Kontrolle: $f''(-0{,}5) > 0$

3.4 Abbildung (1): Schaubild der Ableitungsfunktion g'

Die Extremstellen von Abb. 3 sind einfache Nullstellen von Abb. 1;

Nullstellen mit VZW von − nach + beim Tiefpunkt und von + nach − beim Hochpunkt

Abbildung (2): Schaubild der weiteren Funktion k.

Die Extremstellen von Abb. 3 sind einfache Nullstellen von Abb.2, aber die VZW stimmen nicht

Abbildung (3): Schaubild der Funktion g

Lösungen - Musteraufgaben zum Teil 2 mit Hilfsmittel

Aufgabe 6 **Seite 2/2**

3.5 Ansatz mithilfe der Nullstellen: $h(x) = a \cdot x \cdot (x - 5) \cdot (x - 10)$

Punktprobe mit P(1 | 2): $2 = a \cdot 1 \cdot (1 - 5) \cdot (1 - 10)$

$2 = 36a$

$a = \frac{1}{18}$

Funktionsterm: $h(x) = \frac{1}{18} \cdot x \cdot (x - 5) \cdot (x - 10)$

Hinweis: Ausmultiplizieren ergibt $h(x) = \frac{1}{18}(x^3 - 15x^2 + 50x)$

3.6 Ableitungen: $h'(x) = \frac{1}{18}(3x^2 - 30x + 50)$ Faktor stehen lassen

$h''(x) = \frac{1}{18}(6x - 30)$; $h'''(x) = \frac{1}{18} \cdot 6 = \frac{1}{3} \neq 0$

W(5 | 0) ist Wendepunkt von G_h, wenn $h(5) = 0$; $h''(5) = 0$ und $h'''(5) \neq 0$

Einsetzen ergibt jeweils eine wahre Aussage; W ist Wendepunkt

Gleichung der Tangente an G_h im Punkt W

Ansatz: $y = mx + b$

Mit $m = h'(5) = -\frac{25}{18}$ ergibt

die Punktprobe mit W(5 | 0): $0 = -\frac{25}{18} \cdot 5 + b$

$b = \frac{125}{18}$

Tangentengleichung: $y = -\frac{25}{18} \cdot x + \frac{125}{18}$

3.7 $k(x) = 0$ $\frac{1}{18}(x^3 - 25x) = 0 \Leftrightarrow x(x^2 - 25) = 0$

Nullstellen: $x = 0$; $x = -5$; $x = 5$

Um die Nullstellen 0, 5 und 10 (von G_h) zu erhalten, muss G_k um 5 in positive x-Richtung verschoben werden.

Lösungen - Musteraufgaben zum Teil 2 mit Hilfsmittel

Aufgabe 7 **Seite 1/2** **Aufgabe Seite 60**

1.1 $K_f : f(x) = -\frac{1}{2} \cdot \sin(\frac{1}{2}x)$

Amplitude $a = \frac{1}{2}$; Periode $p = \frac{2\pi}{\frac{1}{2}} = 4\pi$

Die Sinuskurve wird an der x-Achse gespiegelt, ihre Periodenlänge wird verdoppelt (Streckung in x-Ri. mit Faktor 2) und ihre Amplitude halbiert (Streckung in y-Ri. mit Faktor 0,5).

K_g: $g(x) = \sin(2x) + 1$

Amplitude a = 1; Periode $p = \frac{2\pi}{2} = \pi$

Die Sinuskurve (y = sin(x)) wird um 1 nach oben verschoben und ihre Periodenlänge wird halbiert. (Streckung in x-Ri. mit Faktor 0,5)

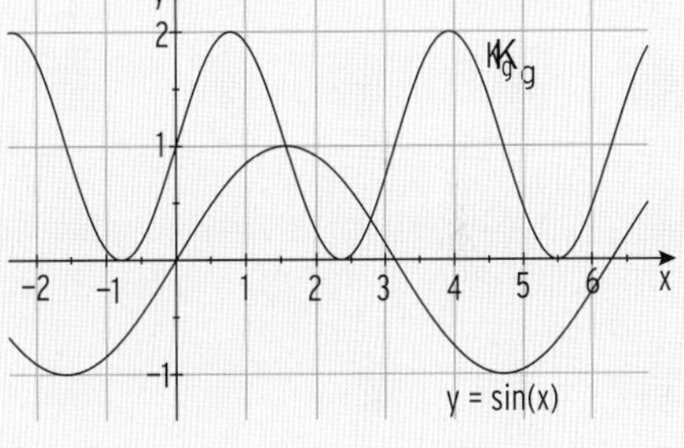

K_h: $h(x) = -\sin(x - \frac{\pi}{4})$

Amplitude a = 1; Periode $p = 2\pi$

Die Sinuskurve (y = sin(x)) wird an der x-Achse gespiegelt (y = − sin(x)) und um $\frac{\pi}{4}$ nach rechts verschoben.

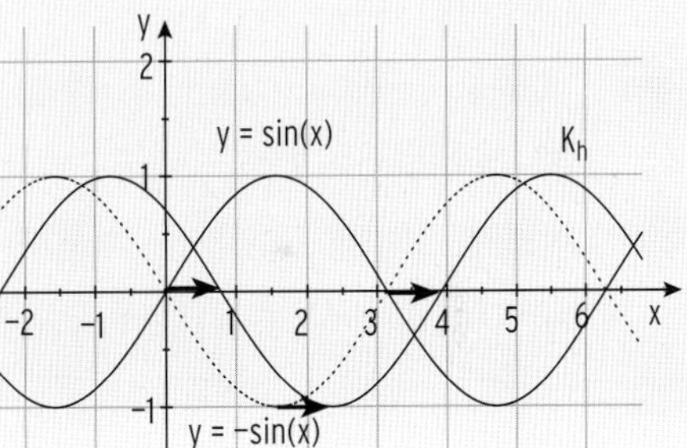

1.2 K_g: $g(x) = \sin(2x) + 1$

Ableitungen: $g'(x) = 2 \cdot \cos(2x)$

$g''(x) = -4 \cdot \sin(2x)$

Hoch- und Tiefpunkte

Bedingung: $g'(x) = 0$

$$\cos(2x) = 0 \Rightarrow 2x = \pm\frac{\pi}{2}; \ \ldots$$

Stellen mit waagrechter Tangente:

$$x_1 = -\frac{\pi}{4}; \ x_2 = \frac{\pi}{4}$$

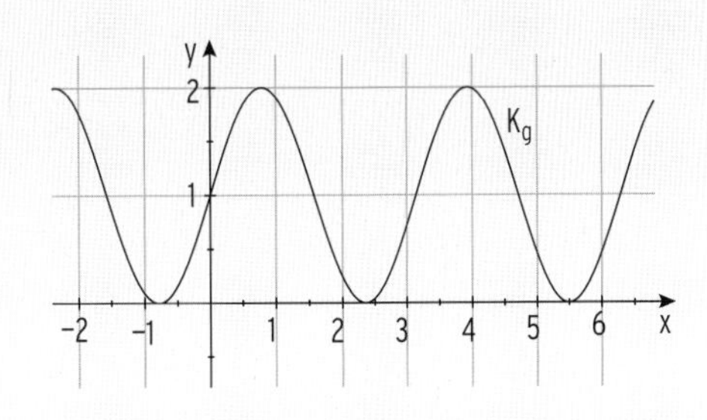

Mit $g''(-\frac{\pi}{4}) = 4 > 0$ und $g(-\frac{\pi}{4}) = 0$ erhält man einen Tiefpunkt $T(-\frac{\pi}{4} | 0)$.

Da g die Periode $p = \pi$ besitzt, ist g(x) genau dann minimal, wenn $x = -\frac{\pi}{4} + k\pi$

($k\pi$: Vielfache von π; dabei ist k eine ganze Zahl, also k = ...- 1, 0, 1, 2, ...)

Lösungen - Musteraufgaben zum Teil 2 mit Hilfsmittel

Aufgabe 7 Seite 2/2

1.2 oder: Die Sinuskurve mit $y = \sin(x)$ hat einen TP in $(-\frac{\pi}{2} \mid -1)$

Die Kurve mit $y = \sin(2x)$ hat einen TP in $(-\frac{\pi}{4} \mid -1)$, da die Periode halbiert wird. Die Kurve K_g mit $y = \sin(2x) + 1$ hat einen TP in $(-\frac{\pi}{4} \mid 0)$, da die Kurve mit $y = \sin(2x)$ um 1 nach oben verschoben wird.

K_g hat einen Tiefpunkt $T(-\frac{\pi}{4} \mid 0)$ und einen Hochpunkt $H(\frac{\pi}{4} \mid 2)$, also gilt:

Der Wertebereich von g ist das Intervall [0; 2]: $W = \{y = g(x) \mid 0 \leq y \leq 2\}$

1.3 Integrationsgrenzen: $x = 0$ (y-Achse); $x = -\frac{\pi}{4}$ (Berührstelle)

Inhalt A der Fläche zwischen K_g und der x-Achse auf $[-\frac{\pi}{4}; 0]$

$$\int_{-\frac{\pi}{4}}^{0} g(x)\,dx = \left[-\frac{1}{2}\cos(2x) + x\right]_{-\frac{\pi}{4}}^{0} \approx 0{,}29$$

Hinweis: $\cos(0) = 1$; $\cos(\pm\frac{\pi}{2}) = 0$

1.4 Ableitungen von g: $g'(x) = 2\cos(2x)$; $g''(x) = -4\sin(2x)$; $g'''(x) = -8\cos(2x)$

Es gilt: $g(\frac{\pi}{2}) = 1$; $g'(\frac{\pi}{2}) = -2$

Damit ist S ein gemeinsamer Punkt von K_g und der Geraden und die Steigung von K_g und der Geraden ist in S gleich. Die Gerade ist Tangente an K_g.

S ist ein Wendepunkt von K_g, denn $g''(\frac{\pi}{2}) = 0$ und $g'''(\frac{\pi}{2}) \neq 0$.

Die Gerade ist Tangente an K_g im Wendepunkt S.

1.5 $f_A(x) = 0{,}25x^2 + 1$ (z. B. Scheitel $S(0 \mid 1)$, von S aus 2 nach rechts 1 nach oben)

$f_B(x) = (x - 3)^3 - 1$ (z. B. Sattelpunkt $(3 \mid -1)$)

$f_C(x) = -\cos(\frac{\pi}{4}x) + 2$ (Amplitude 1; Mittellinie $y = 2$; Periode 8, gespiegelt)

$f_D(x) = -2\sin(\frac{\pi}{2}x) - 1$ (Amplitude 2; Mittellinie $y = -1$; Periode 4, gespiegelt)

III Musteraufgabensätze zur Fachhochschulreife-Prüfung

Musteraufgabensatz 1

Lösung Seite 114 - 121

Aufgabe 1 - Teil 1 ohne Hilfsmittel

Punkte

1.1 Geben Sie Lage und Art der Nullstellen der Funktion f mit
$f(x) = -3 \cdot (x-2) \cdot x^2; \quad x \in \mathbb{R}$ an. — 3

1.2 Vervollständigen Sie folgende Aussagen:
a) Eine Polynomfunktion 3. Grades hat mindestens ________ Nullstelle(n). — 1
b) Eine Polynomfunktion 4. Grades hat höchstens ______ Extremstelle(n),
denn ihre Ableitung ist vom Grad ______ . — 2

1.3 Gegeben ist die Funktion h durch $h(x) = 2 \cdot \cos(\frac{\pi}{4}x)$ mit $x \in [-6; 6]$.
Das Schaubild von h ist K_h.
Bestimmen Sie die Periode von h.
Geben Sie die Koordinaten eines Schnittpunktes von K_h mit der x-Achse sowie die Koordinaten eines Extrempunktes an. — 5

1.4 Gegeben ist f mit $f(x) = x^3 - 3x; \quad x \in \mathbb{R}$ mit dem Schaubild K_f.
Untersuchen Sie das Schaubild auf Wendepunkte. — 4

1.5 Der Funktionsterm einer Funktion h hat die Form $h(x) = a \cdot \cos(bx) + c$.
Ihr Schaubild ist K_h.
In der Abbildung ist K_h mit einem Hochpunkt H und einem Wendepunkt W von K_h eingezeichnet.

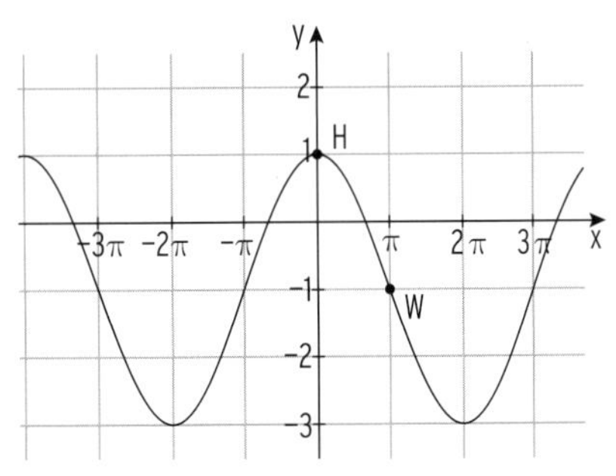

Geben Sie die passenden Werte für a, b und c an. — 3

Musteraufgabensatz 1

Aufgabe 1 - Teil 1 ohne Hilfsmittel — Punkte

Fortsetzung

1.6 Die Abbildung zeigt das Schaubild K_f einer Polynomfunktion f.
Entscheiden Sie, ob folgende Aussagen wahr oder falsch sind.
Begründen Sie Ihre Entscheidung.

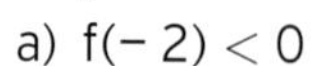

a) $f(-2) < 0$

b) $f'(-2) < 0$

c) $f''(-2) < 0$

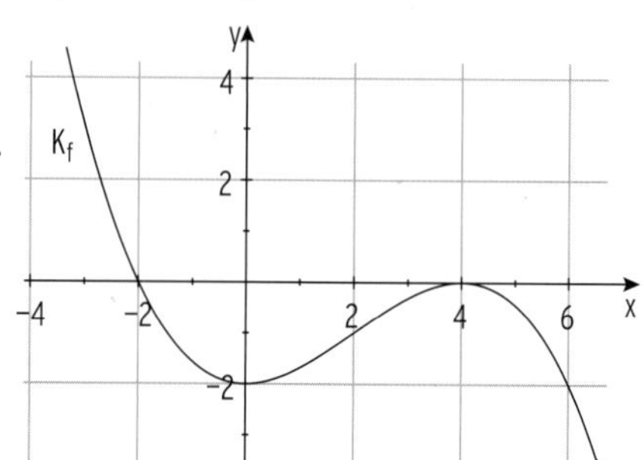

6

1.7 Bilden Sie die Ableitung der Funktion f mit $f(x) = -5x^3 + 1 - e^{2x}$; $x \in \mathbb{R}$. — 2

1.8 Gegeben ist die Funktion g mit $g(x) = 4 - 3e^{-2x}$; $x \in \mathbb{R}$.
Das zugehörige Schaubild K_g ist dargestellt.
Berechnen Sie den Inhalt der Fläche A.

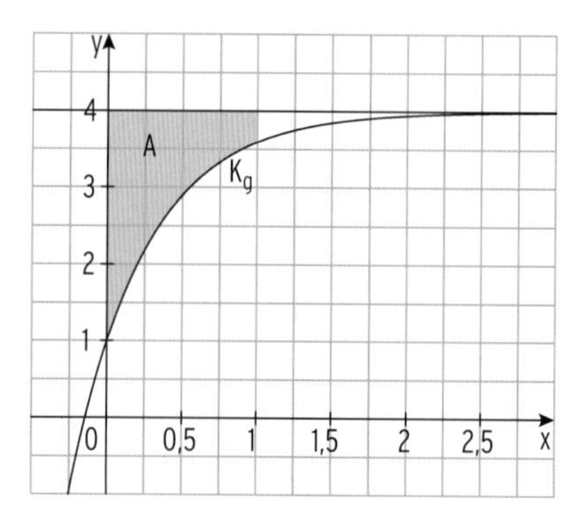

4

$\overline{30}$

Musteraufgabensatz 1

Aufgabe 2 - Teil 2 mit Hilfsmittel

Punkte

2.1 Das Schaubild einer ganzrationalen Funktion 3. Grades berührt die x-Achse bei $x = -3$ und verläuft durch den Ursprung.
Weiterhin liegt der Punkt $A(1 \mid \frac{16}{3})$ auf dem Schaubild der Funktion.
Bestimmen Sie ein lineares Gleichungssystem, mit dessen Hilfe sich der Term dieser Funktion bestimmen lässt. — 6

Gegeben ist die Funktion f mit $f(x) = -\frac{1}{3}x^3 - 2x^2 - 3x;\ x \in \mathbb{R}$.
Ihr Schaubild ist K_f.

2.2 Bestimmen Sie die Koordinaten der Extrem- und Wendepunkte von K_f.
Zeichnen Sie K_f in ein geeignetes Koordinatensystem. — 9

2.3 Berechnen Sie $\int_{-3}^{1} f(x)dx$ und interpretieren Sie das Ergebnis geometrisch. — 5

Gegeben sind die Funktionen g mit $g(x) = -\frac{1}{2}x^2 - \frac{7}{2}$ und $h(x) = e^{\frac{1}{2}x};\ x \in \mathbb{R}$.
Das Schaubild von g ist K_g und das Schaubild von h ist K_h.

2.4 K_h soll in y-Richtung so verschoben werden, dass K_g den verschobenen Graphen auf der y-Achse schneidet.
Bestimmen Sie den neuen Funktionsterm. — 3

2.5 Die Kurve K_g und die Gerade mit der Gleichung $y = -8$ begrenzen eine Fläche. In diese Fläche soll ein zur y-Achse symmetrisches Dreieck mit den Eckpunkten $S(0 \mid -8)$ und $P(u \mid g(u))$ mit $0 \leq u \leq 3$ einbeschrieben werden.
Skizzieren Sie diesen Sachverhalt für $u = 2$.
Weisen Sie nach, dass für $u \approx 1{,}73$ der Inhalt des Dreiecks maximal wird. — 7

30

Musteraufgabensatz 1

Aufgabe 3 - Teil 2 mit Hilfsmittel

Punkte

Gegeben ist die Funktion f mit $f(x) = 2\sin(\pi x) + 2$: $x \in [-1; 4]$.
Ihr Schaubild ist K_f.

3.1 Zeichnen Sie K_f. Geben Sie die Koordinaten von drei gemeinsamen Punkten mit der x-Achse an. — 5

3.2 Der Punkt W(1 | 2) ist ein Wendepunkt von K_f.
Zeigen Sie, dass die Gerade mit der Gleichung $y = -2\pi \cdot x + 2 + 2\pi$ Tangente an K_f im Punkt W ist.
Die Tangente, die y-Achse und K_f schließen eine Fläche ein.
Berechnen Sie den Inhalt dieser Fläche. — 10

3.3 Die Abbildung zeigt das Schaubild K_g einer Funktion g.

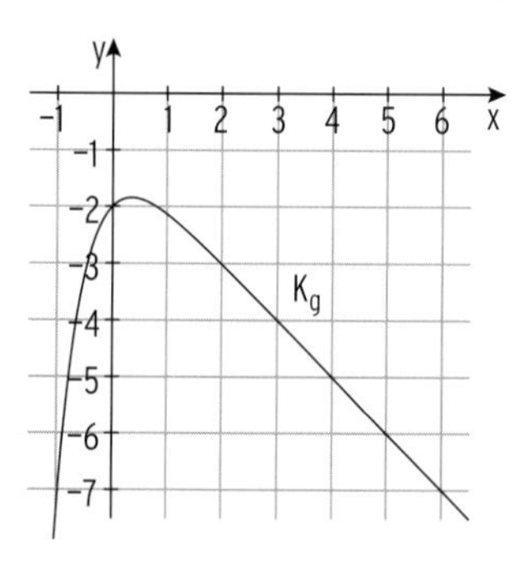

Begründen Sie jeweils, ob folgende Aussagen wahr oder falsch sind.

a) Die Ableitungsfunktion von g hat im Intervall [0; 1] eine Nullstelle. — 2

b) Das Schaubild einer Stammfunktion von g hat im Intervall [0; 1] einen Hochpunkt. — 2

c) Die Gerade mit der Gleichung $y = -3x - 4$ ist Tangente an K_g an der Stelle $x = -0,5$. — 2

Gegeben ist die Funktion h mit $h(x) = -e^{-2x} - x - 1$; $x \in \mathbb{R}$. Ihr Schaubild ist K_h.

3.4 Untersuchen Sie das Krümmungsverhalten von K_h. — 3

3.5 Anton hat die folgende Rechnung notiert:
$d(u) = f(u) - h(u) = 2\sin(\pi u) + 2 - (-e^{-2u} - u - 1) = 2\sin(\pi u) + e^{-2u} + u + 3$
für $0 < u < 1$
Untersuchung ergibt ein relatives Maximum in $u \approx 0,51$ mit $d(0,51) = 5,87$
Randwerte: $d(0) = 4$; $d(1) = 4,14$

Formulieren Sie eine hierzu passende Aufgabenstellung. — 6

30

Musteraufgabensatz 1

Aufgabe 4 - Teil 2 mit Hilfsmittel

Punkte

Die Abbildungen zeigen die Schaubilder K_g und K_h der Funktionen g und h.

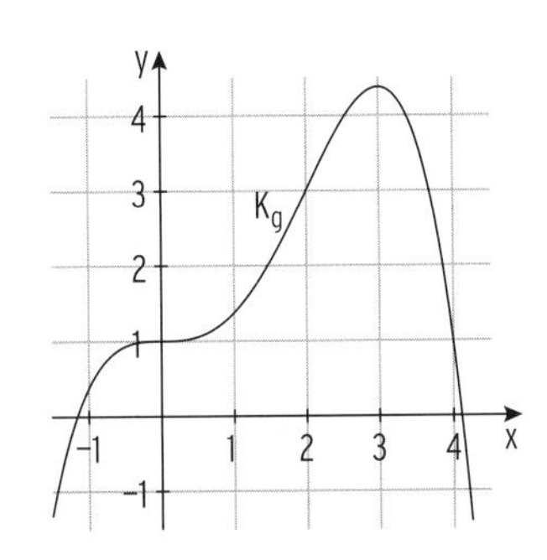

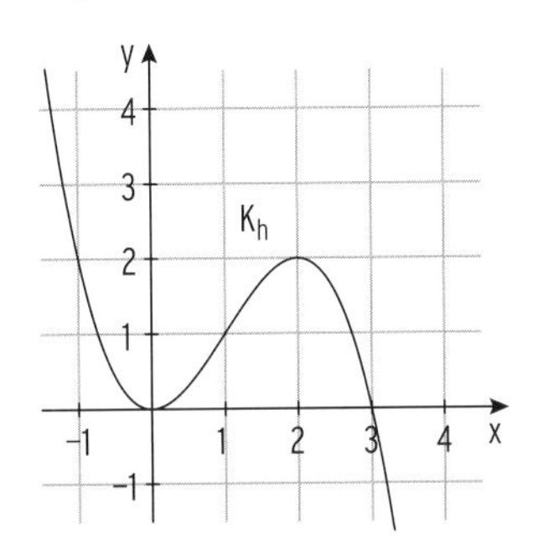

4.1	Begründen Sie mit Hilfe von vier Eigenschaften, dass K_h das Schaubild der Ableitungsfunktion von g ist.	4

Zum Schaubild K_h gehört der Funktionsterm $h(x) = -\frac{1}{2}x^3 + \frac{3}{2}x^2;\ x \in \mathbb{R}$.

4.2	Berechnen Sie alle Stammfunktionen der Funktion h. Welche dieser Stammfunktionen gehört zu K_g?	3
4.3	Die Gerade t mit $t(x) = -4{,}5x + 13{,}5$ ist Tangente an K_h. Berechnen Sie die Koordinaten des Berührpunktes.	6

Gegeben sind die Funktionen u und v mit $u(x) = 2\cos(x) + 3$ und $v(x) = -2\cos(x) + 1;\ x \in [0;\ 2\pi]$. Ihre Schaubilder heißen K_u und K_v.

4.4	Geben Sie den Wertebereich sowie die exakte Periodenlänge der Funktion u an. Zeigen Sie, dass die Wendepunkte von K_u auf der Geraden y = 3 liegen.	5
4.5	Zeichnen Sie die Schaubilder K_u und K_v in ein gemeinsames Koordinatensystem. Beschreiben Sie, wie K_v aus K_u hervorgeht.	7
4.6	Lena bereitet sich auf die anstehende Mathematikprüfung vor. In ihrem Heft findet sie folgenden Aufschrieb:	

$$u(x) = v(x) \qquad 2\cos(x) + 3 = -2\cos(x) + 1$$
$$4\cos(x) = -2$$
$$\cos(x) = -\frac{1}{2}$$
$$x = \frac{2}{3}\pi$$
$$A = \int_0^{\frac{2}{3}\pi} ((2\cos(x) + 3) - (-2\cos(x) + 1)dx = 2\sqrt{3} + \frac{4}{3}\pi$$

Formulieren Sie eine passende Aufgabenstellung. **5**

30

Musteraufgabensatz 2

Lösung Seite 122 - 129

Aufgabe 1 - Teil 1 ohne Hilfsmittel

Punkte

1.1 Das nebenstehende Schaubild K_h soll durch eine Parabel 2. Ordnung im Intervall $[-\pi; \pi]$ angenähert werden.
Der Hochpunkt und die Wendepunkte von K_h im Intervall $[-\pi; \pi]$ sollen auf dieser Parabel liegen.
Bestimmen Sie die Gleichung der Parabel. 4

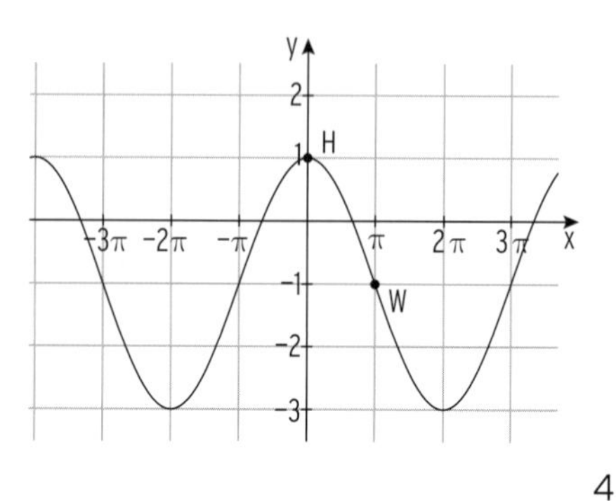

1.2 Die Funktion g ist gegeben durch $g(x) = 1 - e^{2x}$; $x \in \mathbb{R}$.
Ihr Schaubild ist K_g.

1.2.1 Um wie viel muss K_g nach oben verschoben werden, damit das verschobene Schaubild die y-Achse bei y = 0,7 schneidet? 3

1.2.2 Gegeben ist die Funktion i mit $i(x) = \frac{1}{9}(1 - e^{2x})$; $x \in \mathbb{R}$ mit Schaubild K_i.
Wie entsteht K_i aus dem Schaubild K_g? 2

1.3 Gegeben ist die Funktion g mit $g(x) = \frac{1}{4}x^4 - \frac{3}{2}x^2 + \frac{5}{4}$; $x \in \mathbb{R}$.
Weisen Sie nach, dass deren Schaubild den Hochpunkt $H(0 \mid \frac{5}{4})$ aufweist. 4

1.4 Lisa möchte anhand der nachfolgenden mathematischen Bedingungen einen Funktionsterm ermitteln. Notieren Sie eine mögliche zugehörige Aufgabenstellung. Fertigen Sie eine Skizze an.

$f(x) = ax^3 + cx + e$

$f(-2) = 4$

$f'(-2) = 0$

$f(0) = 0$ 5

Musteraufgabensatz 2

Aufgabe 1 - Teil 1 ohne Hilfsmittel

Punkte

Fortsetzung

1.5 Gegeben ist die Funktion f mit $f(x) = x^4 - x^3 - 6x^2;\ x \in \mathbb{R}$.

Berechnen Sie deren Nullstellen. **4**

1.6 Die Abbildung zeigt einen Ausschnitt der Schaubilder einer Funktion h ihrer Ableitungsfunktion h′ und einer Stammfunktion H von h.

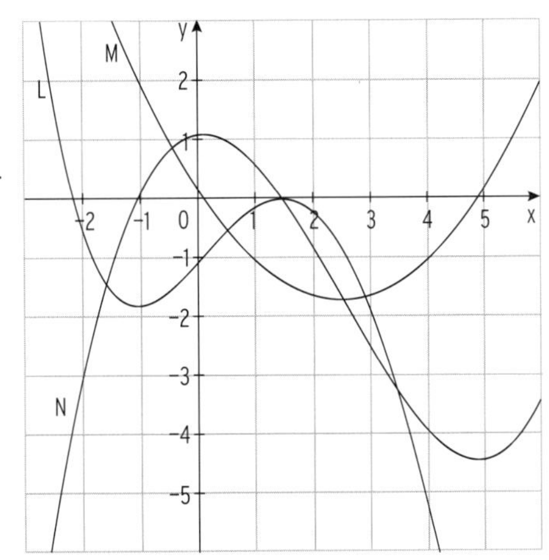

Ordnen Sie die Schaubilder den Funktionen h, h′ und H zu und begründen Sie Ihre Entscheidung. **5**

1.7 Berechnen Sie den Wert des Integrals: $\int_0^{\pi} \cos(x)\,dx$. **3**

30

Musteraufgabensatz 2

Aufgabe 2 - Teil 2 mit Hilfsmittel

Punkte

Gegeben ist die Funktion f mit $f(x) = \frac{1}{4}x^4 - 2x^2 + 4$, für $x \in \mathbb{R}$.

Ihr Schaubild ist K_f.

2.1 Untersuchen Sie K_f auf Symmetrie.
Berechnen Sie die Koordinaten der Extrempunkte von K_f.
Zeichnen Sie K_f. — 8

2.2 Ermitteln Sie die Gleichung der Tangente t an K_f im Punkt $P(1 \mid f(1))$.
Die Tangente t, die y-Achse und K_f schließen im 1. Quadranten eine Fläche ein. Zeichnen Sie in Ihr Koordinatensystem aus 2.1 die Tangente t ein, markieren Sie diese Fläche und berechnen Sie deren Flächeninhalt. — 7

2.3 Gegeben sind für $0 \leq u \leq 2$ der Punkt $B(u \mid f(u))$ und der Punkt $D(-u \mid 0)$. Diese beiden Punkte sind Eckpunkte eines zur y-Achse symmetrischen Rechtecks ABCD.
Geben Sie einen Term zur Berechnung des Umfangs des Rechtecks in Abhängigkeit von u an. Berechnen Sie den Umfang für $u = 1$. — 4

In einem Gehege wird der Kaninchenbestand über einen längeren Zeitraum beobachtet. Die Auswertung dieser Beobachtung hat modellhaft folgende Bestandsfunktion ergeben: $k(t) = 1000 \cdot (1 - 0{,}85 \cdot e^{-0{,}0513 \cdot t})$; $t \geq 0$.
Die Zeit t wird in Monaten gemessen und k(t) gibt den Bestand der Kaninchen zum Zeitpunkt t an.

2.4 Wie groß ist der Kaninchenbestand im Gehege zu Beginn der Beobachtung?
Wie wird im Funktionsterm berücksichtigt, dass der Bestand nicht beliebig groß wird? — 5

2.5 Bestimmen Sie die momentane Änderungsrate des Kaninchenbestandes in Abhängigkeit von der Zeit t.
Wann ist diese Änderungsrate am größten? Berechnen Sie die durchschnittliche Änderungsrate in den ersten 5 Monaten. — 6

30

Musteraufgabensatz 2

Aufgabe 3 - Teil 2 mit Hilfsmittel Seite 1/2 Punkte

Legen Sie dieses Blatt Ihrer Prüfungsarbeit bei. Name: ____________________

Gegeben ist die Funktion f mit $f(x) = -e^{-0,5x} - x + 1$; $x \in \mathbb{R}$.

Ihr Schaubild ist K_f.

3.1 Zeichnen Sie K_f.
Berechnen Sie die Koordinaten des Hochpunktes von K_f. 8

3.2 Untersuchen Sie das Krümmungsverhalten von K_f. 3

3.3 Zeigen Sie, dass K_f und die Gerade mit der Gleichung $y = -x + 1$ keine gemeinsamen Punkte besitzen. 3

3.4 Vervollständigen Sie die folgenden Aussagen:

a) Eine einfache Nullstelle einer Funktion ist eine ____________________ ihrer Stammfunktion. 1

b) Eine ganzrationale Funktion dritten Grades hat ________ Wendestelle, denn ihre zweite Ableitungsfunktion ist vom Grad __________ . 2

c) Eine Funktion h mit $h(x) = 2\cos(3x) + 5$, $x \in \mathbb{R}$, hat den Wertebereich ______________ und eine ____________________ von $\frac{2}{3}\pi$. 2

d) Ein möglicher Funktionsterm einer Funktion mit den einfachen Nullstellen $x_1 = -3$, $x_2 = 0$ und $x_3 = 2$ lautet ______________________________ . 2

e) Das Schaubild der trigonometrischen Funktion mit der Funktionsgleichung ______________________________ hat in W(0 | 2) einen Wendepunkt und in H(2 | 4) den ersten Hochpunkt mit positivem x-Wert. 3

Musteraufgabensatz 2

Aufgabe 3 - Teil 2 mit Hilfsmittel **Seite 2/2** **Punkte**

3.5 Eine Mitschülerin möchte einen Funktionsterm ermitteln. Sie notiert den nachfolgenden Ansatz.

$f(x) = ax^4 + cx^2 + e$

Bedingungen und LGS für a, c und e:

P(2 | 4):	*$f(2) = 4$*
Waagrechte Tangente in $x = 0$:	*$f'(0) = 0$*
Wendepunkt W(1 | 1):	*$f''(1) = 0$*

a) Notieren Sie das zugehörige lineare Gleichungssystem. 2

b) Welches Problem liegt vor? Beschreiben Sie dessen Ursache. Schlagen Sie ein Vorgehen zu dessen Lösung vor. 4

30

Musteraufgabensatz 2

Aufgabe 4 - Teil 2 mit Hilfsmittel

Punkte

Gegeben sind die folgenden Abbildungen mit Schaubildern zweier Funktionen:

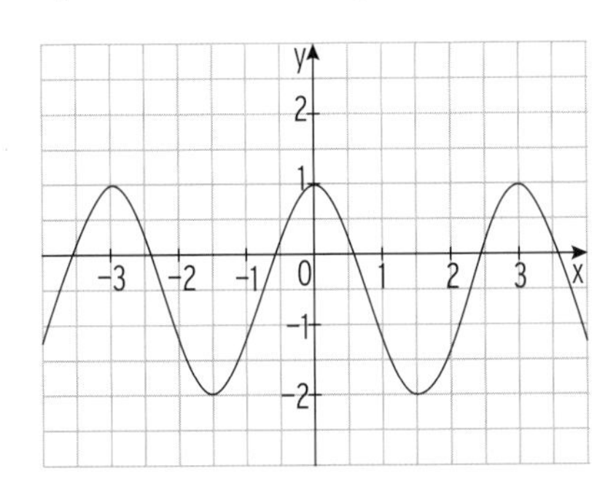

Abb. 1

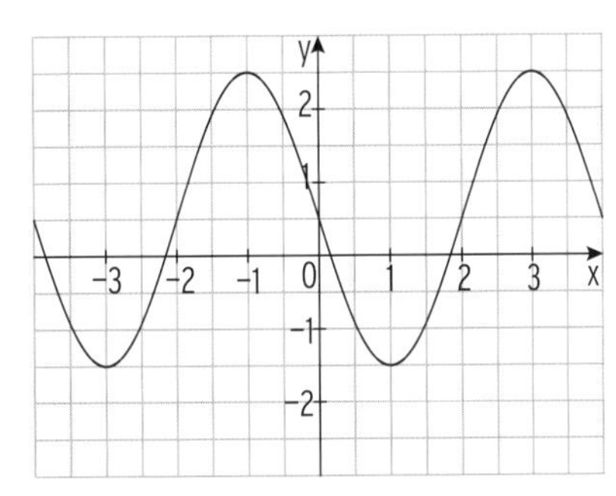

Abb. 2

4.1 Eine der beiden Abbildungen stellt das Schaubild mit der Gleichung $y = a\cos(kx) + b$ dar.
Begründen Sie, welche das ist und bestimmen Sie a, b und k. **5**

4.2 Untersuchen Sie für jede der beiden Abbildungen, ob die folgenden Aussagen wahr oder falsch sind.

a) Der Wert der ersten Ableitung an der Stelle $x = 0$ ist negativ.

b) Der Funktionswert an der Stelle $x = -2$ ist positiv.

c) Der Wert der ersten Ableitung an der Stelle $x = -3$ ist null.

d) Der Wert der zweiten Ableitung an der Stelle $x = 3$ ist positiv. **8**

Gegeben ist die Funktion f mit $f(x) = -1{,}5\cos(2x) + 1;\ x \in [-1;\ 3]$.
Ihr Schaubild ist K_f.

4.3 Zeichnen Sie K_f. Zeigen Sie, dass die Gerade mit der Gleichung $y = 3x + 1 - \frac{3}{4}\pi$ eine Wendetangente an K_f ist.
Geben Sie die Koordinaten des dazugehörigen Wendepunktes W_1 an. **8**

4.4 Die Gerade h geht durch den Wendepunkt W_1 von K_f und steht auf der Tangente an K_f im Wendepunkt W_1 senkrecht.
Berechnen Sie den Inhalt des Dreiecks, welches durch die Wendetangente, die Gerade h und die y-Achse eingeschlossen wird. **6**

4.5 Geben Sie die Koordinaten des Hochpunktes von K_f an. **3**

30

Musteraufgabensatz 3

Lösung Seite 130 - 138

Aufgabe 1 - Teil 1 ohne Hilfsmittel

Punkte

1.1 Gegeben ist die Funktion f mit $f(x) = \frac{1}{32}x^4 - \frac{1}{8}x^3 - \frac{3}{8}x^2;\ x \in \mathbb{R}$.
Ihr Schaubild ist K_f.
In dem Funktionsterm f(x) wird der Koeffizient $-\frac{1}{8}$ von x^3 abgeändert.
Begründen Sie bei jedem der folgenden Schaubilder, dass es nicht zu dem geänderten Funktionsterm gehören kann, wenn die anderen Koeffizienten gleich bleiben. 4

a)

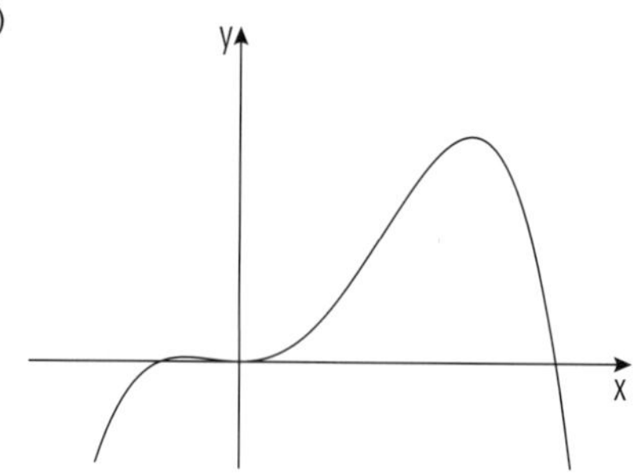

b)

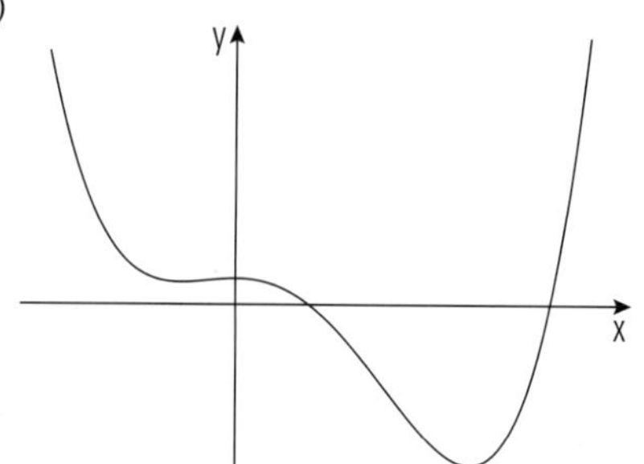

1.2 Lösen Sie die Gleichung $3e^x - e^{3x} = -2e^x$. 3

1.3 Die Funktion f mit dem Schaubild K_f ist gegeben durch
$f(x) = 2\cos(0{,}5x) + 2{,}009;\ x \in \mathbb{R}$.
Begründen Sie, weshalb K_f keine Schnittpunkte mit der x-Achse hat. 4

1.4 Weisen Sie nach, dass $x_1 = 2;\ x_2 = -1$ und $x_3 = 3$ eine Lösung des linearen Gleichungssystem darstellt.

$2x_1 + 2x_2 + x_3 = 5$

$-x_1 + 6x_2 + 2x_3 = -2$

$x_1 + x_2 + x_3 = 4$ 4

1.5 Gegeben ist die Funktion h durch $h(x) = x^5 - 4x^4 + 6x^3 - 4x^2 + x;\ x \in \mathbb{R}$.
Ihr Schaubild ist K_h.
Ermitteln Sie die Gleichung der Tangente t an K_h im Punkt $P(-1 \mid h(-1))$. 4

Musteraufgabensatz 3

Aufgabe 1 - Teil 1 ohne Hilfsmittel **Fortsetzung** **Punkte**

1.6 Die Berechnung einer Fläche führt auf folgenden Ausdruck:

$$\int_{-1}^{1}(2 - x^2)dx$$

Veranschaulichen Sie die Lage dieser Fläche im Koordinatensystem. 4

1.7 Gegeben ist die Funktion g durch $g(x) = 3 \cdot e^{-x}$; $x \in \mathbb{R}$.
Das Schaubild von g, die beiden Koordinatenachsen und die Gerade mit der Gleichung $x = 4$ begrenzen eine Fläche.
Berechnen Sie den Inhalt dieser Fläche. 5

1.8 Gegeben ist die Funktion f mit $f(x) = \sin(2x)$; $x \in \mathbb{R}$ mit Schaubild K_f.
Geben Sie die Gleichung einer zugehörigen Stammfunktion an, deren Schaubild durch P(0 | 3) verläuft. 3

30

Musteraufgabensatz 3

Aufgabe 2 - Teil 2 mit Hilfsmittel

Punkte

Gegeben ist die Funktion f mit $f(x) = \frac{1}{2}x^3 - \frac{3}{2}x + 1;\ x \in \mathbb{R}$.

Das Schaubild von f heißt K_f.

2.1 Weisen Sie mit Hilfe der Ableitungen nach, dass $H(-1 \mid 2)$ Hochpunkt und $T(1 \mid 0)$ Tiefpunkt von K_f ist.
Zeichnen Sie K_f. — 8

2.2 Für welche Werte von x ist K_f rechtsgekrümmt? — 5

2.3 Geben Sie jeweils einen möglichen neuen Funktionsterm an:

a) K_f wird so verschoben, dass es drei Schnittpunkte mit der x-Achse hat. — 2

b) K_f wird so verschoben, dass es die x-Achse im Ursprung berührt. — 2

2.4 Bestimmen Sie den Term einer Stammfunktion von f so, dass deren Schaubild durch den Tiefpunkt von K_f verläuft. — 4

Der Bestand an fester Holzmasse zum Zeitpunkt t in einem Wald wird durch die Funktion $h(t) = 10^5 \cdot e^{0{,}02t};\ t \geq 0$ beschrieben.
Dabei wird die Zeit t in Jahren und der Bestand h(t) in m^3 gemessen.
(t = 0 steht für das Jahr 2016).

2.5 Mit welchem Bestand wird im Jahr 2023 gerechnet? — 2

2.6 Um wie viel Prozent nimmt der Holzbestand im Verlauf des ersten Jahres zu? — 3

2.7 Nach wie vielen Jahren wird die momentane Änderungsrate $2500\ \frac{m^3}{\text{Jahr}}$ betragen? — 4

30

Musteraufgabensatz 3

Aufgabe 3 - Teil 2 mit Hilfsmittel

Punkte

Gegeben sind die Funktionen g und f mit

$g(x) = -e^{0,5x} + e$ und $f(x) = -0,5x + e^{-x}$ für $x \in \mathbb{R}$.

Ihre Schaubilder sind K_g und K_f.

3.1 Bestimmen Sie die Koordinaten der Achsenschnittpunkte von K_g. Ergänzen Sie die Skalierung im Koordinatensystem auf dem beigefügten Arbeitsblatt. — 4

3.2 Zeichnen Sie die Asymptoten beider Kurven auf dem Arbeitsblatt ein und geben Sie die Gleichungen der Asymptoten an — 6

3.3 Geben Sie die Gleichung der Tangente t_g an K_g im PunktP(2 | g(2)) an. Veranschaulichen Sie auf dem Arbeitsblatt, dass es eine Tangente t_f an K_f gibt, die parallel zu t_g verläuft. — 5

3.4 Begründen Sie mit Hilfe der Ableitungen, dass K_f keine Wendepunkte besitzt. — 3

3.5 K_f und K_g schließen die Fläche A ein. A_1 ist der Flächenanteil von A, der im ersten Quadranten liegt. Geben Sie ein geeignetes Vorgehen zum Bestimmung des Flächeninhaltes von A_1 an. — 5

3.6 Zu jedem der abgebildeten Schaubilder A, B und C gehört eine der Funktionen u, v und w mit:

$u(x) = 2\sin(ax) + b$

$v(x) = c \cdot \sin(2x) + 0,5$

$w(x) = 1 + 4\cos(dx)$

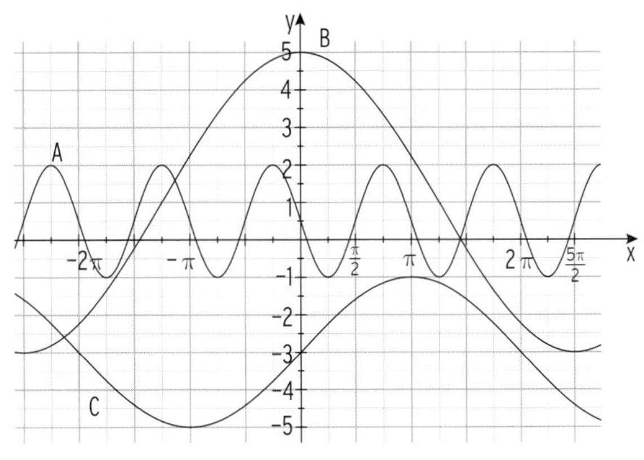

Ordnen Sie jeder Funktion eines der Schaubilder zu und begründen Sie Ihre Entscheidung.

Bestimmen Sie a, b, c und d. — 7

30

Musteraufgabensatz 3

Aufgabe 3 - Teil 2 mit Hilfsmittel

Arbeitsblatt

Bitte legen Sie dieses Blatt Ihrer Prüfungsarbeit bei.

Im folgenden Koordinatensystem sehen Sie K_f und K_g.

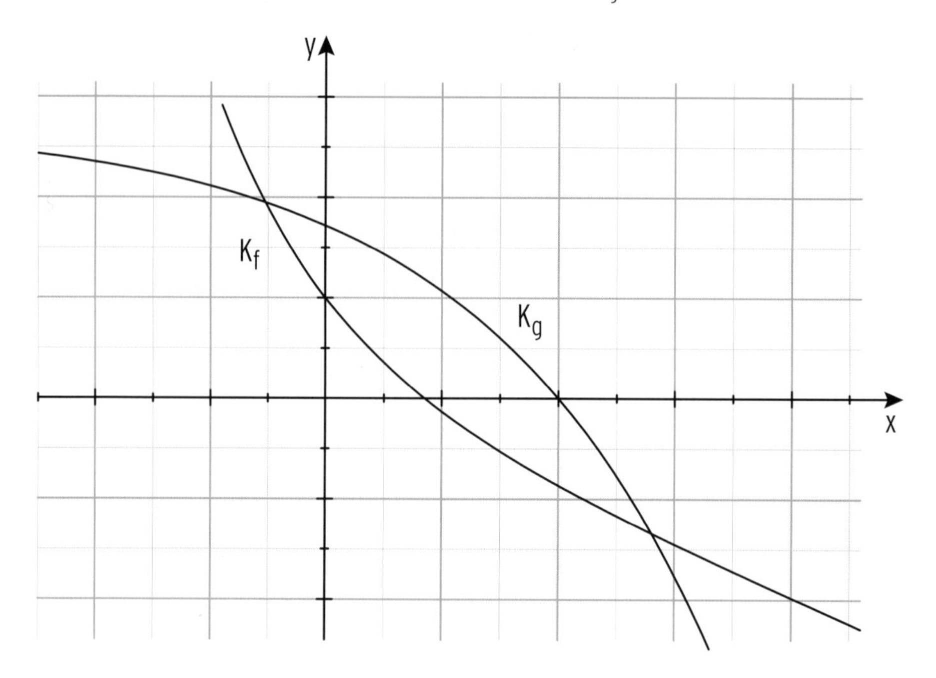

Zu 3.2:

Asymptote von K_f: für $x \to$

Asymptote von K_g: für $x \to$

Musteraufgabensatz 3

Aufgabe 4 - Teil 2 mit Hilfsmittel — Punkte

4.1 Das Schaubild einer Funktion ist symmetrisch zur y-Achse und verläuft durch den Punkt S(0 | 3) und hat in T(3 | 0) einen Tiefpunkt.
Geben Sie jeweils die Gleichung
- einer Polynomfunktion 4. Grades und
- einer trigonometrischen Funktion

an, deren Schaubild die genannten Bedingungen erfüllt. — 7

Gegeben ist die Funktion f mit $f(x) = -5\sin(10x) + 15$ mit $x \in \mathbb{R}$.
Das Schaubild von f ist K_f.

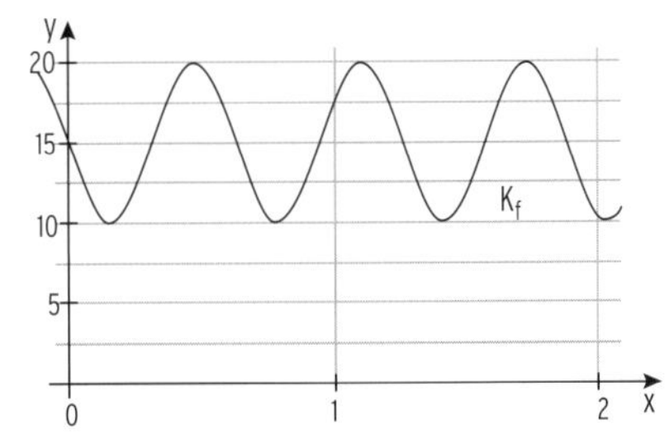

4.2 Bestimmen Sie die ersten drei Ableitungen von f.
Geben Sie die Periodenlänge des Schaubildes K_f als Vielfaches von π an.
Geben Sie die Koordinaten von einem Hochpunkt, einem Tiefpunkt und zwei Wendepunkten an. — 8

4.3 Begründen Sie, ob folgende Aussagen wahr oder falsch sind:

a) Es gilt: $\int_0^{10} f(x)dx = 0$.

b) Die Funktion g mit $g(x) = -5\sin(10x) + mx$ besitzt für jedes $m \in \mathbb{R}$ die gleichen Wendestellen wie die Funktion f. — 4

4.4 Gegeben ist die Funktion p mit $p(x) = -20x^2 + 13$; $x \in \mathbb{R}$ mit Schaubild K_p.
K_p schneidet K_f nur bei $x_1 \approx 0{,}04$ und bei $x_2 \approx 0{,}25$.
Die beiden Schaubilder schließen eine Fläche ein. Geben Sie einen Term an, mit dem der Inhalt der Fläche berechnet werden kann und bestimmen Sie die zugehörige Stammfunktion. — 4

4.5 Der Ursprung und der Punkt $P(u \mid p(u))$ mit $0 < u \leq 0{,}6$ sind Eckpunkte eines achsenparallelen Rechtecks mit Inhalt A(u). Skizzieren Sie K_p und ein mögliches Rechteck. Bestimmen Sie A(u) und die Maximalstelle von A. Berechnen Sie den Inhalt für u = 0,5. — 7

30

Musteraufgabensatz 4

Lösung Seite 139 - 146

Aufgabe 1 - Teil 1 ohne Hilfsmittel

Punkte

1.1 Das Schaubild einer ganzrationalen Funktion 3. Grades schneidet die x-Achse in $x = 0$, hat den Tiefpunkt $T(3 \mid 0)$ und verläuft durch $P(1 \mid 2)$. Stellen Sie den Funktionsterm $f(x)$ in Produktform dar. — 5

1.2 Gegeben ist die Funktion f mit $f(x) = x^4 - 4x^2$; $x \in \mathbb{R}$ mit Schaubild K_f. Berechnen Sie die Koordinaten der Schnittpunkte von K_f mit der x-Achse. — 3

1.3 Zu dem dargestellten Schaubild einer Exponentialfunktion gehört einer der folgenden Funktionsterme:

$g_1(x) = a - be^{-2x}$ und $g_2(x) = a - be^{2x}$ mit $a, b > 0$.

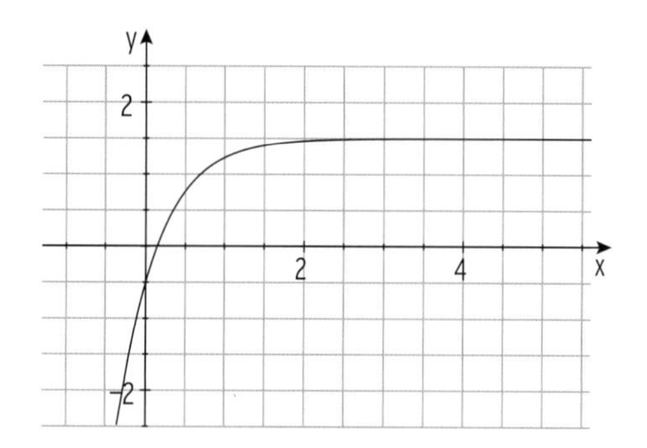

Begründen Sie, welcher der beiden Funktionsterme nicht zum Schaubild passen kann. Ermitteln Sie für den geeigneten Funktionsterm passende Werte für a und b. — 4

1.4 Die Funktion g ist gegeben durch $g(x) = 7\cos(6x)$; $x \in \mathbb{R}$.

Ihr Schaubild ist K_g.

Geben Sie jeweils den neuen Funktionsterm an, wenn das Schaubild K_g

a) um den Faktor 2 in y-Richtung gestreckt wird, — 2

b) an der x-Achse gespiegelt wird. — 2

Musteraufgabensatz 4

Aufgabe 1 - Teil 1 ohne Hilfsmittel

Punkte

Fortsetzung

1.5 Untersuchen Sie die Lösbarkeit des linearen Gleichungssystems

$x_1 + 4x_2 + x_3 = 2$

$x_1 + 2x_2 + x_3 = 2$

$2x_1 + 3x_2 + 2x_3 = 4$ 4

1.6 Gegeben sind die Funktionen f und g mit

$f(x) = x^3 - 6x^2 + 9x$ und $g(x) = -3x$; $x \in \mathbb{R}$.

Ihre Schaubilder sind K_f und K_g.

An welchen Stellen verläuft die Tangente an das Schaubild K_f parallel zu K_g? 5

1.7 Bilden Sie die erste Ableitung der Funktion f mit

$f(x) = -\frac{4}{3}\cos(2x) - 3$; $x \in \mathbb{R}$. 2

1.8 Gegeben ist die Funktion f mit $f(x) = 4e^{2x} - 2$.

Bestimmen Sie diejenige Stammfunktion F von f mit $F(0,5) = -1$. 3

30

Musteraufgabensatz 4

Aufgabe 2 - Teil 2 mit Hilfsmittel **Seite 1/2** **Punkte**

Gegeben ist die Funktion f mit $f(x) = -x^4 + 6x^2 - 5$; $x \in \mathbb{R}$.

Ihr Schaubild ist K_f.

2.1 Auf welchen Bereichen ist K_f steigend?
Für welche x-Werte ist das Schaubild K_f rechtsgekrümmt?
Zeichnen Sie K_f in ein geeignetes Koordinatensystem. 9

2.2 Berechnen Sie die Gleichung einer Wendetangente an K_f.
K_f und seine Wendetangenten schließen eine Fläche ein.
Berechnen Sie den Inhalt dieser Fläche. 8

2.3 Von einer ganzrationalen Funktion g mit dem Schaubild K_g
sind die folgenden Werte bekannt:

x	− 3	− 2	− 1	0	2
g(x)		− 1,5	0	2,5	
g′(x)	− 36		4	0	− 4
g″(x)			0	− 6	0

Entscheiden Sie für jede der folgenden Aussagen, ob sie wahr oder falsch ist und begründen Sie Ihre Antwort mit den Angaben aus der Tabelle.

a) Das Schaubild von g geht durch den Punkt P(− 2 | 1,5).

b) g hat in x = − 1 eine doppelte Nullstelle.

c) Es gibt eine Gerade mit der Steigung 0,25, die K_g senkrecht schneidet.

d) K_g hat im Schnittpunkt mit der y-Achse einen Hochpunkt. 6

Musteraufgabensatz 4

Aufgabe 2 - Teil 2 mit Hilfsmittel **Seite 2/2** **Punkte**

2.4 Das Schaubild K_h einer Funktion h mit $h(x) = -ax + b - e^{-0,5x}$ mit $x \in \mathbb{R}$ und a, b $>$ 0 entspricht einem der folgenden Schaubilder.

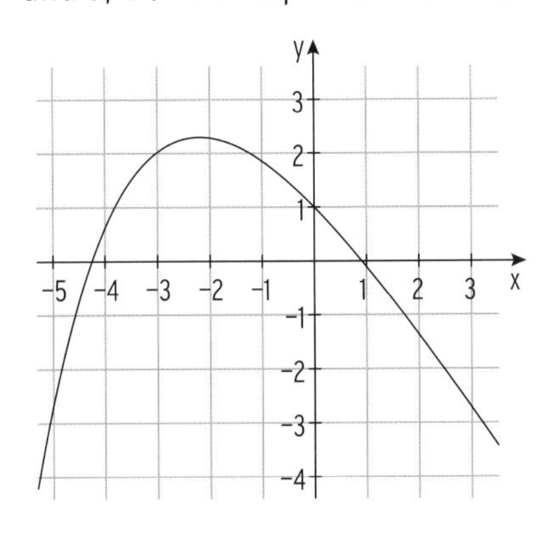

Abb. 1

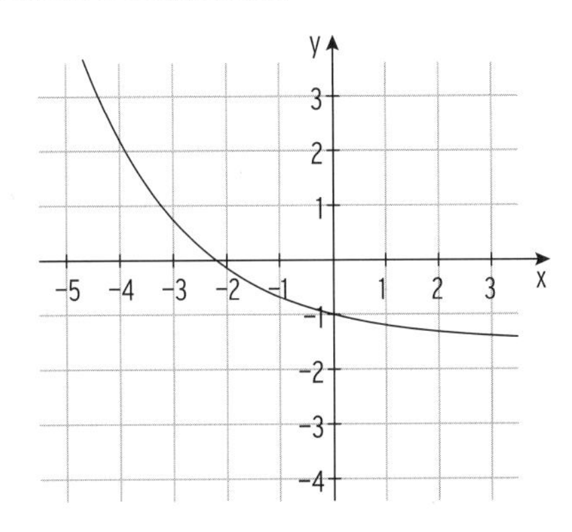

Abb. 2

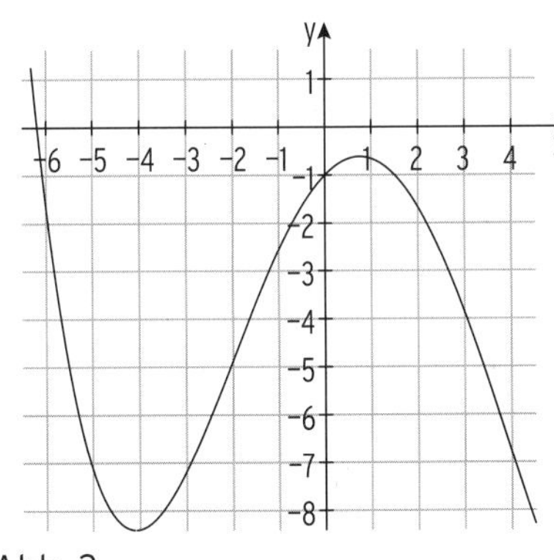

Abb. 3

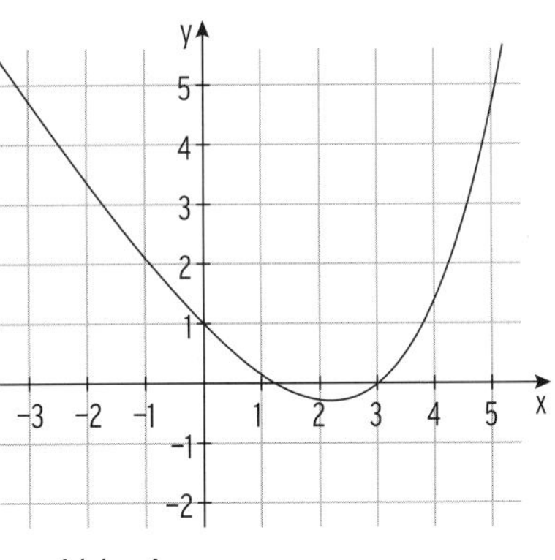

Abb. 4

Begründen Sie, warum nur Abb. 1 das Schaubild K_h sein kann.

Von den anderen drei Abbildungen zeigt eine das Schaubild der Ableitungsfunktion h′ und eine andere das Schaubild einer Stammfunktion H von h.

Ordnen Sie diese zu und begründen Sie jeweils Ihre Entscheidung. 7

30

Musteraufgabensatz 4

Aufgabe 3 - Teil 2 mit Hilfsmittel **Punkte**

Gegeben ist die Funktion f durch $f(x) = 4 - e^{0,5x} - e^{-0,5x}$; $x \in \mathbb{R}$.

K_f ist das Schaubild der Funktion f.

3.1 Berechnen Sie die Koordinaten des Hochpunktes von K_f.
Zeichnen Sie K_f.
Weisen Sie nach, dass K_f symmetrisch zur y-Achse ist. 11

3.2 Untersuchen Sie das Krümmungsverhalten von K_f. 4

Gegeben ist die Funktion g durch $g(x) = \cos(\frac{\pi}{4}x) + 1$; $x \in \mathbb{R}$.

Ihr Schaubild ist K_g.

3.3 Zeichnen Sie K_g in das Koordinatensystem von Aufgabenteil 3.1 ein.
Beschreiben Sie, wie das Schaubild K_g aus dem Schaubild der Funktion g^* mit $g^*(x) = \cos(x)$ hervorgeht. 4

3.4 Berechnen Sie zwei Stellen, an denen die Funktion g den Funktionswert 1,5 hat. 3

3.5 Die Differenzfunktion d wird durch $d(x) = f(x) - g(x)$ definiert.
Dargestellt ist das Schaubild der Funktion d.
Begründen Sie, ob folgende Aussagen richtig oder falsch sind:

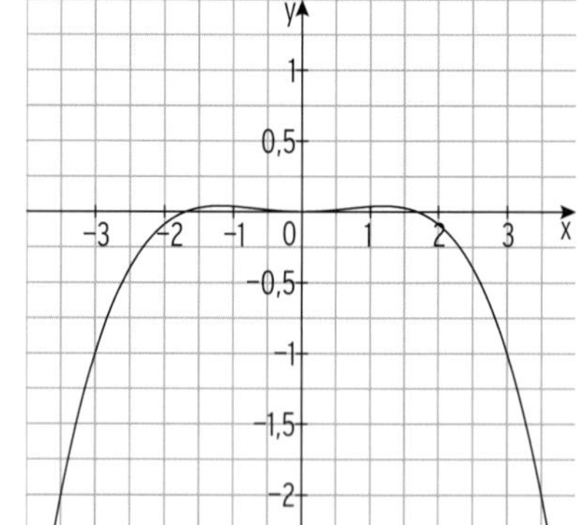

a) Das Schaubild von d ist symmetrisch zur y-Achse.

b) $d(x) > 0$ für $-2 \leq x \leq 2$

c) $\int_2^3 d(x)dx \geq 0$

d) Das Schaubild von d hat unendlich viele gemeinsame Punkte mit K_f. 8

30

Musteraufgabensatz 4

Aufgabe 4 - Teil 2 mit Hilfsmittel

Punkte

4.1 Gegeben ist das Schaubild K_g der Funktion g mit

$g(x) = a \cdot \sin(kx);\ a, k, x \in \mathbb{R}$.

Ermitteln Sie aus der Zeichnung die Amplitude, die Periode und berechnen Sie den Faktor k.

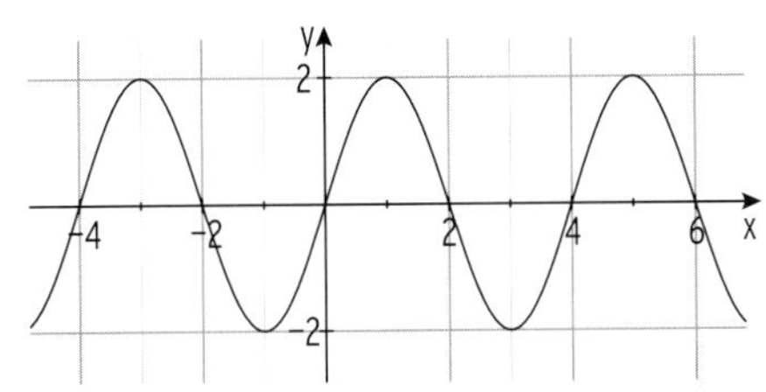

Das Schaubild K_g soll so verschoben werden, dass es symmetrisch zur y-Achse ist und dass die Tiefpunkte auf der x-Achse liegen. Geben Sie für den verschobenen Graphen einen möglichen Funktionsterm an. 6

Gegeben ist die Funktion f mit $f(x) = 2\sin(\frac{\pi}{2}x) + 1$ für $-1 \leq x \leq 5;\ x \in \mathbb{R}$.

4.2 Zeichnen Sie das Schaubild K_f von f.

Überprüfen Sie, ob die Punkte $W_1(0 \mid 1)$ und $W_2(2 \mid 1)$ Wendepunkte von K_f sind. 7

4.3 Berechnen Sie die Steigung von K_f an der Stelle $x_1 = 0$ und geben Sie die Gleichung der Tangente an dieser Stelle an.

Zeigen Sie, dass die Gerade mit der Gleichung $y = -\pi x + 2\pi + 1$ Tangente an K_f an der Stelle $x_2 = 2$ ist. 7

4.4 Die Tangenten (aus 4.3) schließen mit dem Schaubild K_f eine Fläche ein. Berechnen Sie den Inhalt dieser Fläche. 6

Gegeben ist die Parabel p mit der Gleichung $p(x) = 2x^2 - 12x + 17;\ x \in \mathbb{R}$.

4.5 Zeigen Sie, dass der Scheitel der Parabel p ein Punkt des Schaubildes K_f ist. 4

30

Musteraufgabensatz 5

Lösung Seite 147 - 154

Aufgabe 1 - Teil 1 ohne Hilfsmittel

Punkte

1.1 Die Abbildung zeigt das Schaubild K_f einer Polynomfunktion f.
Bestimmen Sie die Gleichung einer Polynomfunktion f, deren Schaubild mit der dargestellten Kurve K_f übereinstimmt. — 4

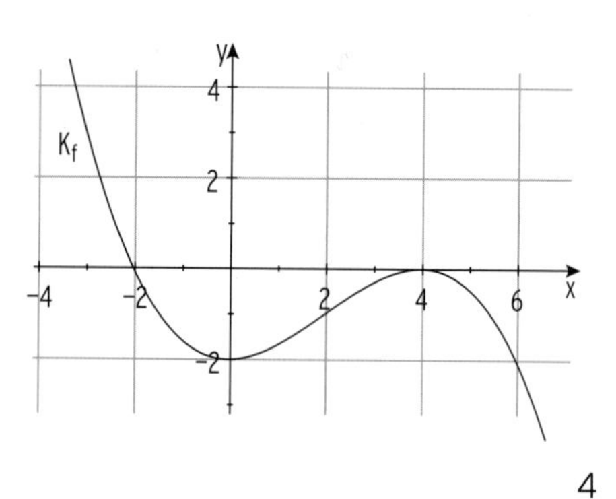

1.2 Lösen Sie die Gleichung $3e^x - e^{2x} = 2$. — 4

1.3 Die Funktion g ist gegeben durch $g(x) = 6\sin(4x) + 8;\ x \in \mathbb{R}$.
Ihr Schaubild ist K_g.
Geben Sie jeweils den neuen Funktionsterm an, wenn das Schaubild K_g

a) um drei Einheiten nach oben verschoben wird, — 2

b) um den Faktor 1,5 in x-Richtung gestreckt wird. — 2

1.4 Untersuchen Sie die Lösbarkeit des linearen Gleichungssystems.

$$x_1 + 2x_2 + x_3 = 8$$
$$x_1 + 4x_2 + x_3 = 10$$
$$x_1 + x_2 + x_3 = 3$$

5

1.5 Das Schaubild einer ganzrationalen Funktion 3. Grades hat im Punkt H(1 | 3) eine waagrechte Tangente. Die x-Koordinate des Wendepunktes beträgt 2.
Die Tangente im Wendepunkt hat die Steigung − 1,5.
Notieren Sie eine ausreichende Anzahl an mathematischen Bedingungen, welche zum gesuchten Funktionsterm führen. — 4

Musteraufgabensatz 5

Aufgabe 1 - Teil 1 ohne Hilfsmittel Fortsetzung **Punkte**

1.6 Gegeben ist das Schaubild einer Funktion.
Skizzieren Sie das Schaubild ihrer Ableitungsfunktion
in das folgende Koordinatensystem. 3

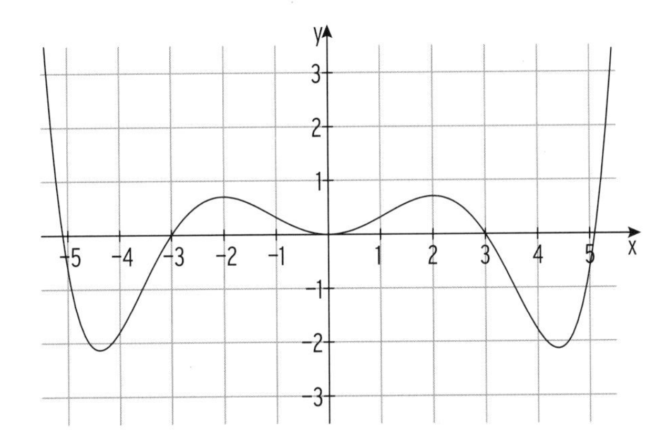

1.7 Berechnen Sie den Wert des Integrals: $\int_{-1}^{1} (2x - x^2)dx$. 3

1.8 Es gilt: $\int_{-\pi}^{\pi} \sin(x)\, dx = 0$.

Interpretieren Sie anhand einer Skizze. 3

30

Musteraufgabensatz 5

Aufgabe 2 - Teil 2 mit Hilfsmittel

Punkte

Die Funktion f ist gegeben durch $f(x) = -\frac{1}{4}x^4 + x^2$; $x \in \mathbb{R}$. Ihr Schaubild ist K_f.

2.1 Weisen Sie nach, dass f bei $x_1 = -\sqrt{2}$ und bei $x_2 = 0$ Extremstellen aufweist. Geben Sie die Koordinaten des weiteren Extrempunktes an. Zeichnen Sie K_f. — 8

2.2 Berechnen Sie die Grenzen des Intervalls, auf dem K_f linksgekrümmt ist.
Bestimmen Sie alle Werte von c, für die die Gerade mit der Gleichung $y = c$ das Schaubild K_f in vier Punkten schneidet.
K_f soll in y-Richtung so gestreckt werden, dass die Hochpunkte den y-Wert 4 haben. Bestimmen Sie den veränderten Funktionsterm. — 8

Die Funktion g ist gegeben durch $g(x) = 2 - 5e^{-0{,}5x}$; $x \in \mathbb{R}$. Das zugehörige Schaubild K_g ist dargestellt.

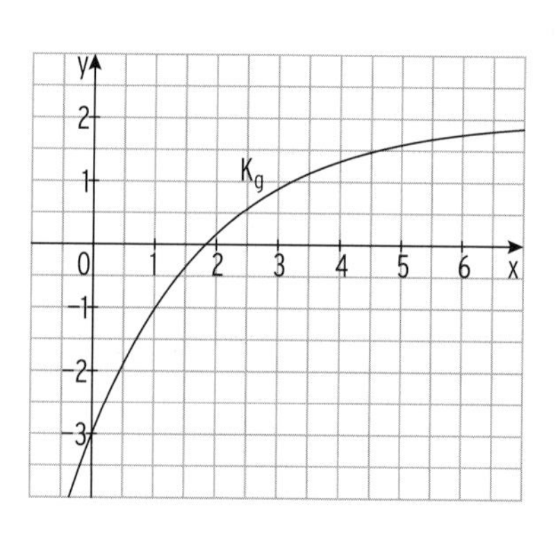

2.3 Geben Sie die Gleichung einer Ursprungsgeraden an, die K_g in zwei Punkten schneidet. — 2

2.4 Eine Parallele zur Geraden mit der Gleichung $y = x$ berührt K_g im Punkt B. Berechnen Sie die Koordinaten von B.
Geben Sie die Gleichung dieser Parallelen an. — 4

2.5 Bestimmen Sie den Inhalt der Fläche, die K_g mit den Koordinatenachsen einschließt. — 5

2.6 Es gilt: $\int_0^{4,46} g(x)\,dx \approx 0$ gilt. Intepretieren Sie dies geometrisch. — 3

30

Musteraufgabensatz 5

Aufgabe 3 - Teil 2 mit Hilfsmittel **Punkte**

In einem 22 °C warmen Zimmer steht eine Tasse Kaffee.

Während des Abkühlungsvorgangs werden folgende Temperaturen gemessen:

Zeit t in Minuten	0	2	5	8	10	15	20
Temperatur T in °C	80	73	63	65	51	44	36

3.1 Übertragen Sie die Daten in ein geeignetes Koordinatensystem.
Zu einem Zeitpunkt wurde der Temperaturwert falsch gemessen.
Begründen Sie, um welchen Wert es sich handelt. 4

3.2 Berechnen Sie für die ersten fünf Minuten und die letzten fünf Minuten des Messvorgangs die durchschnittliche Abkühlung des Kaffees in °C pro Minute. 4

Die Funktion f ist gegeben mit $f(t) = 58e^{-0{,}07t} + 22;\ t \geq 0$,
wobei f(t) die Temperatur in °C und t die Zeit in Minuten angibt.

3.3 Zeigen Sie, dass durch die Funktion f der Abkühlungsvorgang des Kaffees näherungsweise beschrieben wird. 4

3.4 Berechnen Sie, nach welcher Zeit der Kaffee die Temperatur von 58 °C erreicht hat. 2

3.5 Zeigen Sie, dass die Funktion g mit $g(t) = -4{,}06e^{-0{,}07t};\ t \geq 0$,
die momentane Änderungsrate der Temperatur des Kaffees beschreibt.
Bestimmen Sie $\int_0^5 g(t)dt$ und interpretieren Sie das Ergebnis im Hinblick auf den Abkühlungsvorgang. 6

Das Schaubild einer Funktion geht durch den Punkt P(1 | 4) und hat die Tiefpunkte $T_1(-1 \mid -2)$ und $T_2(3 \mid -2)$.

3.6 Geben Sie ein lineares Gleichungssystem an, welches auf den Term einer ganzrationalen Funktion führt, deren Schaubild die obigen Eigenschaften hat. 6

3.7 Bestimmen Sie den Term einer trigonometrischen Funktion, deren Schaubild neben den obigen Eigenschaften in Punkt P(1 | 4) einen Hochpunkt hat. 4

30

Musteraufgabensatz 5

Aufgabe 4 - Teil 2 mit Hilfsmittel Seite 1/2

4.1 Das nebenstehende Schaubild $K_{f'}$ gehört zur Ableitungsfunktion f' der Funktion f. K_f ist das Schaubild der Funktion f.

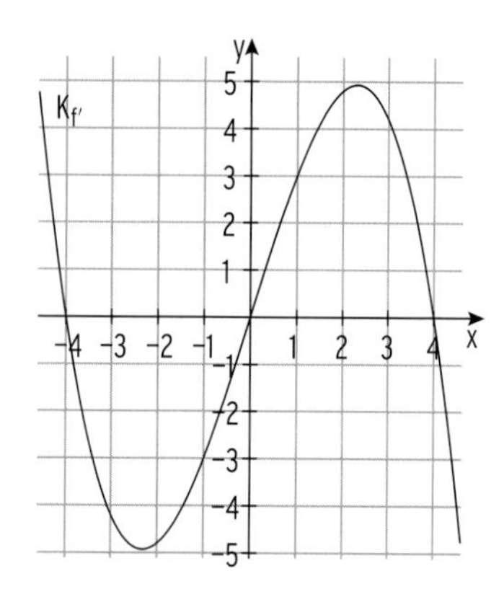

Entscheiden Sie, ob die folgenden Aussagen wahr oder falsch sind.
Begründen Sie Ihre Entscheidung.

a) Die Steigung von K_f an der Stelle x = 1 ist negativ.
b) K_f besitzt zwei Wendepunkte.
c) An der Stelle x = 0 hat K_f einen Hochpunkt. 6

Gegeben ist die Funktion g durch $g(x) = \frac{1}{5}x^3 - \frac{16}{5}x;\ x \in \mathbb{R}$.
Ihr Schaubild ist K_g.

4.2 Untersuchen Sie K_g auf Symmetrie.
Für welche x-Werte ist K_g monoton fallend?
Geben Sie die Gleichung der Wendetangente an.
Zeichnen Sie K_g. 10

4.3 Die Gerade i schneidet K_g im Ursprung senkrecht.
Die Gerade mit der Gleichung x = u mit $0 \leq u \leq 4$ schneidet die Gerade i im Punkt Q und das Schaubild K_g im Punkt P.
Weisen Sie nach, dass für $u \approx 2{,}42$ die Länge der Strecke PQ maximal wird. Geben Sie die maximale Streckenlänge an. 8

Musteraufgabensatz 5

Aufgabe 4 - Teil 2 mit Hilfsmittel   Seite 2/2   Punkte

4.4 Die Abbildung zeigt die Gerade j und das Schaubild K_h der Funktion h mit $h(x) = 3\sin(\frac{\pi}{2}x) - 4$; $x \in \mathbb{R}$.

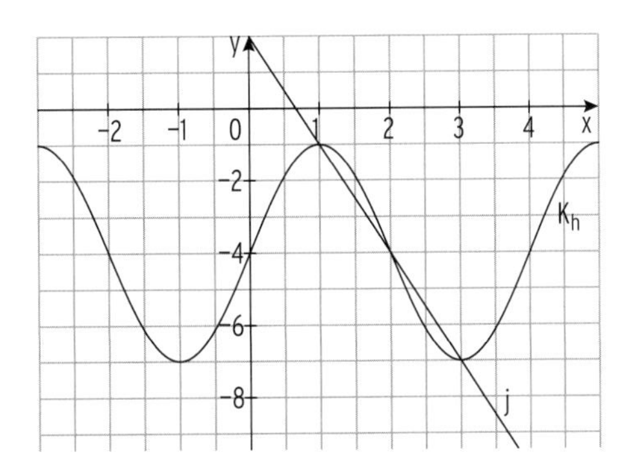

4.4.1 Bestimmen Sie die Gleichung der Geraden j mithilfe der Abbildung. 2

4.4.2 K_h und die Gerade j schließen zwei Flächen ein.
Berechnen Sie den Flächeninhalt einer der beiden Flächen. 4

30

Musteraufgabensatz 6

Lösung Seite 155 - 162

Aufgabe 1 - Teil 1 ohne Hilfsmittel

Punkte

1.1 Geben Sie Lage und Art der Nullstellen der Funktion f mit
$f(x) = \frac{1}{2}(x-3)^2(x+\frac{4}{3})$; $x \in \mathbb{R}$ an. — 3

1.2 Bestimmen Sie die Gleichung der Tangente in P(2| f(2)) an das Schaubild der Funktion f mit $f(x) = \frac{1}{2}\sin(\frac{\pi}{4}x) + x$; $x \in \mathbb{R}$. — 4

1.3 Berechnen Sie die Koordinaten der Wendepunkte des Schaubildes der Funktion f mit $f(x) = \frac{1}{3}x^4 - 6x^2 + 13$; $x \in \mathbb{R}$. — 4

1.4 Gegeben sind die Abbildungen A, B und C. Sie zeigen die Schaubilder einer Funktion h, der Ableitungsfunktion h′ von h und einer weiteren Funktion k. Begründen Sie, welche Abbildung zum Schaubild von h, h′ und k gehört. — 3

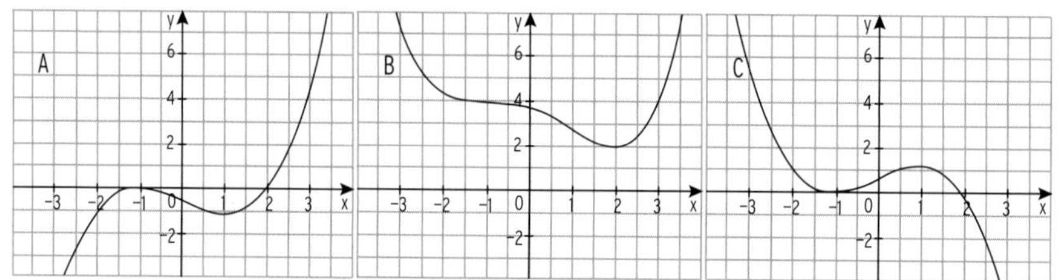

1.5 Das Schaubild einer Polynomfunktion 4. Grades hat den Hochpunkt H(0 | 4), den Tiefpunkt T(1 | 2) und an der Stelle −1 die Steigung 12.
Bestimmen Sie ein lineares Gleichungssystem, mit dessen Hilfe sich der Term dieser Funktion bestimmen lässt.
(Das Berechnen der Lösungen des LGS ist nicht erforderlich.) — 5

1.6 Bestimmen Sie $u > 0$ so, dass $\int_0^u \frac{1}{2}x^4 dx = 3{,}2$. — 4

1.7 Gegeben ist die Funktion f mit $f(x) = 3e^{-2x} - \frac{5}{2}$; $x \in \mathbb{R}$, ihr Schaubild ist K_f.
Bestimmen Sie die Koordinaten der Achsenschnittpunkte von K_f.
Skizzieren Sie K_f. — 5

1.8 Das Schaubild der Funktion f mit $f(x) = \sin(x)$; $x \in \mathbb{R}$, wird um den Faktor 5 in y-Richtung gestreckt und um 3 nach rechts verschoben.
Geben Sie den zugehörigen Funktionsterm an. — 2

30

Musteraufgabensatz 6

Aufgabe 2 - Teil 2 mit Hilfsmittel — Punkte

2.1 Das Schaubild einer Funktion 3. Grades berührt die x-Achse bei $x = -3$ und verläuft durch den Ursprung.
Weiterhin liegt der Punkt $A(1 \mid \frac{16}{3})$ auf dem Schaubild der Funktion.
Bestimmen Sie den Funktionsterm der Funktion. — 5

Gegeben ist die Funktion f mit $f(x) = -\frac{1}{3}x^3 - 2x^2 - 3x;\ x \in \mathbb{R}$, ihr Schaubild ist K_f.

2.2 Bestimmen Sie die Koordinaten des Hoch- und des Tiefpunktes von K_f.
Zeichnen Sie K_f in ein geeignetes Koordinatensystem. — 8

2.3 Berechnen Sie $\int_{-3}^{1} f(x)dx$ und interpretieren Sie das Ergebnis geometrisch. — 5

Gegeben sind die Funktionen g und h mit $g(x) = -x^2 - 3$ und $h(x) = e^{2x};\ x \in \mathbb{R}$.
Die Schaubilder heißen K_g und K_h.

2.4 Skizzieren Sie die Schaubilder K_g und K_h. — 3

2.5 K_h soll in y-Richtung so verschoben werden, dass K_g den verschobenen Graphen auf der y-Achse schneidet.
Bestimmen Sie den neuen Funktionsterm. — 2

2.6 Die Kurve K_g und die Gerade mit der Gleichung $y = -7$ begrenzen eine Fläche. In diese Fläche soll ein zur y-Achse symmetrisches Dreieck mit den Eckpunkten $S(0 \mid -7)$ und $P(u \mid g(u))$ mit $0 \leq u \leq 2$ einbeschrieben werden.
Skizzieren Sie diesen Sachverhalt für $u = 1$.
Zeigen Sie, dass der Flächeninhalt dieses Dreiecks für $u = \sqrt{\frac{4}{3}}$ maximal wird. — 7

30

Musteraufgabensatz 6

Aufgabe 3 - Teil 2 mit Hilfsmittel

Punkte

3.1 Gegeben ist die Funktion f mit $f(x) = a \cdot \sin(k \cdot x) + b$ für $x \in [-1; 8]$.
Ihr Schaubild K_f ist im folgenden Koordinatensystem dargestellt.
Ermitteln Sie passende Werte für a, k und b anhand der Abbildung. **4**

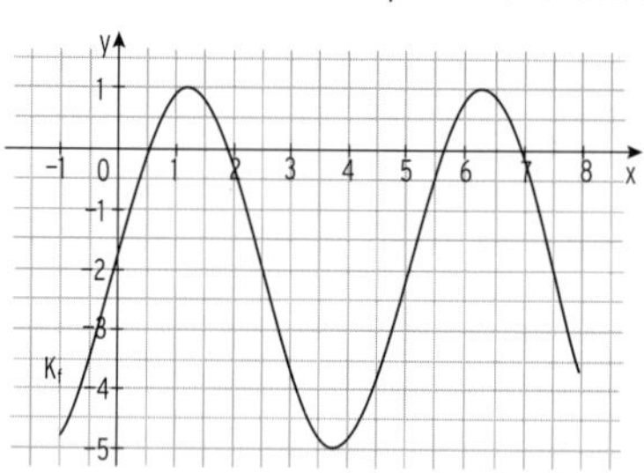

3.2 Zusätzlich ist die Funktion g mit $g(x) = -3\cos(\frac{1}{2}x) + 2$ für $x \in [0; 4\pi]$ gegeben. Ihr Schaubild sei K_g.
Geben Sie die Koordinaten der Extrempunkte und der Wendepunkte von K_g an. **4**

Bestimmen Sie für die nachfolgenden Problemstellungen jeweils einen passenden Funktionsterm:

3.3 Der Temperaturverlauf an einem Sommertag soll durch eine trigonometrische Funktion beschrieben werden. Um 14 Uhr erreicht die Temperatur den höchsten Wert von 28 °C. Die tiefste Temperatur des Tages betrug 8 °C um 2 Uhr. **3**

3.4 Eine Saunakabine kühlt exponentiell ausgehend von einer Temperatur von 60 °C ab. Nach 10 Minuten hat die Kabine noch eine Temperatur von 40 °C. Die Umgebungstemperatur beträgt 4 °C. **5**

Nachfolgend ist die Funktion h gegeben durch $h(x) = \frac{1}{2}e^{-\frac{1}{2}x} - 2$ für $x \in \mathbb{R}$.
Ihr Schaubild sei K_h.

3.5 Weisen Sie nach, dass K_h keine Extrempunkte und keine Wendepunkte hat, und geben Sie die Gleichung der Asymptote von K_h an. **4**

3.6 Ermitteln Sie die Gleichung der Tangente an K_h im Punkt $P(-2 \mid h(-2))$. **3**

3.7 K_h und die Koordinatenachsen schließen eine Fläche ein.
Berechnen Sie deren Inhalt. **7**

30

Musteraufgabensatz 6

Aufgabe 4 - Teil 2 mit Hilfsmittel Seite 1/2 Punkte

4.1 Gegeben ist das Schaubild K_f einer Funktion f und das Schaubild K_h einer Funktion h.

Der Term von f lautet $f(x) = 3\cos(\frac{\pi}{2}x)$; $x \in [-k; k]$.

Ergänzen Sie die x- und die y-Achse so, dass die vorgegebene Kurve K_f das Schaubild von f darstellt. 2

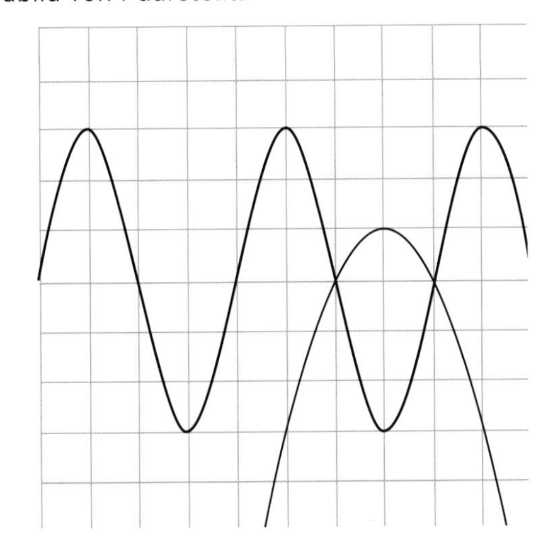

4.2 Ermitteln Sie die Periode, die Amplitude, die Nullstellen von f und den Wert von k.

Skalieren Sie dann obiges Koordinatensystem. 4

4.3 Beschreiben Sie, wie K_f aus dem Schaubild der Funktion g mit $g(x) = \cos(x)$ hervorgeht. 3

4.4 In welchen Kurvenpunkten von K_f beträgt die Steigung $-\frac{3}{2}\pi$? 3

Gegeben ist die Funktion h mit $h(x) = -x^2 + 4x - 3$; $x \in \mathbb{R}$.

Ihr Schaubild ist K_h.

4.5 Die Schaubilder von f und h schneiden sich an den Stellen $x = 1$ und $x = 3$ und schließen eine Fläche ein.

Berechnen Sie den Inhalt dieser Fläche. 5

Musteraufgabensatz 6

Aufgabe 4 - Teil 2 mit Hilfsmittel Seite 2/2 Punkte

Gegeben ist die Funktion j mit $j(x) = -4x^4 + 24x^3 - 44x^2 + 24x;\ x \in \mathbb{R}$.
Ihr Schaubild ist K_j.

4.6 Berechnen Sie die Gleichung der Tangente an K_j an der Stelle $x = 2$.
Anton behauptet: „Es gibt keine Tangenten an K_j mit einer größeren Steigung als die Tangente an der Stelle $x = 2$".
Nehmen Sie zu dieser Behauptung Stellung. 5

Welche der folgenden Aussagen sind falsch, welche richtig und welche sind nur bedingt richtig?
Geben Sie für die falschen Aussagen ein Gegenbeispiel an. Geben Sie für die bedingt richtigen Aussagen eine Bedingung an, unter welcher sie richtig sind.

4.7 a) Leitet man die Funktion f mit $f(x) = 2\cos(b \cdot x)$ mehrmals ab, wird die Amplitude der Schaubilder der Ableitungsfunktionen größer.

b) Die Funktionen f mit $f(x) = e^{k \cdot x}$; $x \in \mathbb{R}$, ist streng monoton wachsend.

c) Eine Polynomfunktion ungeraden Grades hat mindestens eine Nullstelle.

d) Eine Polynomfunktion 4. Grades, deren Schaubild symmetrisch zur y-Achse ist, hat auf der y-Achse eine Wendestelle. 8

30

Musteraufgabensatz 7 Lösung Seite 163 - 170

Lösung Seite 163 - 170

Aufgabe 1 - Teil 1 ohne Hilfsmittel Seite 1/2 Punkte

1.1 Gegeben ist das folgende Schaubild einer Funktion:

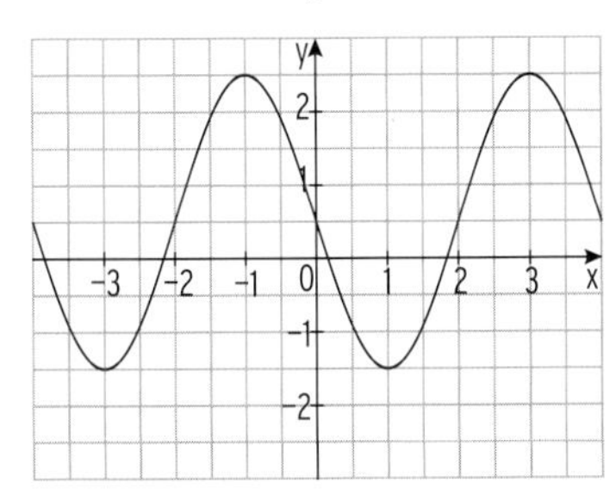

Untersuchen Sie, ob die folgenden Aussagen wahr oder falsch sind.
Begründen Sie Ihre Entscheidung.

a) Der Wert der ersten Ableitung an der Stelle $x = 0$ ist negativ.
b) Der Funktionswert an der Stelle $x = -2$ ist positiv.
c) Der Wert der ersten Ableitung an der Stelle $x = -3$ ist null.
d) Der Wert der zweiten Ableitung an der Stelle $x = 3$ ist positiv. **8**

1.2 Gegeben sind die Funktionen g und h mit $g(x)= 1 + 2e^{-0{,}5x}$
und $h(x) = x^3 + x + 3$, $x \in \mathbb{R}$. Die Schaubilder sind K_g und K_h.
Zeigen Sie, dass sich K_g und K_h auf der y-Achse rechtwinklig schneiden. **4**

1.3 Gegeben ist die Funktion h mit $h(x) = -\frac{1}{2}\cos(\frac{\pi}{2}x) - 2$, $x \in \mathbb{R}$.
Bestimmen Sie eine Stammfunktion von h, deren Schaubild durch den Punkt $P(1\,|-2)$ verläuft. **4**

1.4 Von einer ganzrationalen Funktion 3. Grades sind folgende Eigenschaften bekannt: Ihr Schaubild schneidet die y-Achse bei $-1{,}5$ und die x-Achse bei -4. Ihre Ableitungsfunktion hat bei $x =-2$ eine Nullstelle und bei $x = 1$ eine Extremstelle. Die 2. Ableitung ist für $x = -2$ positiv.
Skizzieren Sie ein mögliches Schaubild. **5**

Musteraufgabensatz 7

Aufgabe 1 - Teil 1 ohne Hilfsmittel **Seite 2/2** **Punkte**

1.5 Gegeben ist die Funktion f mit $f(x) = \frac{1}{5}x^5 + \frac{1}{3}x^3 - 6x;\ x \in \mathbb{R}$. 4
Berechnen Sie, an welchen Stellen das zugehörige Schaubild K eine waagerechte Tangente aufweist.

1.6 Das Schaubild einer trigonometrischen Funktion ist symmetrisch zur y-Achse, verläuft durch den Punkt S(0 | 3) und hat in T (3 | 0) einen Tiefpunkt. Geben Sie einen möglichen Funktionsterm an. 3

1.7 Bestimmen Sie eine Lösung der Gleichung $\sin(\frac{1}{2}x) = -1$. 2

30

Musteraufgabensatz 7

Aufgabe 2 - Teil 2 mit Hilfsmittel

Punkte

Gegeben ist die Funktion f mit $f(x) = \frac{1}{8}x^4 - \frac{9}{4}x^2 + 5;\ x \in \mathbb{R}$.

Ihr Schaubild ist K_f.

2.1 Untersuchen Sie K_f auf Symmetrie.
Bestimmen Sie die Koordinaten der Achsenschnittpunkte von K_f.
Zeigen Sie, dass K_f an der Stelle $x = -3$ einen Tiefpunkt besitzt.
Zeichnen Sie K_f. — 10

2.2 Bestimmen Sie das Intervall, in dem K_f rechtsgekrümmt ist. — 4

2.3 Wie muss K_f verschoben werden, damit die Gerade mit $y = -5$ das Schaubild in einem Tiefpunkt berührt? Geben Sie den entsprechenden Funktionsterm an. — 3

2.4 Zu dem dargestellten Schaubild einer Exponentialfunktion gehört einer der folgenden Funktionsterme:
$h_1(x) = a \cdot e^x + b$,
$h_2(x) = a \cdot e^{-x} + b$, $a, b, x \in \mathbb{R}$.
Begründen Sie, welcher Funktionsterm nicht zum Schaubild passen kann.
Ermitteln Sie für den geeigneten Funktionsterm passende Werte für a und b. — 4

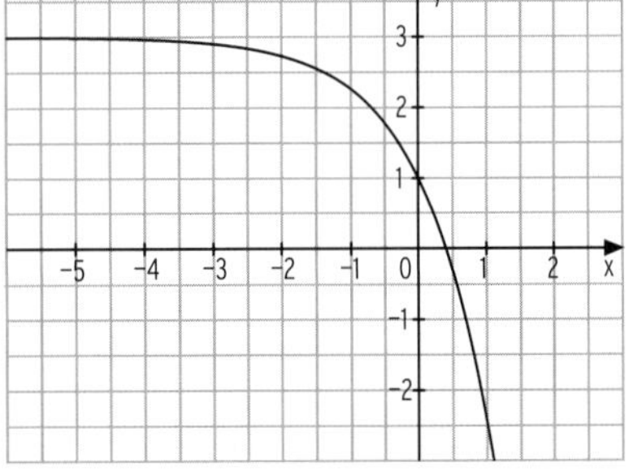

Gegeben ist die Funktion h mit $h(x) = 1 + 2e^{-0{,}5x},\ x \in \mathbb{R}$.

Das Schaubild ist K_h.

2.5 Weisen Sie nach, dass das Schaubild K_h auf $\mathbb{R}$ monoton fallend und linksgekrümmt ist. — 3

2.6 Das Schaubild K_h begrenzt mit denm Koordinatenachsen und der Geraden mit der Gleichung $x = -2$ der Fläche.
Berechnen Sie den Inhalt dieser Fläche. — 6

30

Aufgabensatz 7

Aufgabe 3 - Teil 2 mit Hilfsmittel

Punkte

Gegeben ist die Funktion f mit $f(x) = -2e^{-0,5x} - x + 6;\ x \in \mathbb{R}$.

Ihr Schaubild ist K_f.

3.1 Untersuchen Sie K_f auf Asymptoten.
Bestimmen Sie die Koordinaten des Extrempunktes von K_f.
Zeichnen Sie K_f. — 8

3.2 Die Gerade g mit der Gleichung $y = -x + 6$, die y-Achse, K_f und die Gerade $x = 3$ schließen eine Fläche ein.
Berechnen Sie deren Inhalt. — 4

3.3 An welcher Stelle hat K_f eine Tangente mit Steigung 2?
Berechnen Sie die Gleichung dieser Tangente. — 5

3.4 Ein Rechteck liegt mit zwei Seiten auf den Koordinatenachsen und einem Eckpunkt auf K_f im 1. Quadranten.
Geben Sie einen Term zu Berechnung des zugehörigen Flächeninhaltes an. — 4

3.5 Das Schaubild einer trigonometrischen Funktion mit Periode 4 und Amplitude 6 berührt K_f in $x = 0$.
Geben Sie einen möglichen Funktionsterm an. — 5

3.6 Vervollständigen Sie folgende Aussagen:

a) Die Funktion f_1 mit $f_1(x) = e^x + x$ ist monoton ______ , denn ihre Ableitung ist stets ______.

b) Die Funktion f_2 mit $f_2(x) = \cos(\frac{\pi}{2} x)$ hat im Intervall [0; 12] ______ Nullstellen, und diese Funktion hat die Periode ______. — 4

Summe: 30

Aufgabensatz 7

Aufgabe 4 - Teil 2 mit Hilfsmittel

Punkte

Gegeben ist die Funktion f mit $f(x) = -\frac{1}{3}x^3 + 4x + 2$, $x \in \mathbb{R}$.

Ihr Schaubild ist K_f.

4.1 Bestimmen Sie die Koordinaten der Extrempunkte und Wendepunkte von K_f. Zeichnen Sie K_f. — 8

4.2 Durch $\int_0^2 (-\frac{1}{3}x^3 + 4x)\,dx$ wird der Inhalt einer Fläche beschrieben.

Berechnen Sie diesen Flächeninhalt.

Veranschaulichen Sie eine Fläche, die durch dieses Integral beschrieben wird. — 7

4.3 Welches der folgenden Schaubilder passt zu einer Funktion mit dem Funktionsterm $h(x) = a \cdot \cos(bx) + c$, $a, b \neq 0$, $x \in \mathbb{R}$.

Ermitteln Sie die zugehörigen Werte von a, b und c.

Begründen Sie, warum das andere Schaubild nicht passt. — 6

A

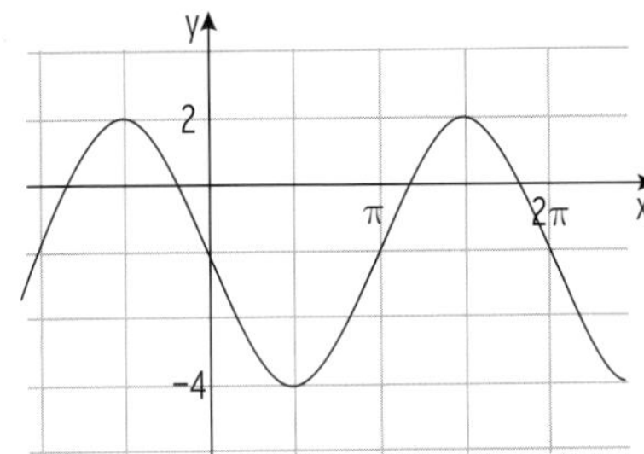

B

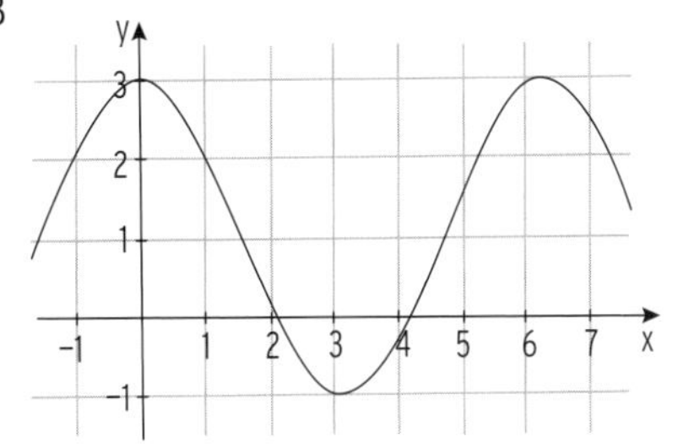

4.4 Gegeben ist die Funktion g mit $g(x) = -2\cos(\frac{\pi}{6}x) + 1$; $x \in [-6; 6]$.

Ihr Schaubild ist K_g.

Geben Sie die Periode und den Wertebereich von g an.

Untersuchen Sie das Krümmungsverhalten von K_g.

Zeichnen Sie K_g. — 9

30

Musteraufgabensätze zur Fachhochschulreife-Prüfung Lösungen

Lösungen Musteraufgabensatz 1 **Aufgaben Seite 75 - 79**

Aufgabe 1 - Teil 1 ohne Hilfsmittel **Seite 1/2**

1.1 $f(x) = -3 \cdot (x-2) \cdot x^2;\quad x \in \mathbb{R}$

Einfache Nullstelle in x = 2, Schaubild schneidet hier die x-Achse

Doppelte Nullstelle in x = 0, Schaubild berührt hier die x-Achse

1.2 Vervollständigen Sie folgende Aussagen:

a) Eine Polynomfunktion 3. Grades hat mindestens 1 Nullstelle(n).

b) Eine Polynomfunktion 4. Grades hat höchstens 3 Extremstelle(n), denn ihre Ableitung ist vom Grad 3.

1.3 K_h: $h(x) = 2 \cdot \cos(\frac{\pi}{4}x)$ mit $x \in [-6; 6]$

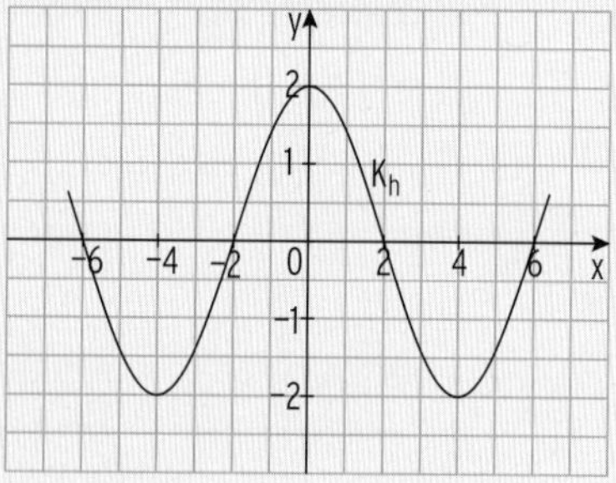

Periode von h: $p = \frac{2\pi}{\frac{\pi}{4}} = 8$

Schnittpunkte von K_h mit der x-Achse:

$N_1(-6 \mid 0)$; $N_2(-2 \mid 0)$; $N_3(2 \mid 0)$;

$N_4(6 \mid 0)$

Extrempunkte:

$H(0 \mid 2)$; $T_1(-4 \mid -2)$; $T_2(4 \mid -2)$

Hinweis: Nur ein Schnittpunkt bzw. Extrempunkt ist verlangt.

1.4 K_f: $f(x) = x^3 - 3x$

Wendepunkt

Ableitungen: $f'(x) = 3x^2 - 3$; $f''(x) = 6x$; $f'''(x) = 6$

Bedingung: $f''(x) = 0 \iff 6x = 0$

Lösung: $x = 0$

Da $f'''(0) = 6 \neq 0$ liegt bei $x = 0$ ein Wendepunkt vor.

Aus $f(0) = 0$ folgt $W(0 \mid 0)$

Lösungen Musteraufgabensatz 1

Aufgabe 1 - Teil 1 ohne Hilfsmittel Seite 2/2

1.5 Amplitude $a = 2$ $(y_H - y_T = 1 - (-3) = 4)$

Periode $p = 4\pi$; (halbe Periode: $x_H - x_T = 0 - (-2\pi) = 2\pi$)

Aus $p = \frac{2\pi}{b}$ folgt $b = 0{,}5$

Verschiebung von $y = a\cos(bx)$ um 1 nach unten $\Rightarrow c = -1$

($W(\pi \mid -1)$ liegt auf der „Mittellinie".)

1.6 a) $f(-2) < 0$ ist falsch, da $f(-2) = 0$; $(-2 \mid 0)$ ist Kurvenpunkt

b) $f'(-2) < 0$ ist wahr, da die Steigung von K_f bei $x = -2$ negativ ist;

K_f ist bei $x = -2$ fallend.

c) $f''(-2) < 0$ ist falsch, da K_f bei $x = -2$ linksgekrümmt ist, also ist

$f''(-2) > 0$.

1.7 $f(x) = -5x^3 + 1 - e^{2x}$

Ableitung mit der Kettenregel: $f'(x) = -15x^2 - 2e^{2x}$

1.8 $g(x) = 4 - 3e^{-2x}$

Fläche zwischen der Geraden mit der Gleichung $y = 4$, K_g und den Grenzen

$x = 0$ und $x = 1$:

$$A = \int_0^1 (4 - g(x))\,dx = \int_0^1 3e^{-2x}\,dx = \left[-\tfrac{3}{2}e^{-2x}\right]_0^1 = -\tfrac{3}{2}e^{-2} + \tfrac{3}{2}$$

Alternative:

$$A_{Rechteck} = 4 \cdot 1 = 4$$

$$\int_0^1 g(x)\,dx = \int_0^1 (4 - 3e^{-2x})\,dx = \left[4x + \tfrac{3}{2}e^{-2x}\right]_0^1 = 4 + \tfrac{3}{2}e^{-2} - \tfrac{3}{2}$$

$$A = A_{Rechteck} - (4 + \tfrac{3}{2}e^{-2} - \tfrac{3}{2}) = -\tfrac{3}{2}e^{-2} + \tfrac{3}{2}$$

Lösungen Musteraufgabensatz 1

Aufgabe 2 - Teil 2 mit Hilfsmittel Seite 1/2

2.1 Ansatz: $v(x) = ax^3 + bx^2 + cx + d$

Benötigte Ableitung: $v'(x) = 3ax^2 + 2bx + c$

Bedingungen und LGS für a, b, c und d:

$v(-3) = 0$	$-27a + 9b - 3c + d = 0$
$v'(-3) = 0$	$27a - 6b + c = 0$
$v(0) = 0$	$d = 0$
$v(1) = \frac{16}{3}$	$a + b + c + d = \frac{16}{3}$

2.2 $f(x) = -\frac{1}{3}x^3 - 2x^2 - 3x$

Ableitungen: $f'(x) = -x^2 - 4x - 3$; $f''(x) = -2x - 4$; $f'''(x) = -2$

Extrempunkte

Bedingung: $f'(x) = 0$ $\quad -x^2 - 4x - 3 = 0$

Anwenden der Lösungsformel: $x_{1|2} = \frac{4 \pm \sqrt{(-4)^2 - 4 \cdot (-1) \cdot (-3)}}{2 \cdot (-1)} = \frac{4 \pm 2}{-2}$

Lösungen: $x_1 = -1$; $x_2 = -3$

$f''(-1) = -2 < 0$; $f(-1) = \frac{4}{3}$: $H(-1 \mid \frac{4}{3})$

$f''(-3) = 2 > 0$; $f(-3) = 0$: $T(-3 \mid 0)$

Wendepunkt: $f''(x) = 0 \Leftrightarrow -2x - 4 = 0$

Lösung: $x_1 = -2$

$f'''(-2) = -2 \neq 0$

$f(-2) = \frac{2}{3}$: $W(-2 \mid \frac{2}{3})$

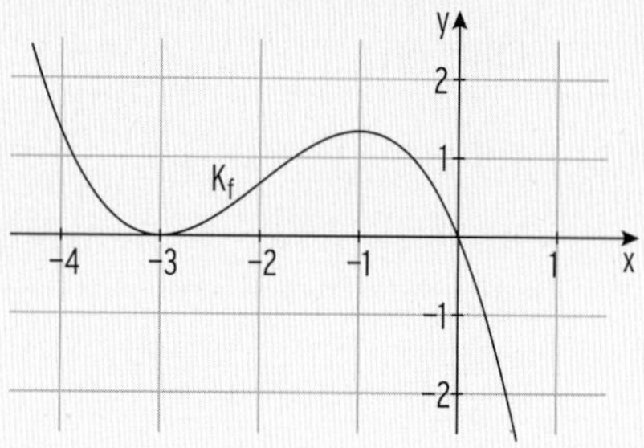

Zeichnung

Alternative Berechnung der Extremstellen

Bedingung: $f'(x) = 0$ $\quad -x^2 - 4x - 3 = 0 \Leftrightarrow x^2 + 4x + 3 = 0$

Zerlegung: $(x + 3)(x + 1) = 0$

Lösungen: $x_1 = -1$; $x_2 = -3$

Lösungen Musteraufgabensatz 1

Aufgabe 2 - Teil 2 mit Hilfsmittel   Seite 2/2

2.3 $\int_{-3}^{1} (-\frac{1}{3}x^3 - 2x^2 - 3x)\,dx = \left[-\frac{1}{12}x^4 - \frac{2}{3}x^3 - \frac{3}{2}x^2\right]_{-3}^{1}$

$= -\frac{1}{12}\cdot 1^4 - \frac{2}{3}\cdot 1^3 - \frac{3}{2}\cdot 1^2 - \left(-\frac{1}{12}\cdot(-3)^4 - \frac{2}{3}\cdot(-3)^3 - \frac{3}{2}\cdot(-3)^2\right) = 0$

Die Inhalte der Flächen zwischen Schaubild und x-Achse im Intervall $[-3; 1]$ ober- (auf $[-3; 0]$) und unterhalb (auf $[0; 1]$) der x-Achse sind gleich groß und gleichen sich bei der Berechnung des Integrals aus.

2.4 K_g: $g(x) = -\frac{1}{2}x^2 - \frac{7}{2}$ K_h: $h(x) = e^{\frac{1}{2}x}$

$g(0) = -\frac{7}{2}$

Bedingung für c aus $h^*(x) = e^{\frac{1}{2}x} + c$:

$h^*(0) = 1 + c = -\frac{7}{2} \Rightarrow c = -\frac{9}{2}$

Das Schaubild von h^* mit $h^*(x) = e^{\frac{1}{2}x} - \frac{9}{2}$ schneidet K_g auf der y-Achse.

2.5 Flächeninhalt des Dreiecks

Grundseite: $u - (-u) = 2u$;

Höhe: $g(u) - (-8) = g(u) + 8$ oberer Wert – unterer Wert > 0

$A(u) = \frac{1}{2}\cdot 2u\cdot(g(u) + 8) = u\cdot(g(u) + 8)$

g(u) eingesetzt: $A(u) = u\cdot(-\frac{1}{2}u^2 + \frac{9}{2}) = -\frac{1}{2}u^3 + \frac{9}{2}u$

Nachweis für ein Maximum in $u \approx 1{,}73$:

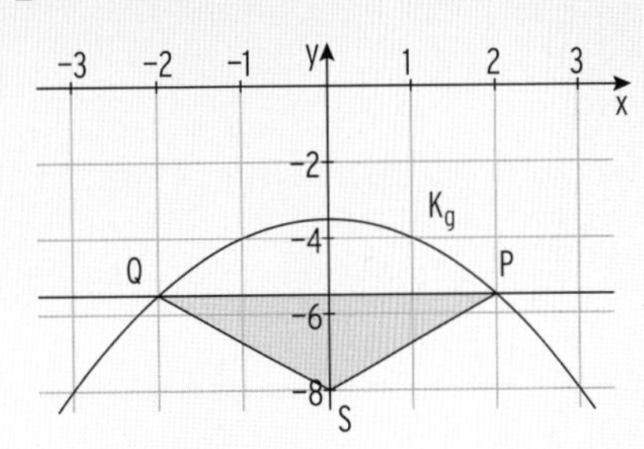

Ableitungen: $A'(u) = -\frac{3}{2}u^2 + \frac{9}{2}$

$A''(u) = -3u$

Bedingungen:

$A'(1{,}73) = -\frac{3}{2}\cdot 1{,}73^2 + \frac{9}{2} \approx 0$

$A''(1{,}73) = -3\cdot 1{,}73 < 0$

Randwerte: $A(0) = A(3) = 0 < A(1{,}73)$

Maximaler Flächeninhalt (nicht verlangt und nicht notwendig)

$A_{max} = A(1{,}73) = 5{,}20$

Für $u \approx 1{,}73$ wird der Inhalt des Dreiecks maximal.

Lösungen Musteraufgabensatz 1

Aufgabe 3 - Teil 2 mit Hilfsmittel Seite 1/2

3.1 Schaubild K_f: $f(x) = 2\sin(\pi x) + 2$

$p = 2$; $a = 2$

Mittellinie: $y = 2$

Gemeinsame Punkte mit der x-Achse (z. B.):

$S_1(-\frac{1}{2} \mid 0)$; $S_2(\frac{3}{2} \mid 0)$; $S_3(\frac{7}{2} \mid 0)$

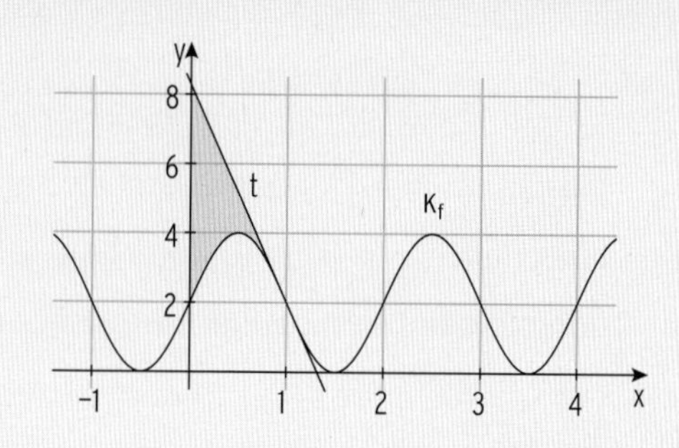

3.2 $f(x) = 2\sin(\pi x) + 2$; $f'(x) = 2\pi\cos(\pi x)$

Das Schaubild der linearen Funktion t mit $t(x) = -2\pi x + 2 + 2\pi$ ist Tangente an K_f in $W(1 \mid 2)$, wenn gilt: $t(1) = 2 \wedge t'(1) = f'(1)$

Mit $t(1) = -2\pi + 2 + 2\pi = 2$ und $f'(1) = 2\pi \cdot \cos(\pi) = -2\pi = t'(1)$ folgt:

Die gegebene Gerade ist Tangente an K_f.

Inhalt der Fläche zwischen der Geraden, K_f und der y-Achse (Schaubild aus 2.1):

Integrationsgrenzen: $x = 1$ (Schnittstelle von Gerade und K_f bzw. Wendestelle von f) und $x = 0$ (y-Achse)

$$A = \int_0^1 (t(x) - f(x))dx = \int_0^1 (-2\pi x + 2\pi - 2\sin(\pi x))dx$$

$$= \left[-\pi x^2 + 2\pi x + \frac{2}{\pi} \cdot \cos(\pi x)\right]_0^1 = -\pi + 2\pi - \frac{2}{\pi} - \frac{2}{\pi} = \pi - \frac{4}{\pi} \approx 1{,}87$$

Hinweis: $\cos(0) = 1$; $\cos(\pi) = -1$

3.3 a) wahr: K_g hat in [0; 1] einen Hochpunkt und damit eine waagrechte Tangente, d. h. g' hat dort eine Nullstelle.

b) falsch: K_g hat in [0; 1] keinen Schnittpunkt mit der x-Achse, d. h. das Schaubild einer Stammfunktion von g hat in [0; 1] auch keine waagrechte Tangente und somit auch keinen Hochpunkt.

c) falsch: Die Tangente an das vorgegebene Schaubild in $x = -0{,}5$ hat eine positive Steigung und einen y-Achsenabschnitt größer als -2.

$y = -3x - 4$ kann nicht die Gleichung der Tangente sein.

(Mögliche Tangentengleichung: $y = 4x - 1$)

Lösungen Musteraufgabensatz 1

Aufgabe 3 - Teil 2 mit Hilfsmittel Seite 2/2

3.4 Krümmungsverhalten: ($h''(x)$ gibt Auskunft)

Ableitungen: $h(x) = -e^{-2x} - x - 1$; $h'(x) = 2 \cdot e^{-2x} - 1$; $h''(x) = -4 \cdot e^{-2x}$

Wegen $e^{-2x} > 0$ für alle $x \in \mathbb{R}$ gilt: $h''(x) < 0$ für alle $x \in \mathbb{R}$

K_h ist für alle $x \in \mathbb{R}$ rechtsgekrümmt.

3.5 Die Gerade mit der Gleichung $x = u$ schneidet für $0 < u < 1$ das Schaubild K_f im Punkt P und das Schaubild K_h im Punkt Q.

Für welchen Wert von u ist der Abstand der Punkte P und Q maximal?

Lösungen Musteraufgabensatz 1

Aufgabe 4 - Teil 2 mit Hilfsmittel **Seite 1/2**

4.1 $x_{1,2} = 0$ ist doppelte Nullstelle von h, in x = 0 hat K_g einen Sattelpunkt

VZW von h(x) bei x = 3 von + nach −, bei x = 3 hat K_g einen Hochpunkt

x = 2 ist Extremstelle von h, bei x = 2 hat K_g einen Wendepunkt

Für $x < 3$ ist $h(x) \geq 0$, g ist monoton wachsend für $x < 3$

Für $x > 3$ ist $h(x) \leq 0$, g ist monoton fallend für $x < 3$

Hinweis: 4 Eigenschaften genügen

4.2 Stammfunktionen von h: $H(x) = -\frac{1}{8}x^4 + \frac{1}{2}x^3 + c;\ c \in \mathbb{R}$

Für c = 1 ergibt sich der Funktionsterm von g (P(0| 1) liegt auf K_g).

4.3 $h(x) = -\frac{1}{2}x^3 + \frac{3}{2}x^2;\ h'(x) = -\frac{3}{2}x^2 + 3x$

Im Berührpunkt stimmen Funktionswerte und Steigungen überein:

$t(u) = h(u) \wedge t'(u) = h'(u)$

Einsetzen in $t'(u) = h'(u)$ ergibt: $-4{,}5 = -\frac{3}{2}u^2 + 3u$

Nullform: $-\frac{3}{2}u^2 + 3u + 4{,}5 = 0 \quad | \cdot \frac{2}{3}$

$0 = -u^2 + 2u + 3$

Anwenden der Lösungsformel: $u_{1|2} = \frac{-2 \pm \sqrt{2^2 - 4 \cdot (-1) \cdot 3}}{2 \cdot (-1)} = \frac{-2 \pm 4}{-2}$

Lösungen: $u_1 = -1;\ u_2 = 3$

Berechnung der Funktionswerte für $u_1 = -1$:

$t(-1) = 18$ und $h(-1) = 2$. Somit ist u_1 nicht Berührstelle.

Berechnung der Funktionswerte für $u_1 = 3$:

$t(3) = 0$ und $h(3) = 0$. Somit ist u_2 Berührstelle.

Der Berührpunkt hat die Koordinaten B(3 | 0).

Lösungen Musteraufgabensatz 1

Aufgabe 4 - Teil 2 mit Hilfsmittel **Seite 2/2**

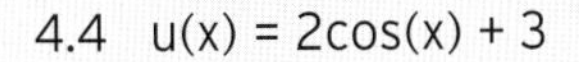

4.4 $u(x) = 2\cos(x) + 3$

Wertebereich $W = [1; 5]$;

Periode $p = 2\pi$

Bemerkung zu W:

für $\cos(x) = 1$ ist $u(x) = 5$;

(1 ist der größte Wert von $y = \cos(x)$)

für $\cos(x) = -1$ ist $u(x) = 1$

(-1 ist der kleinste Wert von $y = \cos(x)$)

Ableitungen: $u'(x) = -2\sin(x)$; $u''(x) = -2\cos(x)$; $u'''(x) = 2\sin(x)$

Wendestellen: $u''(x) = 0$ $\quad -2\cos(x) = 0$ für $x = \frac{\pi}{2}; \frac{3}{2}\pi; \ldots$

$u'''(\frac{\pi}{2}) = 2 \neq 0$ und $u(\frac{\pi}{2}) = 3$; $u'''(\frac{3}{2}\pi) = -2 \neq 0$ und $u(\frac{3}{2}\pi) = 3$

Die Wendepunkte liegen auf der Geraden mit $y = 3$.

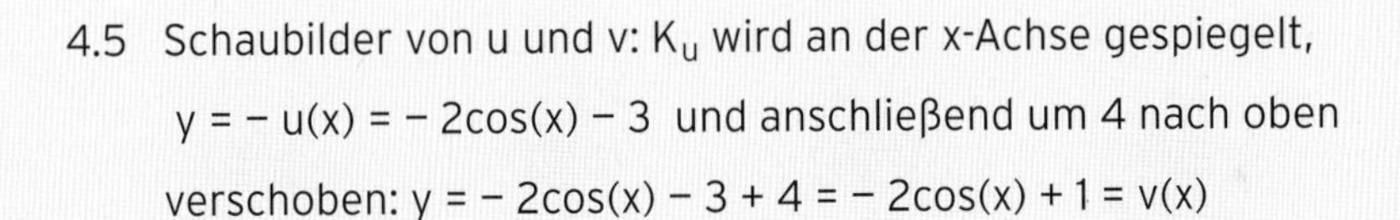

4.5 Schaubilder von u und v: K_u wird an der x-Achse gespiegelt,

$y = -u(x) = -2\cos(x) - 3$ und anschließend um 4 nach oben

verschoben: $y = -2\cos(x) - 3 + 4 = -2\cos(x) + 1 = v(x)$

4.6 Lena berechnet eine Schnittstelle von u und v (die kleinste positive Schnittstelle). Sie berechnet den Inhalt der Fläche, die von den beiden Kurven K_u und K_v und der y-Achse eingeschlossen wird bzw. die Fläche zwischen K_u und K_v auf $[0; \frac{2}{3}\pi]$.

Passende Aufgabenstellung:

Gegeben sind die Funktionen u mit $u(x) = 2\cos(x) + 3$ und v mit $v(x) = -2\cos(x) + 1$, $x \in \mathbb{R}$. Ihre Schaubilder heißen K_u und K_v. Berechnen Sie den Inhalt der Fläche, die von der y-Achse, K_u und K_v eingeschlossen wird.

Lösungen Musteraufgabensatz 2 **Aufgaben Seite 80-85**

Aufgabe 1 - Teil 1 ohne Hilfsmittel **Seite 1/2**

1.1 Die beiden Wendepunkte von K_a im Bereich $[-\pi; \pi]$ liegen symmetrisch zur y-Achse,

der Hochpunkt liegt auf der y-Achse. Da die Parabel durch diese Punkte geht, ist auch sie symmetrisch zur y-Achse.

Mit H(0 | 1) ergibt sich der Ansatz: $y = ax^2 + 1$

Punktprobe mit $W(\pi \mid -1)$ ergibt: $a\pi^2 + 1 = -1 \quad \Rightarrow a = -\frac{2}{\pi^2}$

Parabelgleichung: $y = -\frac{2}{\pi^2}x^2 + 1$

1.2.1 Es gilt: $h(0) = 1 - e^0 = 1 - 1 = 0$

Verschiebt man K_g um 0,7 nach oben, so schneidet das verschobene Schaubild die x-Achse in y = 0,7.

Alternative: $h^*(x) = 1 - e^{2x} + b$;

Punktprobe mit (0 | 0,7): $0{,}7 = 1 - e^0 + b \Leftrightarrow 0{,}7 = b$

1.2.2 $i(x) = \frac{1}{9}(1 - e^{2x}) = \frac{1}{9} \cdot g(x)$

Streckt man K_g mit Faktor $\frac{1}{9}$ in y-Richtung, entsteht K_i.

1.3 $g(x) = \frac{1}{4}x^4 - \frac{3}{2}x^2 + \frac{5}{4}$; $x \in \mathbb{R}$

Ableitungen: $g'(x) = x^3 - 3x$; $g''(x) = 3x^2 - 3$

Es gelten $g'(0) = 0$ und $g''(0) = -3 < 0$

Somit hat das Schaubild in x = 0 einen Hochpunkt

Da $g(0) = \frac{5}{4}$ hat das Schaubild den Hochpunkt $H(0 \mid \frac{5}{4})$.

1.4 Das Schaubild einer ganzrationalen Funktion 3. Grades ist symmetrisch Ursprung und hat den Hochpunkt H(− 2 | 4).

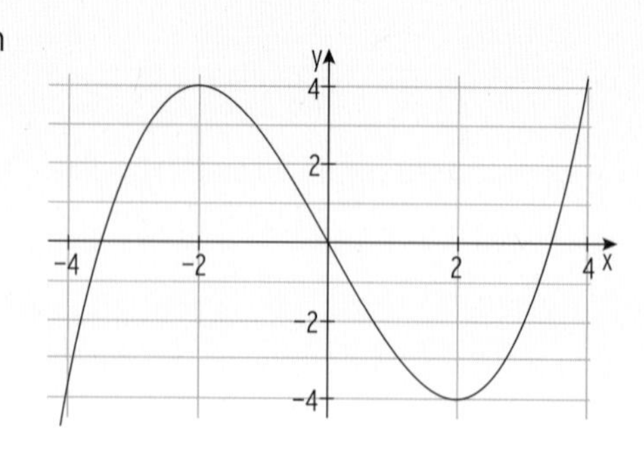

Lösungen Musteraufgabensatz 2

Aufgabe 1 - Teil 2 mit Hilfsmittel **Seite 2/2**

1.5 $f(x) = x^4 - x^3 - 6x^2$

Berechnung der Nullstellen von f

Bedingung: $f(x) = 0$ $x^4 - x^3 - 6x^2 = 0$

$x^2 \cdot (x^2 - x - 6) = 0$

Satz vom Nullprodukt führt auf $x^2 = 0 \vee x^2 - x - 6 = 0$

doppelte Nullstelle $x_{1|2} = 0$

Lösungsformel ergibt $x_3 = -2;\ x_4 = 3$

1.6 h: Schaubild N h′: Schaubild M H: Schaubild L

Bei $x = -1$ und $x = 1{,}5$ besitzt das Schaubild von H Extrempunkte und das Schaubild von h Nullstellen (mit entsprechendem Vorzeichenwechsel). Somit muss h die Ableitungsfunktion von H sein.

Bei $x \approx 0{,}1$ und $x \approx 4{,}9$ besitzt das Schaubild von h Extrempunkte und das Schaubild von h′ Nullstellen (mit entsprechendem Vorzeichenwechsel). Somit ist h′ die Ableitungsfunktion von h.

1.7 $\int_0^{\pi} \cos(x)\,dx = [\sin(x)]_0^{\pi} = \sin(\pi) - \sin(0) = 0 - 0 = 0$

Skizze nicht verlangt:

$y = \cos(x)$

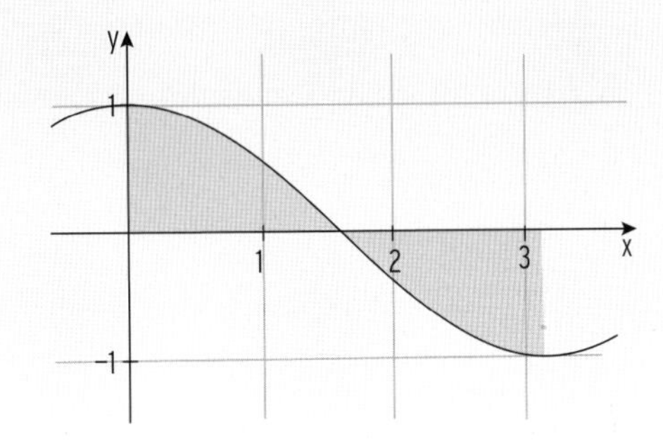

Lösungen Musteraufgabensatz 2

Aufgabe 2 - Teil 2 mit Hilfsmittel **Seite 1/2**

2.1 Zeichnung von K_f siehe 2.2

Symmetrie: f ist eine ganzrationale Funktion. Im Funktionsterm f(x) kommen nur gerade Exponenten vor, damit ist K_f symmetrisch zur y-Achse.

Extrempunkte von K_f:

Ableitungen: $f'(x) = x^3 - 4x$, $f''(x) = 3x^2 - 4$

Bedingung: $f'(x) = 0$ $\quad x^3 - 4x = 0 \Leftrightarrow x \cdot (x^2 - 4) = 0$

Satz vom Nullprodukt: $\quad x = 0 \lor x^2 - 4 = 0$

Lösungen: $\quad x_1 = 0;\ x_2 = -2;\ x_3 = 2$

$f''(0) = -4 < 0$, also ist $x_1 = 0$ Maximalstelle; $f(0) = 4$ somit $H(0 \mid 4)$

$f''(-2) = 8 > 0$, also ist $x_2 = -2$ Minimalstelle; $f(-2) = 0$ somit $T_1(-2 \mid 0)$

$f''(2) = 8 > 0$, also ist $x_3 = 2$ Minimalstelle; $f(2) = 0$ somit $T_2(2 \mid 0)$

2.2 $f(1) = \frac{1}{4} - 2 + 4 = \frac{9}{4}$ somit ist

$P(1 \mid \frac{9}{4})$ Berührpunkt

Steigung im Berührpunkt:

$f'(1) = 1^3 - 4 \cdot 1 = -3$

Hauptform: $y = -3 \cdot x + b$

Einsetzen von $m = -3$ und $P(1 \mid \frac{9}{4})$:

$\frac{9}{4} = -3 \cdot 1 + b \Leftrightarrow b = \frac{21}{4}$

Tangentengleichung: $y = -3 \cdot x + \frac{21}{4}$

Flächeninhalt (Fläche zwischen 2 Kurven)

$$\int_0^1 \left(-3x + \frac{21}{4} - \left(\frac{1}{4}x^4 - 2x^2 + 4\right)\right)dx = \int_0^1 \left(-\frac{1}{4}x^4 + 2x^2 - 3x + \frac{5}{4}\right)dx$$

$$= \left[-\frac{1}{20}x^5 + \frac{2}{3}x^3 - \frac{3}{2}x^2 + \frac{5}{4}x\right]_0^1 = -\frac{1}{20} \cdot 1^5 + \frac{2}{3} \cdot 1^3 - \frac{3}{2} \cdot 1^2 + \frac{5}{4} \cdot 1 - (0) = \frac{11}{30}$$

2.3 Skizze (nicht verlangt)

Eckpunkt $B(u \mid f(u))$

Aufgrund der Symmetrie gilt:

Zielfunktion U mit

$U(u) = 2 \cdot 2u + 2 \cdot f(u);\ 0 \leq u \leq 2$

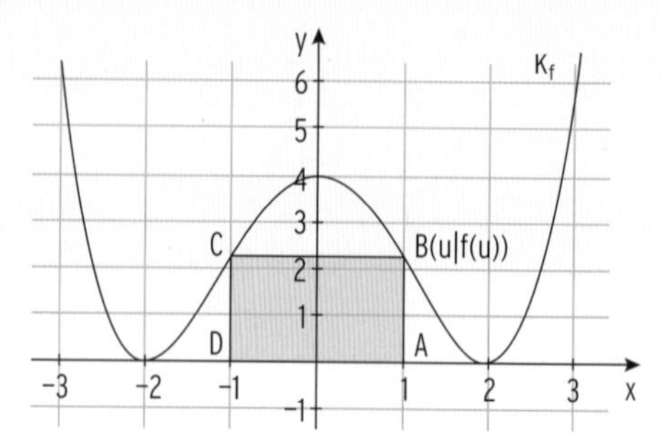

Lösungen Musteraufgabensatz 2

Aufgabe 2 - Teil 2 mit Hilfsmittel Seite 2/2

2.3 $U(u) = 4u + 2 \cdot (\frac{1}{4}u^4 - 2u^2 + 4) = \frac{1}{4}u^4 - 4u^2 + 8u + 8$

Für u = 1 erhält man:

$U(1) = 2 \cdot 1 + 2 \cdot f(1) = 4 + 2 \cdot (\frac{1}{4} \cdot 1^4 - 2 \cdot 1^2 + 4) = 6{,}5$

Der Umfang für u = 1 beträgt 6,5.

2.4 $k(t) = 1000 \cdot (1 - 0{,}85 \cdot e^{-0{,}0513 \cdot t})$; $t \geq 0$.

$k(0) = 1000 \cdot (1 - 0{,}85) = 150$

Der Kaninchenbestand zu Beginn beträgt 150.

$k(t) = 1000 \cdot (1 - 0{,}85 \cdot e^{-0{,}0513 \cdot t}) = 1000 - 850 \cdot e^{-0{,}0513 \cdot t}$

Die waagrechte Asymptote ist y = 1000. Langfristig wird also ein Bestand von 1000 nicht überschritten. Der Bestand nähert sich 1000.

2.5 Momentane Änderungsrate des Kaninchenbestandes (1. Ableitung):

$k'(t) = 1000 \cdot (-0{,}85 \cdot (-0{,}0513 \cdot e^{-0{,}0513 \cdot t})) = 43{,}605\, e^{-0{,}0513 \cdot t}$

Da k′ streng monoton fällt ($k'(t) > 0$ strebt gegen null), hat k′ bei t = 0 ihren Maximalwert. ($k'(0) = 43{,}6$; $k'(t) \to 0$ für $t \to \infty$)

Die momentane Änderungsrate ist zu Beginn der Messung am größten.

($k'(0) = 43{,}605$ mit der Einheit Kaninchen/Monat ist nicht verlangt.)

Durchschnittliche Änderungsrate in den ersten 5 Monaten

(Steigung der Sekante durch P(0 | 150) und Q (5 | k(5)))

$m_s = \frac{k(5) - k(0)}{5} = \frac{342{,}31 - 150}{5} = 38{,}46$

Die durchschnittliche Änderungsrate ist 38,46 Kaninchen pro Monat.

Lösungen Musteraufgabensatz 2

Aufgabe 3 - Teil 2 mit Hilfsmittel **Seite 1/2**

3.1 K_f: $f(x) = -e^{-0,5x} - x + 1;\ x \in \mathbb{R}$.

Zeichnung von K_f anhand einer Wertetabelle (Gerade aus 2.2).

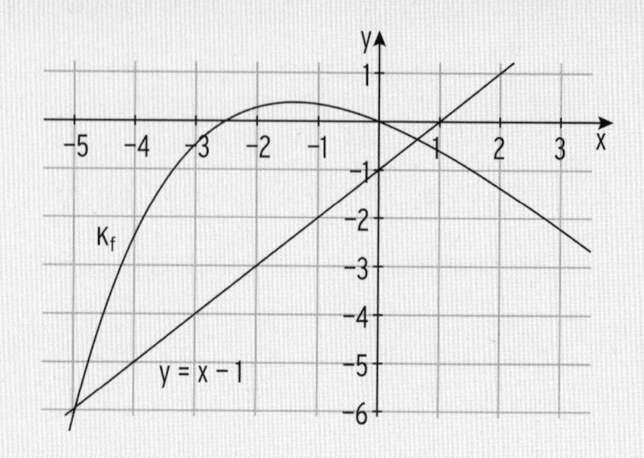

Hochpunkt

Ableitungen: $f'(x) = 0,5 \cdot e^{-0,5x} - 1$;

$f''(x) = -0,25 \cdot e^{-0,5x}$

Bedingung: $f'(x) = 0$ $\quad 0,5 \cdot e^{-0,5x} = 1 \Leftrightarrow e^{-0,5x} = 2$

Logarithmieren: $\quad -0,5x = \ln(2)$

Lösung: $\quad x = -2\ln(2) \approx -1,39$

$f''(-2\ln(2)) = -0,25e^{-0,5 \cdot (-2\ln(2))} = -0,25e^{\ln(2)} = -0,25 \cdot 2 = -\frac{1}{2} < 0$,

also Maximalstelle

$f(-2\ln(2)) = -e^{-0,5 \cdot (-2\ln(2))} - (-2\ln(2)) + 1 = -2 + 2\ln(2)) + 1 = 2\ln(2) - 1$,

somit: $H(-2\ln(2) \mid 2\ln(2) - 1)$

oder gerundet: $H(-1,39 \mid 0,39)$

Die Rechnung ist auch mit gerundeten Werten erlaubt.

3.2 Krümmungsverhalten

$f''(x) = -0,25 \cdot e^{-0,5x} < 0$ für alle $x \in \mathbb{R}$ wegen $e^{-0,5x} > 0$

K_f ist rechtsgekrümmt für $x \in \mathbb{R}$

3.3 Gemeinsame Punkte von K_f und Gerade

Bedingung: $f(x) = -x + 1 \quad \Leftrightarrow \quad -e^{-0,5x} - x + 1 = -x + 1 \quad \Leftrightarrow \quad e^{-0,5x} = 0$

Diese Gleichung hat keine Lösung ($e^{-0,5x} > 0$), also gibt es keine gemeinsamen Punkte.

Hinweis: $y = -x + 1$ ist schiefe Asymptote an K_f.

Lösungen Musteraufgabensatz 2

Aufgabe 3 - Teil 2 mit Hilfsmittel Seite 2/2

3.4 Vervollständigen Sie die folgenden Aussagen:

a) Eine einfache Nullstelle einer Funktion ist eine *Extremstelle* ihrer Stammfunktion.

b) Eine ganzrationale Funktion dritten Grades hat *eine* Wendestelle, denn ihre zweite Ableitungsfunktion ist vom Grad *eins*.

c) Eine Funktion h mit $h(x) = 2\cos(3x) + 5$, $x \in \mathbb{R}$, hat den Wertebereich *W = [3; 7]* und eine *Periodenlänge* von $\frac{2}{3}\pi$.

d) Ein möglicher Funktionsterm einer Funktion mit den einfachen Nullstellen $x_1 = -3$, $x_2 = 0$ und $x_3 = 2$ lautet *$f(x) = x(x + 3)(x - 2)$* .

e) Das Schaubild der trigonometrischen Funktion mit der Funktionsgleichung *$g(x) = 2 \cdot \sin(\frac{\pi}{4}x) + 2$* hat in W(0 | 2) einen Wendepunkt und in H(2 | 4) den ersten Hochpunkt mit positivem x-Wert.

Hinweise zu e): W(0 | 2) deutet auf einen Sinus-Ansatz; Mittellinie y = 2
H(2 | 4): $y_H - y_W = 2 = a$; $x_H - x_W = \frac{p}{4} = 2$; also $p = 8 = \frac{2\pi}{k}$, also $k = \frac{\pi}{4}$

3.5 a) $f(x) = ax^4 + cx^2 + e$

Ableitungen: $f'(x) = 4ax^3 + 2cx$; $f''(x) = 12ax^2 + 2c$

Bedingungen und LGS für a, c und e:

P(2 | 4):	$f(2) = 4$	$\Rightarrow$	$16a + 4c + e = 4$
Waagrechte Tangente in x = 0:	$f'(0) = 0$	$\Rightarrow$	$0 = 0$
Wendepunkt W(1 | 1):	$f''(1) = 0$	$\Rightarrow$	$12a + 2c = 0$

b) Problem: Die Gleichung 0 = 0 ist nicht verwertbar.

Ursache: Da nur gerade Hochzahlen im Funktionsterm von f vorkommen, muss das zugehörige Schaubild symmetrisch zur y-Achse sein.
Ein Schaubild, welches symmetrisch zur y-Achse ist, hat in x = 0 stets die Steigung 0 (Hinweis: Fertigen Sie eine Skizze an!). Die zugehörige Gleichung liefert deshalb keine neue Information.

Lösung: Weitere Gleichung

W(1 | 1): $f(1) = 1$ $\quad a + c + e = 1$

Lösungen Musteraufgabensatz 2

Aufgabe 4 - Teil 2 mit Hilfsmittel   Seite 1/2

4.1 Es kommt nur Abb. 1 in Frage, da das Schaubild einer Kosinusfunktion einen Extrempunkt auf der y-Achse hat.

$a = 1{,}5$ (Amplitude); $b = -0{,}5$ (Mittellinie bei $y = -0{,}5$)

$k = \frac{2}{3}\pi$ (Periodenlänge $p = 3$ einsetzen in $p = \frac{2\pi}{k}$).

4.2 Abb. 1: Die Aussage

a) ist falsch, da an der Stelle $x = 0$ ein Hochpunkt ist .

b) ist falsch, da das Schaubild bei $x = -2$ unterhalb der x-Achse verläuft.

c) ist wahr, da bei $x = -3$ ein Hochpunkt vorliegt.

d) ist falsch, da das Schaubild bei $x = 3$ rechtsgekrümmt ist.

Abb. 2: Die Aussage

a) ist wahr, da die Kurve bei $x = 0$ fällt.

b) ist wahr, da das Schaubild bei $x = -2$ oberhalb der x-Achse verläuft.

c) ist wahr, da bei $x = -3$ ein Tiefpunkt vorliegt.

d) ist falsch, da das Schaubild bei $x = 3$ rechtsgekrümmt ist.

4.3 Zeichnung (auch zu 4.4)

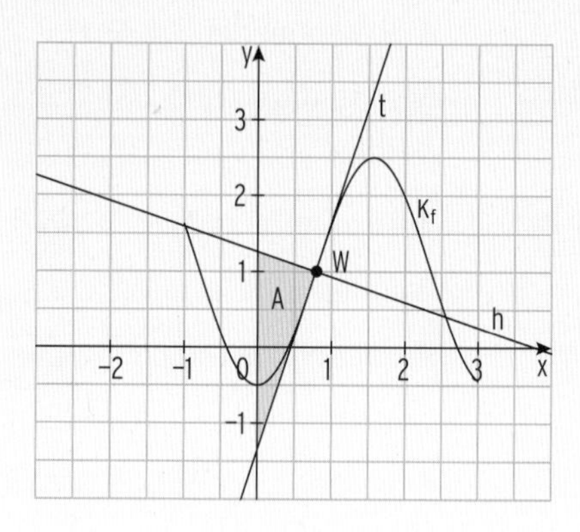

$f(x) = -1{,}5\cdot\cos(2x) + 1;\ x \in [-1; 3]$

$f'(x) = 3\cdot\sin(2x);\ f''(x) = 6\cdot\cos(2x)$

$f''(x) = 0$ für $x = \pm\frac{\pi}{4};\ \pm\frac{3\pi}{4}; \ldots$

Einziger Wendepunkt mit positiver Steigung ist bei $x = \frac{\pi}{4}$ mit $f(\frac{\pi}{4}) = 1$ und $f'(\frac{\pi}{4}) = 3$: $W_1(\frac{\pi}{4} \mid 1)$

Punktprobe mit W_1: $1 = 3\cdot\frac{\pi}{4} + 1 - \frac{3}{4}\pi$ ergibt eine wahre Aussage.

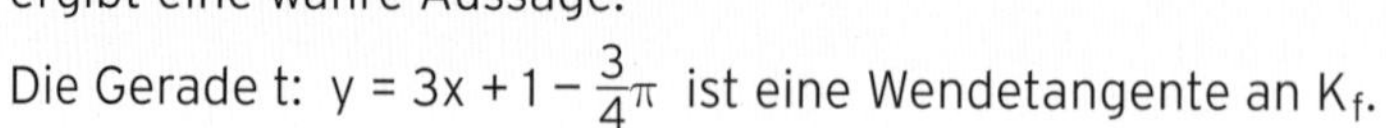

Die Gerade t: $y = 3x + 1 - \frac{3}{4}\pi$ ist eine Wendetangente an K_f.

Hinweis: $\cos(x) = 0$ für $x = \pm 0{,}5\pi$

$\sin(x) = 0$ für $x = 0; \pm\pi$

Nullstellen im Abstand einer halben Periode

Lösungen Musteraufgabensatz 2

Aufgabe 4 - Teil 2 mit Hilfsmittel Seite 2/2

4.4 Senkrechte in: $W_1(\frac{\pi}{4} \mid 1)$: $m_h = -\frac{1}{3}$ Steigung ≙ negativer Kehrwert

Punktprobe mit $W_1(\frac{\pi}{4} \mid 1)$ in $y = -\frac{1}{3}x + b$: $1 = -\frac{1}{3}(\frac{\pi}{4}) + b \Rightarrow b = 1 + \frac{\pi}{12}$

Geradengleichung von h: $y = -\frac{1}{3}x + 1 + \frac{\pi}{12}$

Flächeninhalt des Dreiecks

Länge der Grundseite a, welche entlang der y-Achse verläuft:

$a = 1 + \frac{\pi}{12} - (1 - \frac{3}{4}\pi) = 1 + \frac{\pi}{12} - (1 - \frac{3}{4}\pi) = \frac{5}{6}\pi$

Höhe $h_a = \frac{\pi}{4}$ (entspricht x-Wert des Wendepunktes)

$A_\Delta = \frac{1}{2} \cdot a \cdot h_a = \frac{1}{2} \cdot \frac{5}{6}\pi \cdot \frac{\pi}{4} = \frac{5}{48}\pi^2$

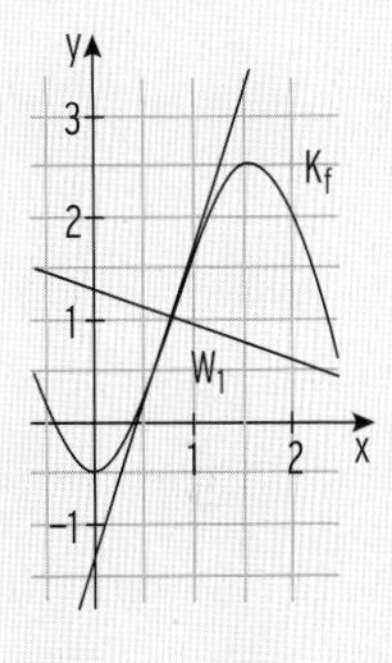

4.5 Hochpunkt von K_f: $H(\frac{\pi}{2} \mid \frac{5}{2})$

Hinweis: $\frac{\pi}{2}$ aus der Zeichnung, oder $y = \cos(2x)$ hat Extremstellen in $0; \frac{\pi}{2}; \pi; \ldots$

Lösungen Musteraufgabensatz 3 **Aufgaben Seite 86 - 91**

Aufgabe 1 - Teil 1 ohne Hilfsmittel **Seite 1/2**

1.1 a) Der Koeffizient von x^4 wird nicht abgeändert (bleibt also größer 0), also muss das neue Schaubild wie K_f von links oben kommen und nach rechts oben gehen. (Verlauf vom II. in den I. Quadranten)

b) Das neue Schaubild muss wie K_f durch den Ursprung verlaufen, da es kein konstantes Glied im Polynom gibt.

1.2 $3e^x - e^{3x} = -2e^x \Leftrightarrow 5e^x - e^{3x} = 0 \Leftrightarrow e^x \cdot (5 - e^{2x}) = 0$

Satz vom Nullprodukt führt auf: $e^x = 0$ (keine Lösung) $\vee$ $5 = e^{2x}$

Logarithmieren: $\ln(5) = 2x$

Lösung: $x = \frac{1}{2}\ln(5)$

1.3 Bedingung für die Nullstellen: $f(x) = 0$ $2\cos(0{,}5x) + 2{,}009 = 0$

$\cos(0{,}5x) = -1{,}0045$

Diese Gleichung hat keine Lösung wegen $-1 \leq \cos(0{,}5x) \leq 1$.

oder: K_f entsteht aus der Kurve K mit $y = 2\cos(0{,}5x)$ durch Verschiebung um 2,009 nach oben. Der tiefste Punkt von K hat die y-Koordinate $y_T = -2$. Durch die Verschiebung erhält man: Der tiefste Punkt von K_f hat die y-Koordinate $y_T = 0{,}009 > 0$; also hat K_f keine Schnittpunkte mit der x-Achse.

1.4 Einsetzen von $x_1 = 2$; $x_2 = -1$ und $x_3 = 3$ führt in jeder Zeile auf eine wahre Aussage: $4 - 2 + 3 = 5$

$-2 - 6 + 6 = -2$

$2 - 1 + 3 = 4$

1.5 $h(x) = x^5 - 4x^4 + 6x^3 - 4x^2 + x$

Ableitung: $h'(x) = 5x^4 - 16x^3 + 18x^2 - 8x + 1$

Steigung in $x = -1$: $h'(-1) = 48$; Berührpunkt $h(-1) = -16$

Gleichung der Tangente an K_h in P: $y = 48(x + 1) - 16 = 48x + 32$

oder mit Punktprobe in $y = 48x + b$: $-16 = -48 + b \Rightarrow b = 32$

also $y = 48x + 32$

Lösungen Musteraufgabensatz 3

Aufgabe 1 - Teil 1 ohne Hilfsmittel Seite 2/2

1.6 $\int_{-1}^{1} (2 - x^2)dx$

Veranschaulichung:

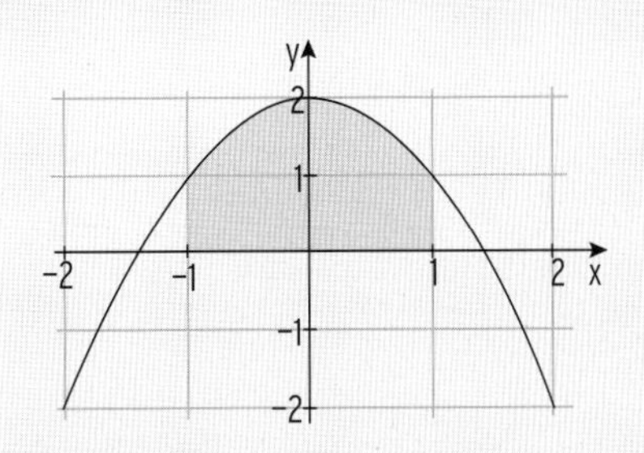

1.7 $g(x) = 3 \cdot e^{-x}$

Inhalt dieser Fläche

Skizze (nicht verlangt):

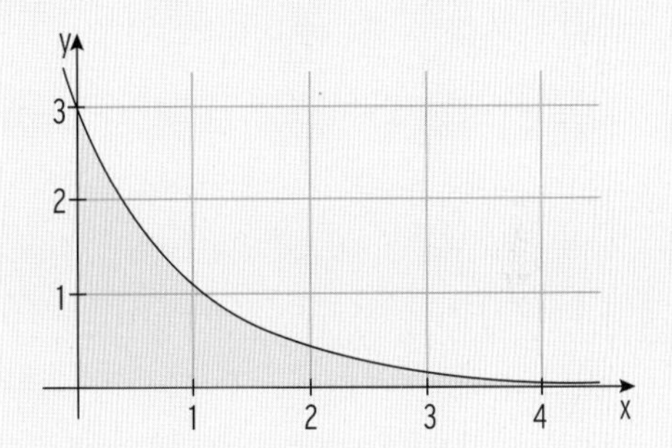

$$A = \int_0^4 (3 \cdot e^{-x})dx = [-3e^{-x}]_0^4 = -3 \cdot e^{-4} + 3 \cdot e^0 = -3 \cdot e^{-4} + 3$$

1.8 $f(x) = \sin(2x)$

Stammfunktion: $F(x) = -\frac{1}{2}\cos(2x) + c$

Bedingung für c: $F(0) = 3$

$-\frac{1}{2}\cos(0) + c = 3$

$-\frac{1}{2} \cdot 1 + c = 3$

$c = \frac{7}{2}$

Gesuchte Stammfunktion: $F(x) = -\frac{1}{2} \cdot \cos(2x) + \frac{7}{2}$

Lösungen Musteraufgabensatz 3

Aufgabe 2 - Teil 2 mit Hilfsmittel Seite 1/2

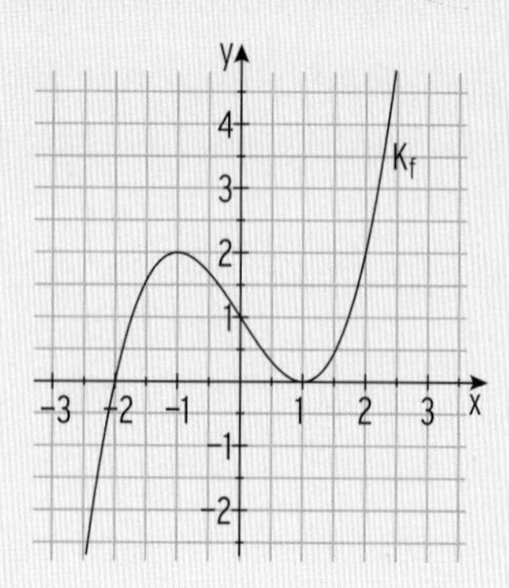

2.1 K_f: $f(x) = \frac{1}{2}x^3 - \frac{3}{2}x + 1$

$f'(x) = \frac{3}{2}x^2 - \frac{3}{2}$; $f''(x) = 3x$; $f'''(x) = 3$

Bedingung für Extrempunkte: $f'(x) = 0 \wedge f''(x) \neq 0$

Nachweis Hochpunkt $H(-1 \mid 2)$:

$f(-1) = 2$; $f'(-1) = 0$; $f''(-1) = -3 < 0$

Nachweis Tiefpunkt $T(1 \mid 0)$:

$f(1) = 0$; $f'(1) = 0$; $f''(1) = 3 > 0$

Alle Bedingungen sind jeweils erfüllt.

2.2 Bedingung für Wendepunkte: $f''(x) = 0 \wedge f'''(x) \neq 0$

$f''(x) = 0 \Leftrightarrow 3x = 0 \Leftrightarrow x = 0$ ist Wendestelle

Mit $f''(-1) = -3 < 0$ ist das Schaubild links von $x = 0$ rechtsgekrümmt.

Für $x \leq 0$ ist K_f rechtsgekrümmt.

Bemerkung: $f'''(0) = 3 > 0$, d. h. $f''(x)$ ist wachsend, in $x = 0$ findet ein Übergang von Rechtskrümmung ($f''(x) < 0$) zu Linkskrümmung ($f''(x) > 0$) statt.

Hinweis: Das Ergebnis lässt sich an der Zeichnung ablesen.

2.3 a) K_f um eine Einheit nach unten verschieben:

$f_1(x) = \frac{1}{2}x^3 - \frac{3}{2}x + 1 - 1 = \frac{1}{2}x^3 - \frac{3}{2}x$

b) K_f um eine Einheit nach links verschieben:

Ersetzen Sie x durch $(x + 1)$: $f_2(x) = \frac{1}{2}(x + 1)^3 - \frac{3}{2}(x + 1) + 1$

2.4 Stammfunktion von f: $F(x) = \frac{1}{8}x^4 - \frac{3}{4}x^2 + x + c$

Tiefpunkt $T(1 \mid 0)$: Mit $F(1) = 0 \Leftrightarrow \frac{1}{8} - \frac{3}{4} + 1 + c = 0 \Leftrightarrow c = -\frac{3}{8}$

Gesuchte Stammfunktion: $F(x) = \frac{1}{8}x^4 - \frac{3}{4}x^2 + x - \frac{3}{8}$

2.5 2023 entspricht $t = 7$: $h(7) = 10^5 \cdot e^{0{,}02 \cdot 7} \approx 115027$

Der Bestand im Jahre 2023 wird bei ca. 115000 m^3 liegen.

Lösungen Musteraufgabensatz 3

Aufgabe 2 - Teil 2 mit Hilfsmittel Seite 2/2

2.6 $\frac{h(1)}{h(0)} = \frac{107{,}12}{105} \approx 1{,}0202$

Wachstumsfaktor: 1,02

Also wächst der Bestand im 1. Jahr um etwa 2 %.

Bemerkung: Bei exponentiellem Wachstum $B(t) = ae^{kt}$ ist der Wachstumsfaktor e^k konstant: $e^{0{,}02} \approx 1{,}0202$

2.7 Momentane Änderungsrate $h'(t) = 0{,}02 \cdot 10^5 \cdot e^{0{,}02t} = 2000 \cdot e^{0{,}02t}$

Bedingung für t: $h'(t) = 2500$ $\quad 2000 \cdot e^{0{,}02t} = 2500$

$e^{0{,}02t} = 1{,}25$

Logarithmieren: $\quad 0{,}02t = \ln(1{,}25)$

Lösung: $\quad t \approx 11{,}157$ (näherungsweise)

Nach etwas mehr als 11 Jahren wird die momentane Änderungsrate bei $2500\ \frac{m^3}{\text{Jahr}}$ liegen.

Lösungen Musteraufgabensatz 3

Aufgabe 3 - Teil 2 mit Hilfsmittel Seite 1/3

3.1 Schnittpunkt von K_g mit der y-Achse: $g(0) = -1 + e$ also $S_y(0 \mid -1 + e)$

Nullstellen: $g(x) = 0 \Leftrightarrow -e^{0,5x} + e = 0 \Leftrightarrow e = e^{0,5x}$

Vergleich der Hochzahlen (Logarithmieren): $0,5x = 1 \Leftrightarrow x = 2$

Schnittpunkt von K_g mit der x-Achse: $N(2 \mid 0)$

3.2 Siehe Arbeitsblatt

3.3 $g(x) = -e^{0,5x} + e$; $g'(x) = -0,5 \cdot e^{0,5x}$

$g(2) = 0$; $g'(2) = -0,5e$ einsetzen in die PSF: $y = g'(2)(x - 2) + g(2)$

ergibt: $y = -0,5e(x - 2) = -0,5e \cdot x + e$

oder: Punktprobe mit $(2 \mid 0)$ in $y = -0,5e \cdot x + b$: $0 = -0,5e \cdot 2 + b \Rightarrow b = e$

Tangentengleichung: $y = -0,5e \cdot x + e$

Die Tangente t_g an K_g in $x = 2$ hat die Gleichung $y = -0,5e \cdot x + e$

Die parallele Tangente t_f an K_f entsteht durch Verschiebung (in x- oder y-Richtung). Bemerkung: Eine Gleichung ist nicht verlangt.

3.4 $f(x) = -0,5x + e^{-x}$

Ableitungen: $f'(x) = -0,5 - e^{-x}$; $f''(x) = e^{-x}$; $f'''(x) = -e^{-x}$

Wendepunkte: $f''(x) = 0 \land f'''(x) \neq 0$

Die Gleichung $f''(x) = 0 \Leftrightarrow e^{-x} = 0$ hat keine Lösung für $x \in \mathbb{R}$ $(e^{-x} > 0)$

also gibt es keinen Wendepunkt.

Bemerkung: $f''(x) > 0$ für alle $x \in \mathbb{R}$. K_f ist für alle $x \in \mathbb{R}$ linksgekrümmt.

3.5 A_1 ist z. B. die Differenz der Flächeninhalte, der von K_f und K_g im 1. Quadranten mit den Koordinatenachsen eingeschlossenen Flächen. Dazu benötigt man die Nullstellen x_1 von f und $x_2 = 2$ von g:

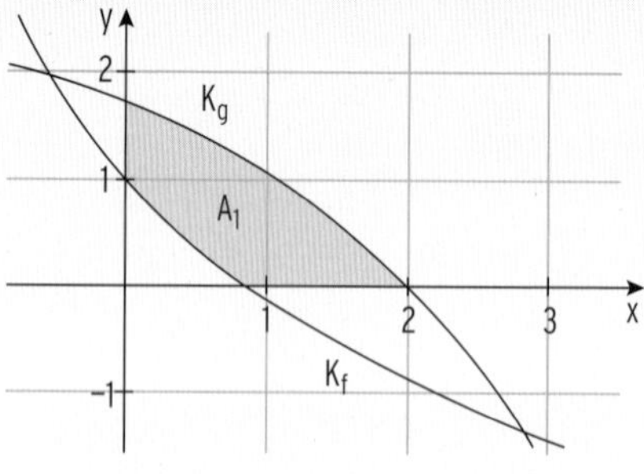

$A_1 = \int_0^{x_2} g(x)\,dx - \int_0^{x_1} f(x)\,dx$

Bemerkung: Nicht verlangt sind x_1 und eine Berechnung von A_1.

Lösungen Musteraufgabensatz 3

Aufgabe 3 **Seite 2/3**

Arbeitsblatt

Bitte legen Sie dieses Blatt Ihrer Prüfungsarbeit bei.

Im folgenden Koordinatensystem sehen Sie K_f und K_g.

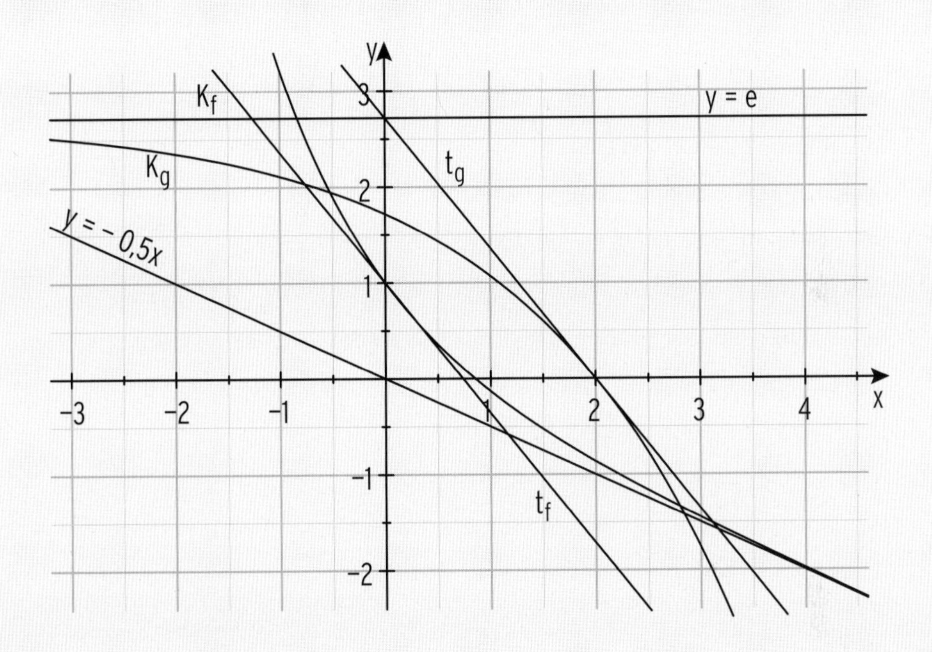

Zu 3.2:

Asymptote von K_f: $y = -0{,}5x$ für $x \to \infty$

Asymptote von K_g: $y = e$ für $x \to -\infty$

Bemerkungen: K_g hat eine waagerechte Asymptote, K_f hat ein schiefe Asymptote.

Zu 3.1 Skalierung der Achsen

Zu 3.3 Parallele Tangenten t_g und t_f

Lösungen Musteraufgabensatz 3

Aufgabe 3 - Teil 2 mit Hilfsmittel Seite 3/3

3.6 Das Schaubild von u hat die Amplitude 2, gehört also zu Schaubild C.

Das Schaubild von v hat die Periode $\frac{2\pi}{2} = \pi$ und die Mittellinie y = 0,5, gehört also zu Schaubild A.

Das Schaubild von w hat die Amplitude 4, und die Mittellinie y = 1, gehört also zu Schaubild B. Sinnvoller Ansatz mit Cosinus wegen HP auf der y-Achse.

Bestimmung von a, b, c und d.:

Das Schaubild von u (C) hat die Periode 4π ($a = \frac{2\pi}{4\pi} = \frac{1}{2}$) und hat die Mittellinie $y = -3$, also $b = -3$.

Das Schaubild von v (A) hat die Amplitude 1,5 und fällt im Wendepunkt W(0 | 0,5), also $c = -1{,}5$; K: $y = \sin(2x)$ ist an der x-Achse gespiegelt worden.

Das Schaubild von w (B) hat die Periode 5π, also $5\pi = \frac{2\pi}{d} \Rightarrow d = \frac{2}{5}$

Lösungen Musteraufgabensatz 3

Aufgabe 4 - Teil 2 mit Hilfsmittel Seite 1/2

4.1 Ansatz: $f(x) = a(x + 3)^2(x - 3)^2$ mit $f(0) = 3$: $a(0 + 3)^2 \cdot (0 - 3)^2 = 3 \Rightarrow a = \frac{1}{27}$

also $f(x) = \frac{1}{27}(x + 3)^2 \cdot (x - 3)^2$

Hinweise: $T_{1|2}(\pm 3 \mid 0)$ Tiefpunkte: $x_1 = 3$ und $x_2 = -3$ doppelte Nullstellen

wegen Symmetrie zur y-Achse; Hochpunkt auf der y-Achse

Ansatz: $f(x) = a\cos(bx) + c$

Kosinus-Ansatz wegen Symmetrie zur y-Achse, d. h. $S(0 \mid 3)$ ist Hochpunkt

Aus $T(3 \mid 0)$ ist Tiefpunkt folgt:

- Amplitude $\frac{3}{2}$, also $a = \frac{3}{2}$;
- Periode 6: Aus $p = \frac{2\pi}{b}$ folgt $6 = \frac{2\pi}{b} \Rightarrow b = \frac{\pi}{3}$
- Mittellinie $y = \frac{3}{2}$, also $c = \frac{3}{2}$

$\Rightarrow f(x) = \frac{3}{2}\cos(\frac{\pi}{3}x) + \frac{3}{2}$

4.2 $f(x) = -5 \cdot \sin(10x) + 15$

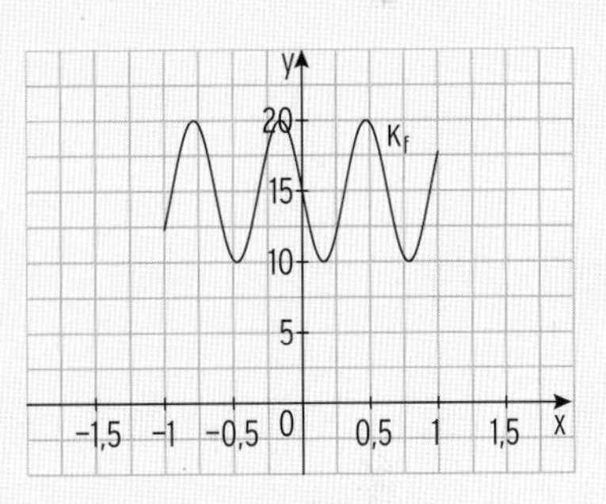

Ableitungen: $f'(x) = -50 \cdot \cos(10x)$;

$f''(x) = 500 \cdot \sin(10x)$; $f'''(x) = 5000 \cdot \cos(10x)$

Periodenlänge: $p = \frac{2\pi}{10} = \frac{1}{5}\pi$

Die Wendepunkte liegen auf der Mittellinie in einem Abstand von einer halben Periode ($= \frac{\pi}{10}$), bei einer Sinuskurve (nicht verschoben in x-Richtung) liegt ein WP auf der y-Achse: $W_1(0 \mid 15)$:

Weitere WP: $W_2(\frac{\pi}{10} \mid 15)$; $W_3(\frac{\pi}{5} \mid 15)$; $W_4(\frac{3\pi}{10} \mid 15)$ oder auch $W_5(-\frac{\pi}{10} \mid 15)$ wegen Symmetrie.

Tiefpunkt in $x = \frac{1}{20}\pi$ (nach $\frac{p}{4}$): $T(\frac{1}{20}\pi \mid 10)$; Amplitude $a = 5$

Hochpunkt in $x = \frac{3}{20}\pi$ (nach $\frac{3p}{4}$): $H(\frac{3}{20}\pi \mid 20)$; Amplitude $a = 5$

Hinweis: Eine Periode $p = \frac{1}{5}\pi$ unterteilt sich in 4 gleiche Teile:

WP $\frac{1}{20}\pi$ HP(oder TP) $\frac{1}{20}\pi$ WP $\frac{1}{20}\pi$ TP(oder HP) $\frac{1}{20}\pi$ WP

Lösungen Musteraufgabensatz 3

Aufgabe 4 - Teil 2 mit Hilfsmittel **Seite 2/2**

4.3 a) Falsch: K_f verläuft immer oberhalb der x-Achse; also $\int_0^{10} f(x)\,dx > 0$.

b) wahr: Bedingung für Wendestellen: $g''(x) = 0$

Da $g''(x) = f''(x) = 500 \cdot \sin(10x)$ (Der Term mx fällt ab der 2. Ableitung heraus.), haben f und g die gleichen Wendestellen.

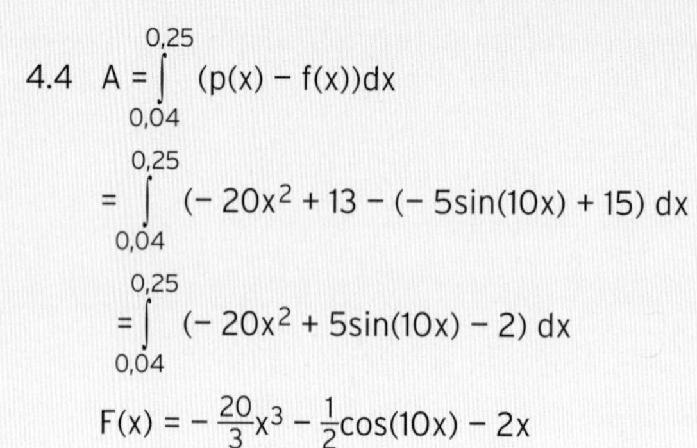

4.4 $A = \int_{0,04}^{0,25} (p(x) - f(x))dx$

$= \int_{0,04}^{0,25} (-20x^2 + 13 - (-5\sin(10x) + 15)\,dx$

$= \int_{0,04}^{0,25} (-20x^2 + 5\sin(10x) - 2)\,dx$

$F(x) = -\frac{20}{3}x^3 - \frac{1}{2}\cos(10x) - 2x$

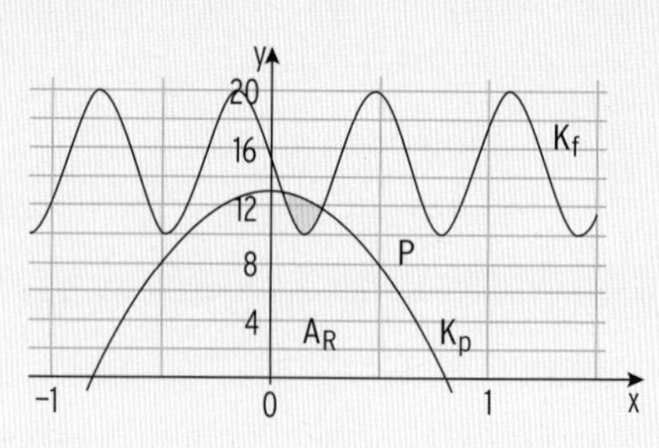

Fläche zwischen zwei Kurven

4.5 Rechtecksinhalt

$A(u) = 2u \cdot p(u) = 2u \cdot (-20u^2 + 13)$

$A(u) = -40u^3 + 26u;\ 0 < u \leq 0,6$

$A'(u) = -120u^2 + 26;\ A''(u) = -240u$

Bedingung: $A'(u) = 0$

$-120u^2 + 26 = 0$

$u^2 \approx 0,2167$

Lösung $(u > 0)$: $u \approx 0,465$

$A''(0,465) < 0$: $u \approx 0,465$ ist Maximalstelle

$A(0,5) = -40 \cdot \frac{1}{8} + 26 \cdot \frac{1}{2} = 8$

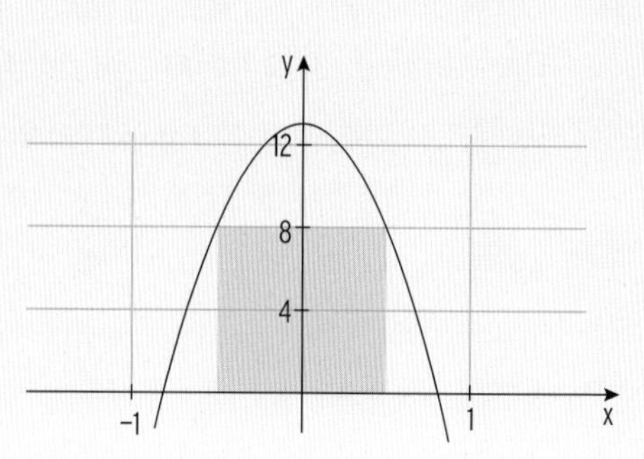

Lösungen Musteraufgabensatz 4 **Aufgaben Seite 92-97**

Aufgabe 1 - Teil 1 ohne Hilfsmittel **Seite 1/2**

1.1 $x = 0$ ist einfache Nullstelle: x ist Linearfaktor in $f(x)$

$x = 3$ ist doppelte Nullstelle: Faktor $(x - 3)^2$

$f(x)$ in Produktform: $f(x) = a \cdot x \cdot (x - 3)^2$

Punktprobe mit $P(1 \mid 2)$: $2 = a \cdot 1 \cdot (1 - 3)^2 \Rightarrow a = \frac{1}{2}$

Man erhält: $f(x) = \frac{1}{2} \cdot x \cdot (x - 3)^2$

1.2 K_f: $f(x) = x^4 - 4x^2$

Bedingung: $f(x) = 0$ $\quad x^4 - 4x^2 = 0 \quad \Leftrightarrow \quad x^2 \cdot (x^2 - 4) = 0$

Satz vom Nullprodukt: $\quad x^2 = 0 \quad \vee \quad x^2 - 4 = 0$

$x^2 = 4$

Lösungen: $\quad x_{1|2} = 0;\ x_3 = 2;\ x_4 = -2$

Schnittpunkte mit x-Achse: $N_{1|2}(0 \mid 0)$; $N_3(-2 \mid 0)$; $N_4(2 \mid 0)$

1.3 Für $x \to \infty$ gilt $g_2(x) \to -\infty$; g_2 passt also nicht zum Schaubild

Oder: Das Schaubild von g_2 hat eine waagrechte Asymptote ($y = a$)

für $x \to -\infty$.

Das Schaubild von g_1 hat eine waagrechte Asymptote ($y = a$) für $x \to \infty$.

Das dargestellte Schaubild nähert sich für $x \to \infty$ dem Wert $\frac{3}{2}$, also ist $a = \frac{3}{2}$.

Punktprobe mit $S_y(0 \mid -\frac{1}{2})$ folgt $\quad g_1(0) = \frac{3}{2} - b = -\frac{1}{2} \quad \Rightarrow \quad b = 2$

Die Funktion g_1 mit $g_1(x) = \frac{3}{2} - 2e^{-2x}$ passt zu dem gezeigten Schaubild.

1.4 $g(x) = 7\cos(6x)$

a) Streckung mit Faktor 2 in y-Richtung: $\quad g_1(x) = 2 \cdot g(x) = 14\cos(6x)$

b) Spiegelung an der x-Achse: $g_2(x) = -g(x) = -7\cos(6x)$

1.5 LGS in Matrixform:

$$\left(\begin{array}{ccc|c} 1 & 4 & 1 & 2 \\ 1 & 2 & 1 & 2 \\ 2 & 3 & 2 & 4 \end{array}\right) \sim \left(\begin{array}{ccc|c} 1 & 4 & 1 & 2 \\ 0 & 2 & 0 & 0 \\ 0 & 5 & 0 & 0 \end{array}\right) \sim \left(\begin{array}{ccc|c} 1 & 4 & 1 & 2 \\ 0 & 2 & 0 & 0 \\ 0 & 0 & 0 & 0 \end{array}\right)$$

Nullzeile, somit ist das LGS ist mehrdeutig lösbar;

$x_2 = 0$; $x_3 = r$ frei wählbar

Lösungen Musteraufgabensatz 4

Aufgabe 1 - Teil 1 ohne Hilfsmittel **Seite 2/2**

1.6 Bedingung für parallel (Gleiche Steigung): $f'(x) = g'(x) \Leftrightarrow f'(x) = -3$

Mit $f'(x) = 3x^2 - 12x + 9$ löst man die Gleichung

$3x^2 - 12x + 9 = -3 \Leftrightarrow 3x^2 - 12x + 12 = 0 \Leftrightarrow x^2 - 4x + 4 = 0$

Lösungsformel liefert $x = 2$ als einzige Lösung.

Alternative: Die Geichung $f(x) = g(x)$ liefert $x = 2$ als doppelte Lösung. Somit muss hier die Berührstelle vorliegen.

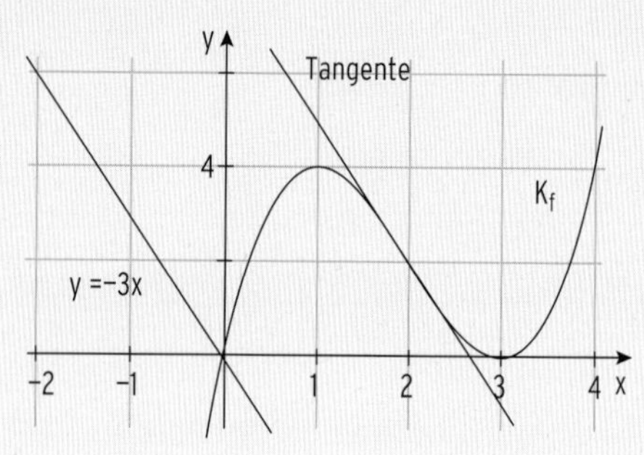

1.7 $f(x) = -\frac{4}{3}\cos(2x) - 3;$

Ableitung: $f'(x) = \frac{4}{3}\sin(2x) \cdot 2 = \frac{8}{3}\sin(2x)$

1.8 $f(x) = 4e^{2x} - 2$

Stammfunktion:	$F(x) = 2e^{2x} - 2x + c$
Bedingung für c: $F(0,5) = -1$:	$F(0,5) = 2e^1 - 1 + c = -1 \Leftrightarrow c = -2e$
Gesuchte Stammfunktion:	$F(x) = 2e^{2x} - 2x - 2e$

Lösungen Musteraufgabensatz 4

Aufgabe 2 - Teil 2 mit Hilfsmittel Seite 1/2

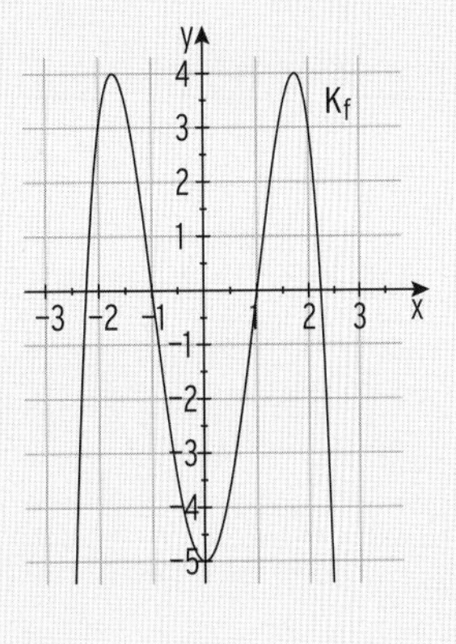

2.1 K_f: $f(x) = -x^4 + 6x^2 - 5$

$f'(x) = -4x^3 + 12x$; $f''(x) = -12x^2 + 12$; $f'''(x) = -24x$

Bedingung für Extremstellen:

$f'(x) = 0 \wedge f''(x) \neq 0$

$f'(x) = 0$ $\quad -4x\,(x^2 - 3) = 0$ (Ausklammern)

Satz vom Nullprodukt ergibt: $x_1 = 0 \vee x^2 = 3$

$x_1 = 0$; $x_{2|3} = \pm\sqrt{3}$

$f''(0) = 12 > 0 \Rightarrow x_1 = 0$ ist Minimalstelle.

$f''(\pm\sqrt{3}) = -24 < 0 \Rightarrow x_{2|3} = \pm\sqrt{3}$ sind Maximalstellen

K_f ist steigend für $x < -\sqrt{3}$ bzw. für $0 < x < \sqrt{3}$

Bedingung für Wendepunkte: $f''(x) = 0 \wedge f'''(x) \neq 0$

$f''(x) = 0$ $\quad -12x^2 + 12 = 0 \Leftrightarrow x^2 = 1 \Leftrightarrow x_{1|2} = \pm 1$

Mit $f'''(1) = -24 \neq 0$ und $f'''(-1) = 24 \neq 0$ sind $x_{1|2} = \pm 1$ Wendestellen.

Mit $f''(0) = 12 > 0$ ist K_f für $x < -1$ bzw. für $x > 1$ rechtsgekrümmt.

2.2 Wendetangente:

Steigung in W_2: $f'(1) = 8$;

Wendepunkte: $W_{1|2}\,(\pm 1 \mid 0)$

Punktprobe mit $W_1\,(1 \mid 0)$:

$0 = 8 \cdot 1 + b \Leftrightarrow b = -8$

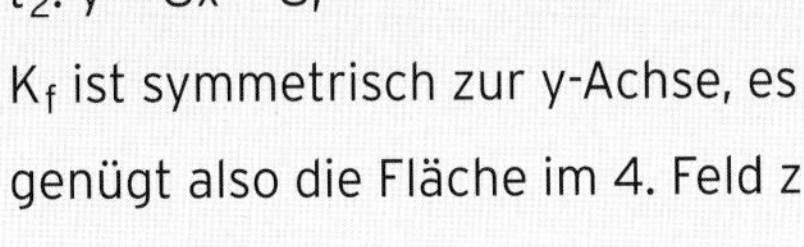

t_2: $y = 8x - 8$;

K_f ist symmetrisch zur y-Achse, es genügt also die Fläche im 4. Feld zu berechnen:

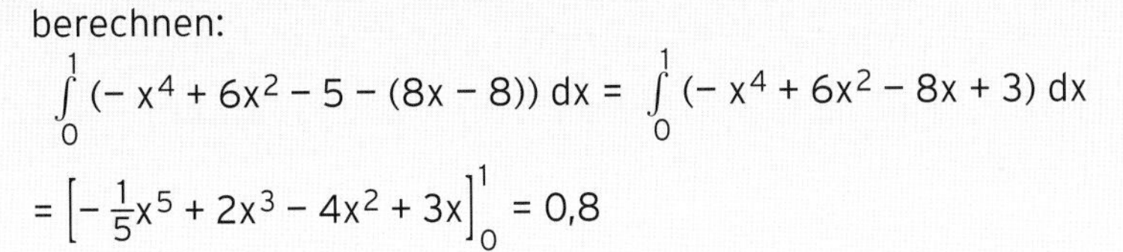

$$\int_0^1 (-x^4 + 6x^2 - 5 - (8x - 8))\,dx = \int_0^1 (-x^4 + 6x^2 - 8x + 3)\,dx$$

$$= \left[-\tfrac{1}{5}x^5 + 2x^3 - 4x^2 + 3x\right]_0^1 = 0{,}8$$

Inhalt der Fläche zwischen K_f, t_1 und t_2: $A = 2 \cdot 0{,}8 = 1{,}6$

Lösungen Musteraufgabensatz 4

Aufgabe 2 - Teil 2 mit Hilfsmittel **Seite 2/2**

2.2 Alternative: Dreiecksfläche $A_{\Delta} = \frac{1}{2} \cdot 2 \cdot 8 = 8$

Fläche zwischen K_f und der x-Achse:

$A_1 = -\int_0^1 -x^4 + 6x^2 - 5\,dx = -\left[-\frac{1}{5}x^5 + 2x^3 - 5x\right]_0^1 = 6{,}4$

Inhalt der Fläche zwischen K_f, t_1 und t_2: $A = 8 - 6{,}4 = 1{,}6$

2.3 a) falsch, da $g(-2) = -1{,}5 \neq 1{,}5$

b) falsch, da $g'(-1) = 4 \neq 0$

c) wahr, da $g'(2) = -4$ die Steigung der Tangente an K_g an der Stelle $x = 2$ angibt und somit die zugehörige Senkrechte die Steigung $0{,}25 = -\frac{1}{-4}$ hat (m_N = negativer Kehrwert von m_T).

d) wahr, da $g'(0) = 0 \wedge g''(0) = -6 < 0$

2.4 Es ist $h(0) = b - 1$ und $b > 0$, also folgt $h(0) > -1$.

Damit sind die Abbildungen 2 und 3 nicht möglich.

K_h hat eine schiefe Asymptote mit der Gleichung $y = -ax + b$, an die sich K_h für $x \to \infty$ annähert.

Dies ist bei der Abbildung 2 bis 4 nicht der Fall.

Somit bleibt nur noch Abbildung 1 als mögliches Schaubild von h übrig.

Die Ableitungsfunktion h' muss an der Extremstelle von h ($x \approx -2{,}3$) eine einfache Nullstelle haben.

Dies bedeutet: Abbildung 2 ist das Schaubild von h'.

Eine Stammfunktion H muss an den Nullstellen von h ($x_1 \approx -4{,}2$ und $x_2 \approx 0{,}9$) Extremstellen haben.

Dies bedeutet: Abbildung 3 ist das Schaubild einer Stammfunktion von h.

Lösungen Musteraufgabensatz 4

Aufgabe 3 - Teil 2 mit Hilfsmittel Seite 1/2

3.1 Hochpunkt

Ableitungen:

$f'(x) = -0{,}5\,e^{0{,}5x} + 0{,}5e^{-0{,}5x}$

$f''(x) = -0{,}25\,e^{0{,}5x} - 0{,}25e^{-0{,}5x}$

Bedingung: $f'(x) = 0$

$-0{,}5\,e^{0{,}5x} + 0{,}5e^{-0{,}5x} = 0$

$\Leftrightarrow\; e^{-0{,}5x} = e^{0{,}5x}$

Logarithmieren: $-0{,}5x = 0{,}5x$

Lösung: $x = 0$

$f''(0) = -0{,}5 < 0$, also Maximalstelle

Mit $f(0) = 2$ erhält man: $H(0 \mid 2)$

Symmetrie zur y-Achse

Bedingung: $f(-x) = f(x)$

Nachweis: $f(-x) = 4 - e^{0{,}5(-x)} - e^{-0{,}5(-x)} = 4 - e^{-0{,}5x} - e^{0{,}5x} = f(x)$

oder auch an einem Beispiel $f(-1) = f(1)$ und $f(-2) = f(2)$

3.2 Krümmungsverhalten

Ableitungen: $f'(x) = -0{,}5e^{0{,}5x} + 0{,}5e^{-0{,}5x}$; $f''(x) = -0{,}25e^{0{,}5x} - 0{,}25e^{-0{,}5x}$

Wegen $e^{0{,}5x} > 0 \wedge e^{-0{,}5x} > 0$ gilt: $f''(x) < 0$ für alle $x \in \mathbb{R}$

d. h. das Schaubild K_f ist für alle $x \in \mathbb{R}$ rechtsgekrümmt.

3.3 $y = \cos(x)$

Verschiebung um 1 nach oben:

$y = \cos(x) + 1$

Streckung in x-Richtung mit Faktor $\frac{4}{\pi}$:

$y = \cos(\frac{\pi}{4}x) + 1$

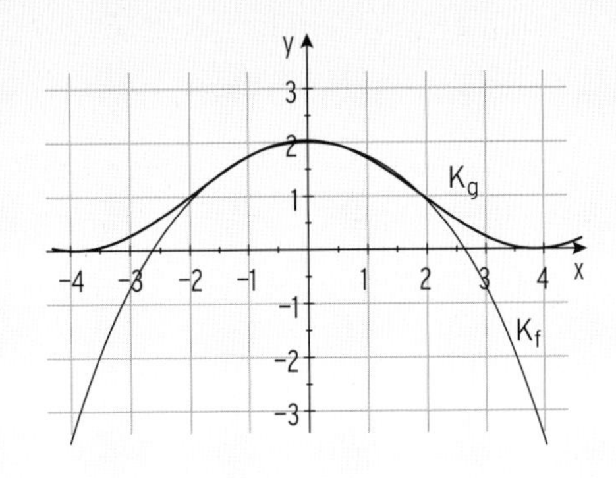

Lösungen Musteraufgabensatz 4

Aufgabe 3 - Teil 2 mit Hilfsmittel **Seite 2/2**

3.4 Bedngung: $\cos(\frac{\pi}{4}x) + 1 = 1{,}5$

$\Leftrightarrow \cos(\frac{\pi}{4}x) = 0{,}5$

Aus der Merkhilfe:

$\frac{\pi}{4}x = \frac{\pi}{3} \Rightarrow x_1 = \frac{4}{3}$

Wegen der Symmetrie von K_g

zur y-Achse: $x_2 = -\frac{4}{3}$

oder mithilfe der Periode $p = \frac{2\pi}{\frac{\pi}{4}} = 8$:

$x_2 = \frac{4}{3} + 8 = \frac{28}{3}$

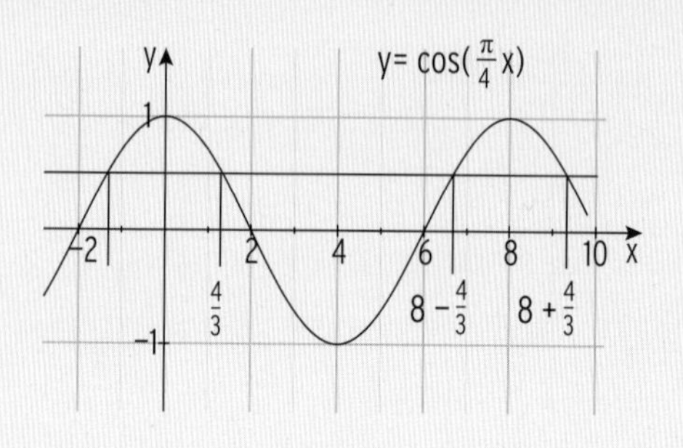

3.5 a) wahr, K_f und K_g sind symmetrisch zur y-Achse, also auch das Schaubild der Differenzfunktion.

b) Falsch, da z. B. $d(2) < 0$ oder $d(0) = 0$

c) Falsch

Das Integral hat einen negativen Wert, da das Schaubild von d in diesem Bereich unterhalb der x-Achse verläuft.

d) wahr, Gleichsetzen ergibt: $d(x) = f(x) \Leftrightarrow f(x) - g(x) = f(x) \Leftrightarrow g(x) = 0$

g ist eine periodische Funktion und berührt die x-Achse unendlich oft. Damit berühren sich die Schaubilder von d und f unendlich oft.

Es genügt zu sagen: g ist eine periodische Funktion, somit hat K_g unendlich viele gemeinsame Punkte mit der x-Achse. Also haben die Schaubilder von d und f unendlich viele gemeinsame Punkte.

Lösungen Musteraufgabensatz 4

Aufgabe 4 - Teil 2 mit Hilfsmittel Seite 1/2

4.1 Aus der Abbildung: Amplitude 2, also $a = 2$

Periode $p = 4 \Rightarrow k = \frac{2\pi}{4} = \frac{\pi}{2}$

Eine Verschiebung nach oben um 2 und um 1 nach links genügt den Anforderungen: $g^*(x) = 2\sin(\frac{\pi}{2}(x + 1)) + 2$ oder $g^*(x) = 2\cos(\frac{\pi}{2}x) + 2$

Bemerkung: $H(1 \mid 2)$ wird auf die y-Achse verschoben, also wählt man den Kosinus-Ansatz für den Funktionsterm.

weitere Möglichkeit: $g^*(x) = 2\sin(\frac{\pi}{2}(x - 3)) + 2$

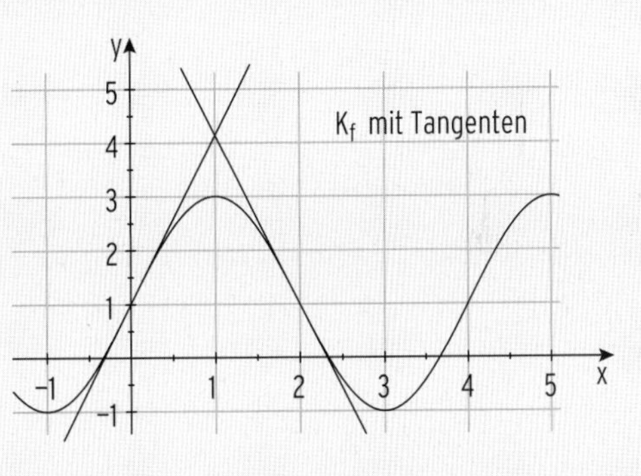

4.2 $f(x) = 2\sin(\frac{\pi}{2}x) + 1$

Ableitungen:

$f'(x) = \pi \cdot \cos(\frac{\pi}{2}x)$; $f''(x) = -\frac{\pi^2}{2} \cdot \sin(\frac{\pi}{2}x)$

$f'''(x) = -\frac{\pi^3}{4} \cdot \cos(\frac{\pi}{2}x)$

$W_1(0 \mid 1)$ ist Wendepunkt,

da $f(0) = 1$ w. A.; $f''(0) = 0$ w. A. und

$f'''(0) \neq 0$ w. A.

$W_2(2 \mid 1)$ ist ein weiterer Wendepunkt, da f die Periode $p = 4$ hat.

Alternativ ohne Verwendung von Ableitungen:

Die Wendestellen von f liegen auf der Mittellinie, im Abstand einer halben Periode ($p = 4$), also sind $W_1(0 \mid 1)$ und $W_2(2 \mid 1)$ Wendepunkte.

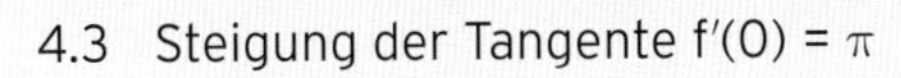

4.3 Steigung der Tangente $f'(0) = \pi$

Tangente t_1 mit Steigung π durch $(0 \mid 1)$: $t_1(x) = \pi x + 1$

Tangente t_2 mit Steigung $f'(2) = -\pi$ durch $(2 \mid 1)$: $t_2(x) = -\pi(x - 2) + 1$

(Punkt-Steigungsform) $t_2(x) = -\pi x + 2\pi + 1$

oder durch Punktprobe mit $(2 \mid 1)$ in $y = -\pi x + b$: $1 = -\pi \cdot 2 + b \Rightarrow b = 2\pi + 1$

Tangente t_2 mit $y = -\pi x + 2\pi + 1$

Alternativ: Die Gerade mit $y = t_2(x) = -\pi x + 2\pi + 1$ ist Tangente an K_f an der Stelle $x_2 = 2$, da $m = f'(2) = -\pi$ und $(2 \mid 1)$ liegt auf K_f und auf der Geraden: $f(2) = t_2(2) = 1$

Lösungen Musteraufgabensatz 4

Aufgabe 4 - Teil 2 mit Hilfsmittel **Seite 2/2**

4.4 Die Fläche ist symmetrisch zur Geraden x = 1.

$\int_0^1 (t_1(x) - f(x))\,dx = \int_0^1 (\pi x + 1 - (2\sin(\frac{\pi}{2}x) + 1))dx = \int_0^1 (\pi x - 2\sin(\frac{\pi}{2}x))dx$

$= \left[\frac{\pi}{2}x^2 + \frac{4}{\pi}\cos(\frac{\pi}{2}x)\right]_0^1 = \frac{\pi}{2} - \frac{4}{\pi}$

Flächeninhalt: $A = 2\cdot(\frac{\pi}{2} - \frac{4}{\pi}) = \pi - \frac{8}{\pi}$

Alternativ:

Dreiecksfläche:

$A_\Delta = \frac{1}{2}\cdot 2\cdot(\pi + 1 - 1) = \pi$

(Die Tangenten schneiden sich in x = 1: S(1 | π + 1)).

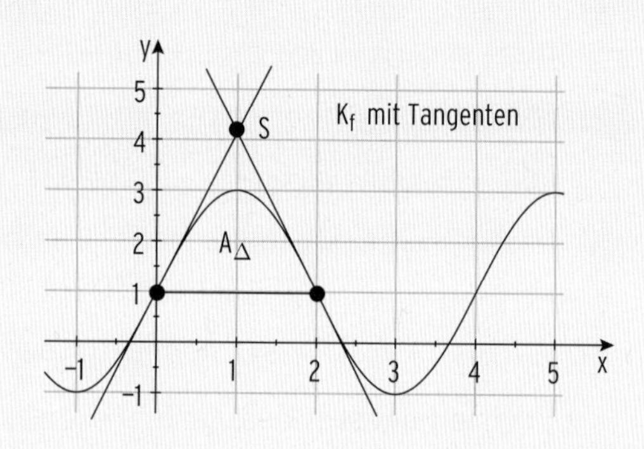

$\int_0^2 (f(x) - 1)\,dx = \int_0^2 2\sin(\frac{\pi}{2}x)\,dx$

$= \left[-\frac{4}{\pi}\cos(\frac{\pi}{2}x)\right]_0^2 = \frac{4}{\pi} + \frac{4}{\pi} = \frac{8}{\pi}$

Flächeninhalt: $A = \pi - \frac{8}{\pi}$

4.5 Parabel mit $p(x) = 2x^2 - 12x + 17$

Scheitel als Tiefpunkt: $p'(x) = 4x - 12 = 0 \Leftrightarrow x = 3$ einzige Lösung,

also Scheitel S(3 | p(3)) = S(3 | − 1).

Punktprobe: $f(3) = 2\sin(\frac{\pi}{2}\cdot 3) + 1 = -1$; d. h. S ist ein Punkt auf K_f

Lösungen Musteraufgabensatz 5 **Aufgaben Seite 98 - 103**

Aufgabe 1 - Teil 1 ohne Hilfsmittel **Seite 1/2**

1.1 Ansatz mit Linearfaktoren (Nullstellenansatz): $f(x) = a\cdot(x + 2)\cdot(x - 4)^2$

$x = -2$ ist einfache Nullstelle, $x = 4$ ist doppelte Nullstelle von f

Punktprobe mit $P(0 \mid -2)$: $-2 = a \cdot 2 \cdot (-4)^2 \Rightarrow a = -\frac{1}{16}$

Funktionsterm: $f(x) = -\frac{1}{16}\cdot(x + 2)\cdot(x - 4)^2$

1.2 Gleichung $3e^x - e^{2x} = 2$

Nullform: $3e^x - e^{2x} - 2 = 0$

Substitution: $u = e^x$ $3u - u^2 - 2 = 0$ bzw. $u^2 - 3u + 2 = 0$

Lösung z. B. mit Formel: $u_1 = 1$; $u_2 = 2$

Rücksubstitution: $u_1 = e^x = 1 \Rightarrow x_1 = 0$

$u_2 = e^x = 2 \Rightarrow x_2 = \ln(2)$

1.3 $g(x) = 6\sin(4x) + 8$

a) Verschiebung um 3 nach oben: $g_1(x) = g(x) + 3 = 6\sin(4x) + 11$

b) Streckung mit Faktor 1,5 in x-Richtung: $g_2(x) = g(\frac{1}{1{,}5}x) = 6\sin(\frac{8}{3}x) + 8$

(Die Periode vergrößert sich mit Faktor 1,5.)

1.4 LGS in Matrixform:

$$\left(\begin{array}{ccc|c} 1 & 2 & 1 & 8 \\ 1 & 4 & 1 & 10 \\ 1 & 1 & 1 & 3 \end{array}\right) \sim \left(\begin{array}{ccc|c} 1 & 2 & 1 & 8 \\ 0 & 2 & 0 & 2 \\ 0 & -1 & 0 & -5 \end{array}\right) \sim \left(\begin{array}{ccc|c} 1 & 2 & 1 & 8 \\ 0 & 2 & 0 & 2 \\ 0 & 0 & 0 & -8 \end{array}\right)$$

Das LGS ist unlösbar.

Alternativ: Die zweite Zeile liefert $x_2 = 1$ die dritte Zeile jedoch $x_2 = 5$.

Aus diesem Widerspruch folgt: Das LGS ist unlösbar.

Lösungen Musteraufgabensatz 5

Aufgabe 1 - Teil 1 ohne Hilfsmittel **Seite 2/2**

1.5 Ansatz für eine ganzrationale Funktion 3. Grades: $f(x) = ax^3 + bx^2 + cx + d$

Aufgrund der 4 Unbekannten sind 4 mathematische Bedingungen nötig.

	Mathematische Bedingungen
Punkt H:	$f(1) = 3$
Waagrechte Tangente:	$f'(1) = 0$
Wendestelle x = 2:	$f''(2) = 0$
Steigung der Tangente in W:	$f'(2) = -1{,}5$

1.6 Schaubild einer Funktion h und deren Ableitungsfunktion h′

Zusammenhang:

Extremstellen von h = Nullstellen von h′;

Wendestellen von h = Extremstellen von h′

h wachsend ⇒ $h'(x) \geq 0$

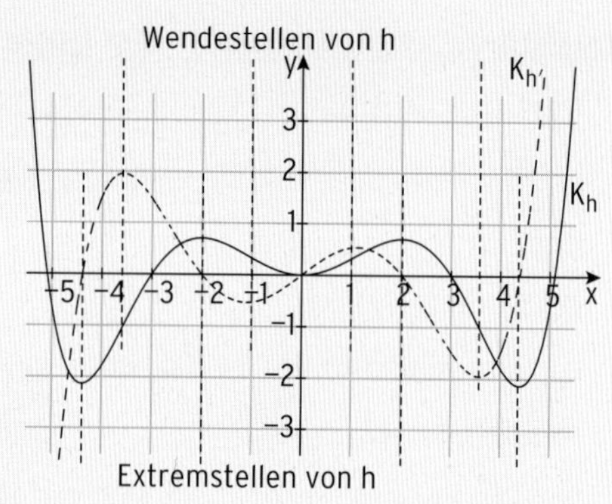

1.7 $\int_{-1}^{1} (2x - x^2)dx = \left[x^2 - \frac{1}{3}x^3\right]_{-1}^{1} = \frac{2}{3} - \frac{4}{3} = -\frac{2}{3}$

1.8 $\int_{-\pi}^{\pi} \sin(x)\, dx = 0$

Skizze von K_h: $h(x) = \sin(x)$

Durch den Ansatz werden die Inhalte der beiden Teilflächen, welche unter- bzw. oberhalb der x-Achse liegen, miteinander verrechnet.

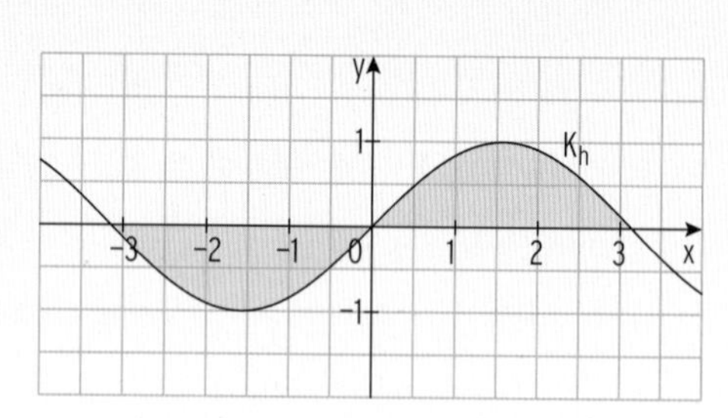

Da die Inhalte gleich groß sind hat das Integral den Wert 0.

Lösungen Musteraufgabensatz 5

Aufgabe 2 - Teil 2 mit Hilfsmittel Seite 1/2

2.1 Extrempunkte:

$f(x) = -\frac{1}{4}x^4 + x^2$

$f'(x) = -x^3 + 2x;\ f''(x) = -3x^2 + 2$

Bedingung für Extrempunkte:

$f'(x) = 0 \wedge f''(x) \neq 0$

Nachweis:

$f'(-\sqrt{2}) = 0 \wedge f''(-\sqrt{2}) = -4 \neq 0$

$f'(0) = 0 \wedge f''(0) = 2 \neq 0$

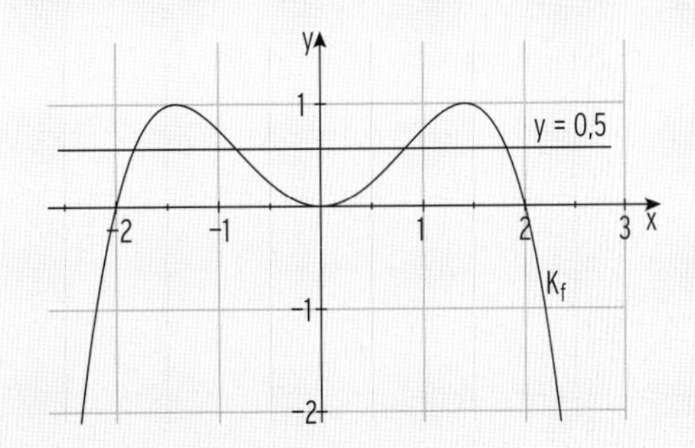

Da im Funktionsterm nur gerade Hochzahlen vorkommen, ist K_f symmetrisch zur y-Achse. Somit befindet sich bei $x_3 = \sqrt{2}$ der weitere Extrempunkt. Mit $f(\sqrt{2}) = 1$ hat dieser die Koordinaten $E_3(\sqrt{2} \mid 1)$.

2.2 Bedingung für die Stellen mit Krümmungswechsel (Wendestellen):

$f''(x) = 0 \qquad -3x^2 + 2 = 0 \Leftrightarrow x^2 = \frac{2}{3} \Leftrightarrow x_{1|2} = \pm\sqrt{\frac{2}{3}}$

Ferner gilt: $f''(-1) = -1 < 0;\ f''(0) = 2 > 0;\ f''(1) = -1 < 0$ (VZW von $f''(x)$)

Folglich sind $x_4 = -\sqrt{\frac{2}{3}}$ und $x_5 = \sqrt{\frac{2}{3}}$ die Grenzen des Intervalls, in dem K_f linksgekrümmt ist.

Alternative: Linkskrümmung für $f''(x) > 0$

Bei x_4 und x_5 wechselt $f''(x)$ das Vorzeichen (einfache Nullstellen von f''),

Mit $f''(0) = 2 > 0$ gilt: Auf $\left[-\sqrt{\frac{2}{3}};\ \sqrt{\frac{2}{3}}\right]$ ist $f''(x) \geq 0$, also K_f linksgekrümmt.

K_f besitzt einen Tiefpunkt mit der Ordinate 0 (y-Koordinate) und Hochpunkte mit der Ordinate 1, folglich schneidet die Gerade mit $y = c$ das Schaubild K_f in vier Punkten, wenn $0 < c < 1$ ist.

K_f besitzt Hochpunkte mit der Ordinate 1 (y-Wert 1), folglich muss K_f mit dem Faktor 4 in y-Richtung gestreckt werden.

Veränderter Funktionsterm:

$f_{neu}(x) = 4 \cdot f(x) = 4 \cdot (-\frac{1}{4}x^4 + x^2) = -x^4 + 4x^2;\ x \in \mathbb{R}$

Lösungen Musteraufgabensatz 5

Aufgabe 2 - Teil 2 mit Hilfsmittel Seite 2/2

2.3 Mögliche Gerade: $y = \frac{1}{5}x$

Bemerkung: Die Steigung der Geraden muss zwischen 0 und etwa 0,33 liegen. $y = 0{,}33x$ ist die Tangente an K_g durch den Ursprung.

2.4 K_g: $g(x) = 2 - 5e^{-0,5x}$; $g'(x) = 2{,}5e^{-0,5x}$

Bedingung: $g'(x) = 1$ (Parallel bedeutet gleiche Steigung.)

Berechnung: $2{,}5e^{-0,5x} = 1 \Leftrightarrow e^{-0,5x} = 0{,}4 \Leftrightarrow x = -2\ln(0{,}4)$

Mit $g(-2\ln(0{,}4)) = 2 - 5e^{-0,5\cdot(-2\ln(0,4))} = 0$ $(e^{\ln(0,4)} = 0{,}4)$

erhält man den Berührpunkt $B(-2\ln(0{,}4) \mid 0)$

Gleichung der Tangente (z. B. mit der PSF): $y = x + 2\ln(0{,}4)$

oder Punktprobe mit $B(-2\ln(0{,}4) \mid 0)$ in $y = x + b$: $0 = -2\ln(0{,}4) + b$

ergibt $b = 2\ln(0{,}4)$ und damit $y = x + 2\ln(0{,}4)$

Hinweis: Die Rechnung lässt sich auch durchführen mit gerundeten Werten (B(1,83 | 0).

2.5 Einzige Nullstelle: $x = -2\ln(0{,}4) \approx 1{,}83$

$$\int_0^{1,83} (-g(x))\,dx = \int_0^{1,83} (-(2 - 5e^{-0,5x}))\,dx = \left[-2x + \frac{5}{-0{,}5}e^{-0,5x}\right]_0^{1,83} \approx 2{,}33$$

Der Inhalt der Fläche zwischen K_g und den Koordinatenachsen beträgt etwa 2,33.

2.6 Da über die Nullstelle bei $x \approx 1{,}83$ "hinwegintegriert" wird, werden die Inhalte der Flächen zwischen K_g und der x-Achse miteinander verrechnet. Die Inhalte ober- und unterhalb der x-Achse sind gleich groß, somit hat das Integral den Wert 0.

Lösungen Musteraufgabensatz 5

Aufgabe 3 - Teil 2 mit Hilfsmittel Seite 1/2

3.1 Bemerkung: Verlangt ist eine Darstellung von einzelnen 7 Punkten in einem Koordinatensystem. Verbinden der Punkte ist Unsinn.

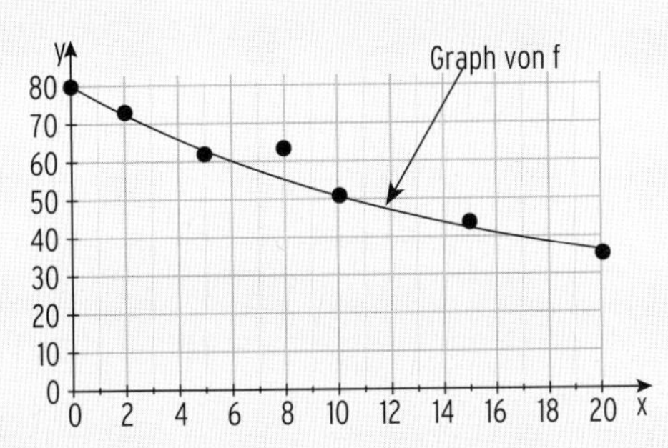

Der Wert für t = 8 Minuten mit 65 °C ist falsch, denn sonst hätte sich der Kaffee zwischen der 5. und 8. Minute nicht abgekühlt, sondern erwärmt und anschließend wieder schneller abgekühlt als zu einem anderen Zeitpunkt.

3.2 $\frac{f(5) - f(0)}{5 - 0} = \frac{63 - 80}{5} = -3{,}4$

Innerhalb der ersten 5 Minuten hat sich der Kaffee durchschnittlich um 3,4 °C je Minute abgekühlt (Minuswert bedeutet Abkühlung).

$\frac{f(20) - f(15)}{20 - 15} = \frac{36 - 44}{5} = -1{,}6$

Innerhalb der letzten 5 Minuten hat sich der Kaffee durchschnittlich um 1,6 °C je Minute abgekühlt.

3.3 Die Funktion f beschreibt den Abkühlvorgang, denn

- die Messdaten streuen nur gering um die Funktionswerte von f z. B.: $f(0) = 80$; $f(5) \approx 62{,}9$; $f(20) \approx 36{,}3$
- Für $t \to \infty$ gilt $f(t) \to 22$, d. h. langfristig nimmt der Kaffee die Zimmertemperatur an (Das Schaubild von f hat die Asymptote mit y = 22).

3.4 Ansatz: $f(t) = 58$

$58e^{-0{,}07t} + 22 = 58$

$e^{-0{,}07t} = 0{,}62$

$-0{,}07t = \ln(0{,}62) \Rightarrow t \approx 6{,}83$

Die Temperatur von 58 °C wird in knapp 7 Minuten erreicht.

Hinweis: Rechnet man mit ungerundeten Werten, ergibt sich $t \approx 6{,}81$.

Lösungen Musteraufgabensatz 5

Aufgabe 3 - Teil 2 mit Hilfsmittel Seite 2/2

3.5 $f(t) = 58e^{-0,07t} + 22$; $f'(t) = 58 \cdot (-0,07)\, e^{-0,07t} = -4,06\, e^{-0,07t} = g(t)$

g mit $g(t) = -4,06e^{-0,07t}$; $t \geq 0$ beschreibt also die momentane Änderungsrate

$$\int_0^5 g(t)\,dt = \int_0^5 -4,06e^{-0,07t}\,dt = \left[-\frac{4,06}{-0,07}\,e^{-0,07t}\right]_0^5 = -17,1$$

In den ersten 5 Minuten hat die Temperatur um ca. 17,1°C abgenommen.

Bemerkung: $\int_0^5 g(t)\,dt = f(5) - f(0) = 62,9 - 80 = -17,1$

f ist eine Stammfunktion von g.

3.6 Eine ganzrationale Funktion mit zwei Tiefpunkten hat mindestens Grad 4.

Ansatz: $h(x) = ax^4 + bx^3 + cx^2 + dx + e$

Benötigte Ableitung: $h'(x) = 4ax^3 + 3bx^2 + 2cx + d$

Bedingungen und LGS für a, b, c, d und e:

$h(-1) = -2$	$a - b + c - d + e = -2$
$h'(-1) = 0$	$-4a + 3b - 2c + d = 0$
$h(3) = -2$	$81a + 27b + 9c + 3d + e = -2$
$h'(3) = 0$	$108a + 27b + 6c + d = 0$
$h(1) = 4$	$a + b + c + d + e = 4$

3.7 Ansatz: $i(x) = a \cdot \sin(b \cdot x) + c$

(Kein Extrempunkt auf der y-Achse, daher sin-Ansatz.)

Die Hälfte der Ordinatendifferenz von Hoch- und Tiefpunkt ist die Amplitude:

$$a = \frac{\text{Maximum} - \text{Minimum}}{2} = \frac{4 - (-2)}{2} = 3$$

Die Periodenlänge beträgt $p = x_{TP_2} - x_{TP_1} = 3 - (-1) = 4$

Aus $p = \frac{2\pi}{b}$ folgt $b = \frac{2\pi}{\text{Periodenlänge}} = \frac{2\pi}{4} = \frac{\pi}{2}$

Der Mittelwert der Ordinaten des Hoch- und des Tiefpunktes beträgt 1

$\Rightarrow c = 1$; $c = \frac{\text{Maximum} + \text{Minimum}}{2} = \frac{4 - 2}{2} = 1$ (Verschiebung in y-Richtung; Mittellinie y = 1)

Funktionsterm $i(x) = 3 \cdot \sin(\frac{\pi}{2} \cdot x) + 1$

Lösungen Musteraufgabensatz 5

Aufgabe 4 - Teil 2 mit Hilfsmittel Seite 1/2

4.1 a) Aussage falsch: Aus dem Schaubild ergibt sich $f'(1) = 3$
Deshalb ist die Steigung von K_f an der Stelle $x = 1$ positiv

b) Aussage wahr: Da $K_{f'}$ zwei Extrempunkte besitzt, besitzt K_f zwei Wendepunkte

c) Aussage falsch: f' hat an der Stelle $x = 0$ zwar eine Nullstelle, aber auch einen VZW von Minus nach Plus. Deshalb besitzt K_f an dieser Stelle einen Tiefpunkt.

4.2 K_g: $g(x) = \frac{1}{5}x^3 - \frac{16}{5}x$

Da im Funktionsterm von g nur ungerade Exponenten von x vorkommen, liegt eine Symmetrie zum Ursprung vor.

Extremstellen:

Ableitungen: $g'(x) = \frac{3}{5}x^2 - \frac{16}{5}$; $g''(x) = \frac{6}{5}x$; $g'''(x) = \frac{6}{5}$

Bedingung: $g'(x) = 0$ $\quad \frac{3}{5}x^2 - \frac{16}{5} = 0 \Rightarrow = x^2 = \frac{16}{3}$

Extremstellen: $x_{1|2} = \pm\sqrt{\frac{16}{3}}$

Mit $g'(0) = -\frac{16}{5} < 0$ gilt: K_g ist fallend von $-\sqrt{\frac{16}{3}}$ bis $\sqrt{\frac{16}{3}}$.

Wendepunkt

Bedingung: $g''(x) = 0$ $\quad \frac{6}{5}x = 0$

Lösung: $x = 0$

Mit $g'''(0) = \frac{6}{5} \neq 0$ ist $x = 0$ Wendestelle;

$g(0) = 0$ somit $W(0 \mid 0)$

Wendetangente: $y = -\frac{16}{5}x$

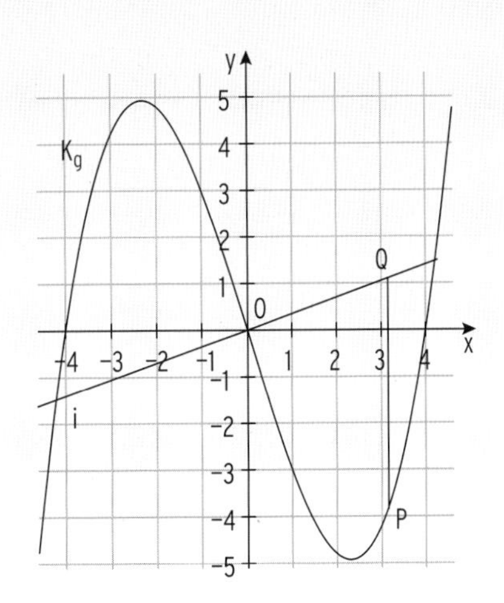

4.3 Steigung in $x = 0$: $g'(0) = -\frac{16}{5}$

Senkrechte i im Ursprung: $y = \frac{5}{16}x$

(Steigung der Senkrechten $m_i = \frac{-1}{g'(0)}$)

Länge der Strecke PQ:

$l(u) = \frac{5}{16}u - g(u) = \frac{5}{16}u - (\frac{1}{5}u^3 - \frac{16}{5}u))$

$= -\frac{1}{5}u^3 + \frac{281}{80}u;\ 0 \leq u \leq 4$

Lösungen Musteraufgabensatz 5

Aufgabe 4 - Teil 2 mit Hilfsmittel Seite 2/2

4.3 Nachweis für ein Maximum in $u \approx 2{,}42$:

Ableitungen: $l'(u) = -\frac{3}{5}u^2 + \frac{281}{80}$; $l''(u) = -\frac{6}{5}u$

Bedingungen: $l'(2{,}42) \approx 0$; $l''(2{,}42) < 0$

$l(2{,}42) \approx 5{,}67$

Randwerte: $l(0) = l(4) = 0 < l(2{,}42)$

Die maximale Streckenlänge beträgt 5,67.

4.4.1 Geradengleichung durch ablesen:

j verläuft durch (0 | 2), durch (2 | − 4) und (1 | − 1): $y = -3x + 2$

4.4.2 Schnittstellen (als Integrationsgrenzen) sind ablesbar: $x_1 = 1$; $x_2 = 2$; $x_3 = 3$

Inhalt einer Fläche z. B.

$A_1 = \int_1^2 (3\sin(\frac{\pi}{2}x) - 4 - (-3x + 2))\,dx$

$= \int_1^2 (3\sin(\frac{\pi}{2}x) + 3x - 6)\,dx$

$= \left[-\frac{6}{\pi}\cos(\frac{\pi}{2}x) + \frac{3}{2}x^2 - 6x\right]_0^1 \approx 0{,}41$

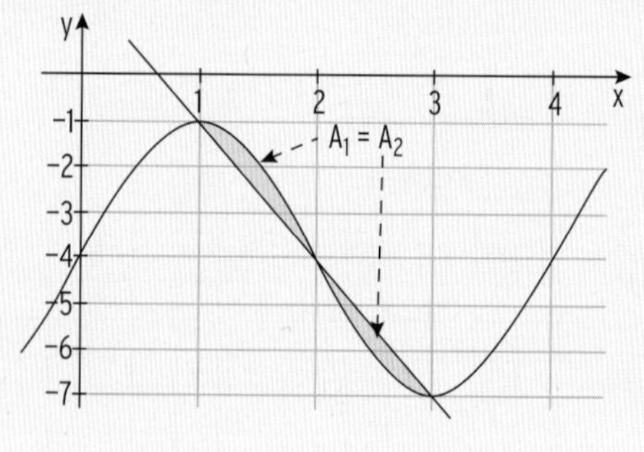

Beide Flächen haben denselben Inhalt $A_1 = A_2 = 0{,}41$ (da Symmetrie zum Wendepunkt in $x = 2$.)

Lösungen Musteraufgabensatz 6 Aufgaben Seite 104 - 108

Aufgabe 1 - Teil 1 ohne Hilfsmittel Seite 1/2

1.1 $f(x) = \frac{1}{2}(x-3)^2(x+\frac{4}{3})$; $x \in \mathbb{R}$

Skizze: (nicht verlangt)

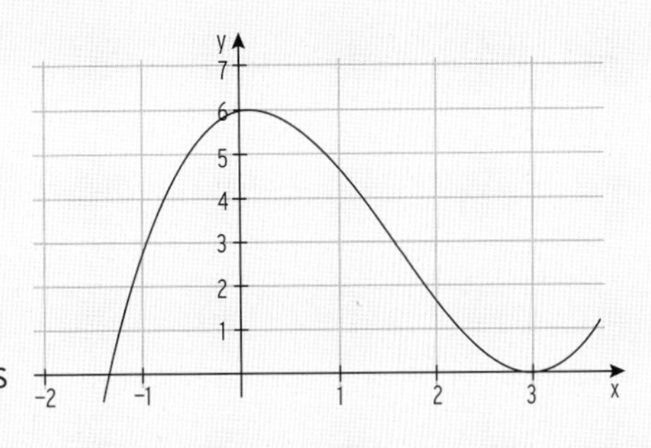

Lage und Art der Nullstellen von f:

$x_1 = 3$ ist eine doppelte Nullstelle, das Schaubild von f berührt die x-Achse

$x_2 = -\frac{4}{3}$ ist eine einfache Nullstelle, das Schaubild von f schneidet die x-Achse.

1.2 $f(x) = \frac{1}{2}\sin(\frac{\pi}{4}x) + x$; $x \in \mathbb{R}$ $f'(x) = \frac{\pi}{8}\cos(\frac{\pi}{4}x) + 1$

Gleichung der Tangente in P(2| f(2))

$f(2) = \frac{1}{2}\sin(\frac{\pi}{2}) + 2 = \frac{5}{2}$; $f'(2) = \frac{\pi}{8}\cos(\frac{\pi}{2}) + 1 = 1$ $\sin(\frac{\pi}{2}) = 1$; $\cos(\frac{\pi}{2}) = 0$

Einsetzen in $y = mx + b$: $\frac{5}{2} = 1 \cdot 2 + b \Rightarrow b = \frac{1}{2}$

Die Tangente hat die Gleichung $y = x + \frac{1}{2}$.

1.3 $f(x) = \frac{1}{3}x^4 - 6x^2 + 13$; $x \in \mathbb{R}$

Ableitungen: $f'(x) = \frac{4}{3}x^3 - 12x$; $f''(x) = 4x^2 - 12$; $f'''(x) = 8x$

Wendepunkte des Schaubildes von f

$f''(x) = 0$ $4x^2 - 12 = 0 \Leftrightarrow x^2 = 3 \Leftrightarrow x_{1|2} = \pm\sqrt{3}$

Mit $f'''(\pm\sqrt{3}) \neq 0$ und $f(\pm\sqrt{3}) = \frac{1}{3} \cdot 3^2 - 6(\pm\sqrt{3})^2 + 13 = 3 - 18 + 13 = -2$

Wendepunkte $W_{1|2}(\pm\sqrt{3} \mid -2)$

Hinweis: Das Schaubild von f ist symmetrisch zur y-Achse.

1.4 Das Schaubild in B hat bei $x = -1$ einen Sattelpunkt und bei $x = 2$ einen Tiefpunkt. Somit hat das Schaubild der Ableitung hiervon bei $x = -1$ eine doppelte Nullstelle und bei $x = 2$ eine einfache Nullstelle.

Dies trifft auf A und C zu.

Da das Schaubild in B für $x < 0$ fällt, kann nur A die Ableitung darstellen.

Damit: B zeigt das Schaubild von h, A das von h′ und C das von k.

Lösungen Musteraufgabensatz 6

Aufgabe 1 - Teil 1 ohne Hilfsmittel Seite 2/2

1.5 Polynomfunktion 4. Grades: $f(x) = ax^4 + bx^3 + cx^2 + dx + e$

1. Ableitung: $f'(x) = 4a\,x^3 + 3bx^2 + 2cx + d$

Hochpunkt H(0 | 4): $f(0) = 4$ $\quad e = 4$

$f'(0) = 0$ $\quad d = 0$

Tiefpunkt T(1 | 2): $f(1) = 2$ $\quad a + b + c + d + e = 2$

$f'(1) = 0$ $\quad 4a + 3b + 2c + d = 0$

an der Stelle − 1 die Steigung 12: $f'(-1) = 12$ $\quad -4a + 3b - 2c + d = 12$

1.6 $\int_0^u \frac{1}{2}x^4dx = 3{,}2$ $\qquad \int_0^u \frac{1}{2}x^4dx = \left[\frac{1}{10}x^5\right]_0^u = \frac{1}{10}u^5$

Bedingung für u: $\qquad \frac{1}{10}u^5 = 3{,}2 \Leftrightarrow u^5 = 32 \Leftrightarrow u = \sqrt[5]{32} = 2$

$\int_0^u \frac{1}{2}x^4dx = 3{,}2$ für $u = 2$

Hinweis: $2^5 = 32$

1.7 $f(x) = 3\,e^{-2x} - \frac{5}{2}$; $x \in \mathbb{R}$ mit Schaubild K_f

Achsenschnittpunkte von K_f:

S_y: $f(0) = 3 \cdot e^0 - \frac{5}{2} = \frac{1}{2}$; also $S_y(0 \mid \frac{1}{2})$

S_x: $f(x) = 0$ $\qquad 3\,e^{-2x} - \frac{5}{2} = 0 \quad \Leftrightarrow 3e^{-2x} = \frac{5}{2}$

$e^{-2x} = \frac{5}{6} \quad \Leftrightarrow$

$-2x = \ln(\frac{5}{6}) \Rightarrow x = -\frac{1}{2}\ln(\frac{5}{6})$

$S_x(-\frac{1}{2}\ln(\frac{5}{6}) \mid 0)$

oder auch $-2x = -0{,}18$

$x = 0{,}09$

$S_x(0{,}09 \mid 0)$

Skizze von K_f:

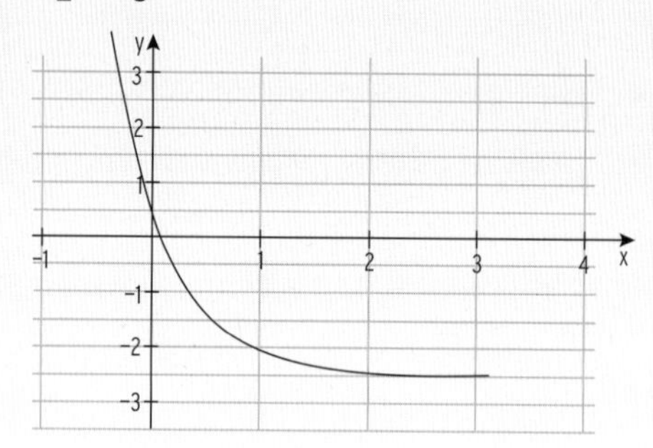

1.8 $f(x) = \sin(x)$; $x \in \mathbb{R}$, wird

um den Faktor 5 in y-Richtung gestreckt $\qquad f_1(x) = 5\sin(x)$

und

um 3 nach rechts verschoben: $\qquad f_2(x) = f_1(x - 3) = 5\sin(x - 3)$

Funktionsterm: $g(x) = 5 \cdot \sin(x - 3)$

Lösungen Musteraufgabensatz 6

Aufgabe 2 - Teil 2 mit Hilfsmittel Seite 1/2

2.1 Funktion 3. Grades: $f(x) = ax^3 + bx^2 + cx + d$; $f'(x) = 3ax^2 + 2bx + c$

berührt die x-Achse bei $x = -3$:	$f(-3) = 0$	$-27a + 9b - 3c + d = 0$	(I)
	$f'(-3) = 0$	$27a - 6b + c = 0$	(II)
durch den Ursprung: $f(0) = 0$	$f(0) = 0$	$d = 0$	(III)
durch $A(1 \mid \frac{16}{3})$:	$f(1) = \frac{16}{3}$	$a + b + c + d = \frac{16}{3}$	(IV)

LGS in Matrixschreibweise: (d = 0 eingesetzt)

$$\left(\begin{array}{ccc|c} -27 & 9 & -3 & 0 \\ 27 & -6 & 1 & 0 \\ 1 & 1 & 1 & 16/3 \end{array}\right) \sim \left(\begin{array}{ccc|c} -27 & 9 & -3 & 0 \\ 0 & 3 & -2 & 0 \\ 0 & 33 & 26 & 144 \end{array}\right) \sim \left(\begin{array}{ccc|c} -27 & 9 & -3 & 0 \\ 0 & 3 & -2 & 0 \\ 0 & 0 & 48 & 144 \end{array}\right)$$

Lösung des LGS: $c = 3$; $b = 2$; $a = \frac{1}{3}$ $(d = 0)$

$f(x) = \frac{1}{3}x^3 + 2x^2 + 3x$

Mit dem **Produktansatz** ist die Aufgabe einfacher zu lösen: $f(x) = ax(x + 3)^2$

da $x = 0$ eine einfache und $x = 3$ eine doppelte Nullstellen von f sind.

Punktprobe mit $A(1 \mid \frac{16}{3})$: $\frac{16}{3} = a \cdot 1 \cdot (1 + 3)^2 \Rightarrow a = \frac{1}{3}$

Funktionsterm der Funktion: $f(x) = \frac{1}{3}x(x + 3)^2$

2.2 Koordinaten des Hoch- und des Tiefpunktes

$f(x) = -\frac{1}{3}x^3 - 2x^2 - 3x$; $f'(x) = -x^2 - 4x - 3$; $f''(x) = -2x - 4$

Bedingung: $f'(x) = 0$ $\quad -x^2 - 4x - 3 = 0$

Lösung mit Formel: $\quad x_1 = -3$; $x_2 = -1$

Mit $f''(-3) = 2 > 0$ und $f(-3) = 0$: TP $T(-3 \mid 0)$

Mit $f''(-1) = -2 < 0$ und $f(-1) = \frac{4}{3}$: HP $H(-1 \mid \frac{4}{3})$ Zeichnung von K_f:

2.3 $\int_{-3}^{1} f(x)dx = \left[-\frac{1}{12}x^4 - \frac{2}{3}x^3 - \frac{3}{2}x^2\right]_{-3}^{1}$

$= -\frac{1}{12} - \frac{2}{3} - \frac{3}{2} - (-\frac{27}{4} + 18 - \frac{27}{2}) = 0$

Interpretation: Die Flächenstücke oberhalb und unterhalb der x-Achse sind gleich groß und heben sich im Integral somit auf.

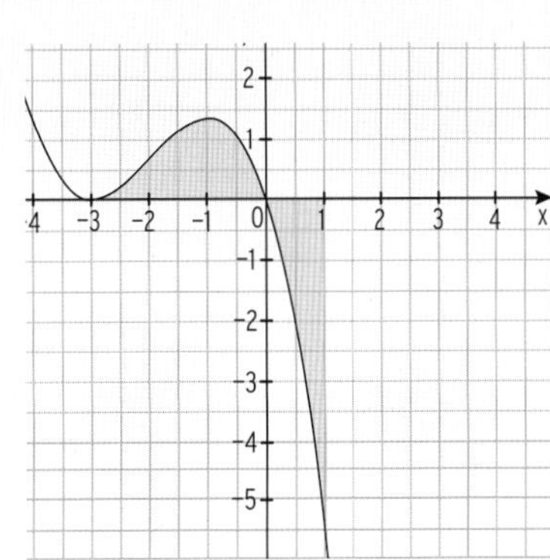

Lösungen Musteraufgabensatz 6

Aufgabe 2 - Teil 2 mit Hilfsmittel **Seite 2/2**

$g(x) = -x^2 - 3$ mit Schaubild K_g

$h(x) = e^{2x}$ mit Schaubild K_h.

2.4 Skizze von K_g und K_h

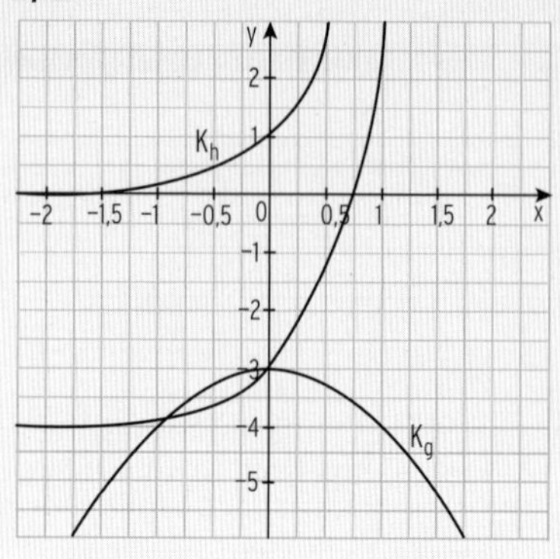

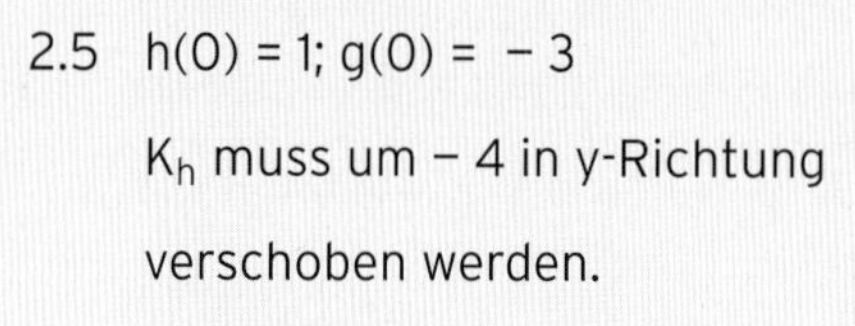

2.5 $h(0) = 1$; $g(0) = -3$

K_h muss um -4 in y-Richtung verschoben werden.

Neuer Funktionsterm: $h^*(x) = e^{2x} - 4$

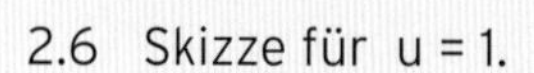

2.6 Skizze für $u = 1$.

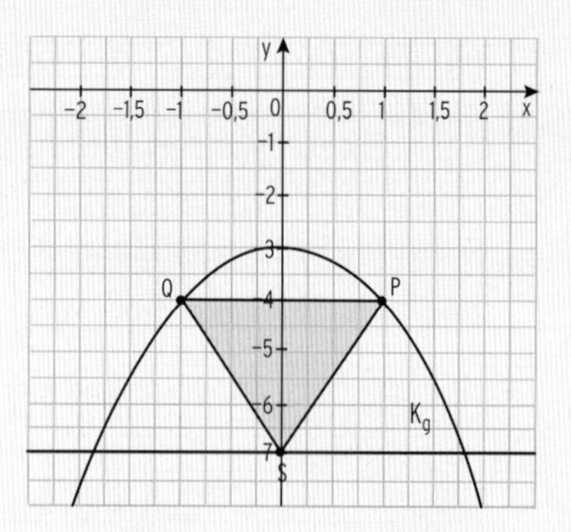

Flächeninhalt eines Dreiecks: $A = \frac{1}{2}a \cdot h_a$

Nebenbedingungen:

Grundseite: $a = 2u$

Höhe: $h_a = g(u) - (-7) = g(u) + 7$

Zielfunktion $A(u) = \frac{1}{2}a \cdot h_a$

$= \frac{1}{2} \cdot 2u \cdot (g(u) + 7)$

$A(u) = u \cdot (g(u) + 7) = u \cdot (-u^2 + 4) = -u^3 + 4u;\ 0 \leq u \leq 2$

$A'(u) = -3u^2 + 4$; $A''(u) = -6u$

$A'(\sqrt{\frac{4}{3}}) = 0$; $A''(\sqrt{\frac{4}{3}}) = -6\sqrt{\frac{4}{3}} < 0$

Randwerte: $A(0) = 0$; $A(2) = 0$

Der Flächeninhalt dieses Dreiecks ist für $u = \sqrt{\frac{4}{3}}$ maximal.

Lösungen Musteraufgabensatz 6

Aufgabe 3 - Teil 2 mit Hilfsmittel Seite 1/2

3.1 Schaubild K_f : $f(x) = a \cdot \sin(k \cdot x) + b$ für $x \in [-1; 8]$.

Periodenlänge $p = 5$ mit $p = \frac{2\pi}{k}$

ergibt $k = \frac{2\pi}{5}$

$y_{HP} = 1$; $y_{TP} = -5$ mit

ergibt die Ampltude a

$a = \frac{y_{HP} - y_{TP}}{2} = \frac{1-(-5)}{2} = 3$

und die Mittellinie b

$b = \frac{y_{HP} + y_{TP}}{2} = \frac{1+(-5)}{2} = -2$

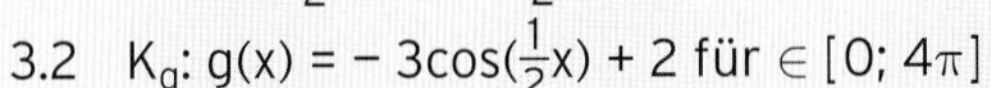

3.2 K_g: $g(x) = -3\cos(\frac{1}{2}x) + 2$ für $\in [0; 4\pi]$

Amplitude: 3 Verschiebung in Richtung der y-Achse: um 2 nach oben

Periode: $p = \frac{2\pi}{k} = \frac{2\pi}{0{,}5} = 4\pi$

Das Schaubild eines negativen Kosinus weist auf der y-Achse einem TP auf: $T_1(0 \mid -1)$ und damit auch $T_2(4\pi \mid -1)$. Nach der halben Periode muss ein Hochpunkt liegen: $H(2\pi \mid 5)$. Die Wendepunkte finden sich auf Höhe der Verschiebung in Richtung der y-Achse und liegen beim Kosinus nach einem Viertel und nach drei Viertel der Periodenlänge: $W_1(\pi \mid 2)$; $W_2(3\pi \mid 2)$

Passender Funktionsterm:

3.3 Trigonometrische Funktion ; z. B. x = 0 bei 14 Uhr ; Amplitude: $\frac{28-8}{2} = 10$

Verschiebung y-Achse: $\frac{28+8}{2} = 18$;

Periodenlänge 24 h also: $b = \frac{2\pi}{24} = \frac{\pi}{12}$

Damit: z. B.: $f(x) = 10 \cdot \cos(\frac{\pi}{12}x) + 18$

oder: x = 0 bei 8 Uhr; Rest bleibt und ergibt $g(x) = 10 \cdot \sin(\frac{\pi}{12}x) + 18$

3.4 Exponentialfunktion mit Ansatz: $f(t) = a \cdot e^{k \cdot t} + b$

Umgebungstemperatur: 4 °C ; Asymptote: $y = 4 = b$

$f(0) = a \cdot e^{k \cdot 0} + b = 60$ mit $b = 4$ folgt daraus: $a = 56$

bzw. Vorfaktor a = Maximaltemperatur−Umgebungstemperatur= 60−4 = 56

Vorfaktor k im Exponent: $56 \cdot e^{k \cdot 10} + 4 = 40 \Rightarrow k = \frac{1}{10}\ln(\frac{9}{14}) \approx -0{,}044$

Funktionsterm: $f(t) = 56 \cdot e^{-0{,}044 \cdot t} + 4$

Lösungen Musteraufgabensatz 6

Aufgabe 3 - Teil 2 mit Hilfsmittel **Seite 2/2**

K_h: $h(x) = \frac{1}{2}e^{-\frac{1}{2}x} - 2$ für $x \in \mathbb{R}$.

3.5 K_h hat keine Extrempunkte, da $h'(x) = -\frac{1}{4}e^{-\frac{1}{2}x} < 0$ für alle $x \in \mathbb{R}$

K_h hat keine Wendepunkte, da $h''(x) = \frac{1}{8}e^{-\frac{1}{2}x} > 0$ für alle $x \in \mathbb{R}$

Gleichung der Asymptote von K_h für $x \to \infty$: $y = -2$

da für $x \to \infty$ gilt: $\frac{1}{2}e^{-\frac{1}{2}x} \to 0$

3.6 Tangente an K_h im Punkt $P(-2\,|h(-2))$

Ansatz: $y = mx + b$

Mit $h(-2) = \frac{1}{2}e^{-\frac{1}{2}(-2)} - 2 = \frac{1}{2}e - 2$ und $h'(-2) = -\frac{1}{4}e^{-\frac{1}{2}(-2)} = -\frac{1}{4}e = m$

ergibt sich: $\frac{1}{2}e - 2 = -\frac{1}{4}e \cdot (-2) + b$

$b = -2$

Tangentengleichung: $y = -\frac{1}{4}e \cdot x - 2$

3.7 K_h und die Koordinatenachsen schließen eine Fläche ein.

Skizze (nicht verlangt)

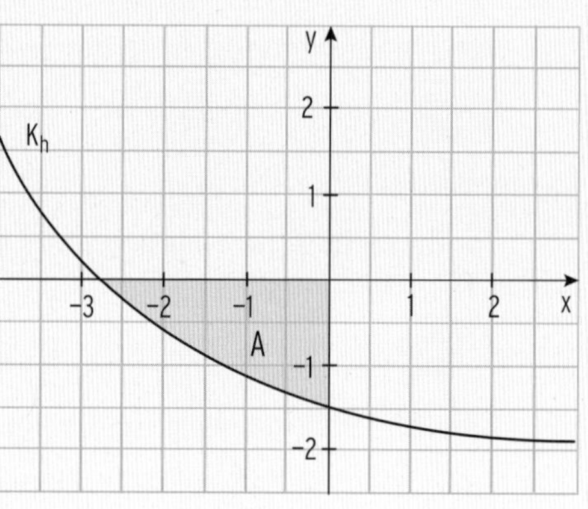

Inhaltsberechnung:

Nullstelle von h: $h(x) = 0$

$0 = \frac{1}{2}e^{-\frac{1}{2}x} - 2 \Leftrightarrow x = -2\ln(4)$

Rechnung mit gerundeter Nullstelle

$x \approx -2{,}77$ auch zulässig.

$$\int_{-2\ln(4)}^{0} h(x)dx = \left[-e^{-\frac{1}{2}x} - 2x\right]_{-2\ln(4)}^{0}$$

$$= -e^{-\frac{1}{2}(0)} - (-e^{-\frac{1}{2}\cdot(-2\ln(4))} - 2\cdot(-2\ln(4)))$$

$$= -1 + 4 - 4\ln(4) = 3 - 4\ln(4) < 0$$

Da A unterhalb der x-Achse liegt gilt: $A = 4\ln(4) - 3 \approx 2{,}55$

Hinweis: Das bestimmte Integral kann auch mit der Dezimalzahl als Untergrenze ermittelt werden).

$$\int_{-2{,}77}^{0} h(x)dx = \left[-e^{-\frac{1}{2}x} - 2x\right]_{-2{,}77}^{0} \approx 2{,}55$$

Lösungen Musteraufgabensatz 6

Aufgabe 4 - Teil 2 mit Hilfsmittel

4.1 K_f: $f(x) = 3\cos(\frac{\pi}{2}x)$; $x \in [-k; k]$.

Achsen:

(incl. Skalierung für 4.2)

K_f verläuft auf diesem Definitionsbereich symmetrisch zur y-Achse.

Wählt man die gezeigte Einteilung, so liegt die Kurve im Bereich von $-5 \leq x \leq 5$.

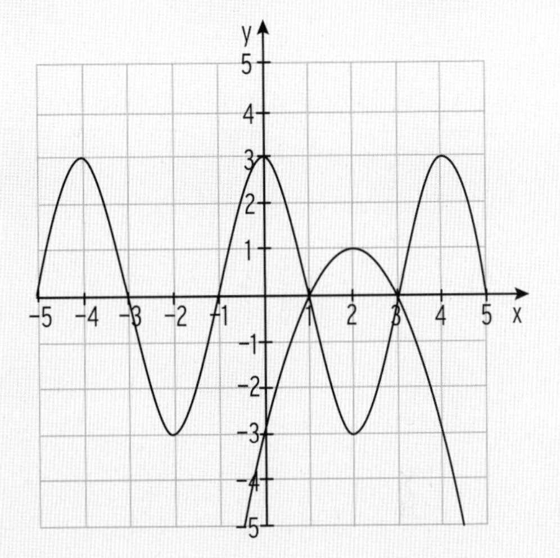

4.2 Periode: $p = 4 = \frac{2\pi}{\frac{\pi}{2}}$, Amplitude: $a = 3$

Nullstellen: $f(x) = 0$ liefert $x_1 = -5$; $x_2 = -3$; $x_3 = -1$; $x_4 = 1$; $x_5 = 3$; $x_6 = 5$

Damit ist $k = 5$.

Hinweis: $\cos(\frac{\pi}{2}x) = 0$ für $\frac{\pi}{2}x = \pm\frac{\pi}{2}, \pm\frac{3\pi}{2}, \ldots$

4.3 Das Schaubild von g wird mit dem Faktor 3 in y-Richtung gestreckt ($y = 3\cos(x)$) und dann mit dem Faktor $\frac{2}{\pi}$ in x-Richtung gestreckt.

4.4 $f'(x) = -\frac{3}{2}\pi\sin(\frac{\pi}{2}x)$

Bedingung: $f'(x) = -\frac{3}{2}\pi$ für $\sin(\frac{\pi}{2}x) = 1$

$\frac{\pi}{2}x = \frac{\pi}{2}; \frac{5}{2}\pi; -\frac{3}{2}\pi$ (Abstand jeweils 2π)

man erhält $x_1 = 1$; $x_2 = 5$; $x_3 = -3$

In $x = \frac{\pi}{2}; \frac{5}{2}\pi; -\frac{3}{2}\pi$ gilt stets $\cos(x) = 0$

oder $x_1 = 1$; $x_2 = 5$; $x_3 = -3$ gilt stets $\cos(\frac{\pi}{2}x) = 0$

Damit sind $P_1(-3 \mid 0)$, $P_2(1 \mid 0)$ und $P_3(5 \mid 0)$die gesuchten Kurvenpunkte.

Lösungen Musteraufgabensatz 6

Aufgabe 4 - Teil 2 mit Hilfsmittel

4.5 Man berechnet $\int_1^3 (h(x) - f(x))dx = \int_1^3 (-x^2 + 4x - 3 - 3\cos(\frac{\pi}{2}x))dx$

Mit Hilfe der Stammfunktion erhält man

$\left[-\frac{1}{3}x^3 + 2x^2 - 3x - \frac{6}{\pi}\sin(\frac{\pi}{2}x)\right]_1^3 = \frac{6}{\pi} - (-\frac{4}{3} - \frac{6}{\pi}) = \frac{12}{\pi} + \frac{4}{3} \approx 5{,}15$

Flächeninhalt A = 5,15

Hinweis: K_h ist das Schaubild der Funktion h in der gegebenen Zeichnung

4.6 $j'(x) = -16x^3 + 72x^2 - 88x + 24$; $j''(x) = -48x^2 + 144x - 88$

$j(2) = 0$ und $j'(2) = 8$

Punktprobe mit $(2 \mid 0)$ in $y = 8x + b$: $0 = 8 \cdot 2 + b \Rightarrow b = -16$

Die Tangentengleichung lautet $y = 8x - 16$.

Größte Steigung mit der Bedingung: $(j'(x))' = j''(x) = 0$

$j''(x) = -48x^2 + 144x - 88 = 0$ hat zwei Lösungen: $D > 0$

Anton hat nicht recht: Da $j''(2) \neq 0$, ist x = 2 nicht die Stelle mit der größten Steigung zwischen den beiden Extrempunkten.

Alternativ könnte man eine beliebige andere Stelle testen, z. B. $j'(0) = 24$.

4.7 a) Bedingt richtig für $b > 1$ oder $b < -1$

$f'(x) = -2b\sin(bx)$; $f''(x) = -2b^2\cos(bx)$; Amplitude von f': $2b > 2$ für $b > 1$

b) Bedingt richtig für $k > 0$

$f'(x) = k \cdot e^{kx} > 0$ für $k > 0$

($e^x \to 0$ für $x \to -\infty$, K_f ist also monoton steigend)

c) wahr

Verlauf vom III. in I. oder vom II. in IV. Quadrant

d) Falsch

$f(x) = x^4$; K_f hat einen Extrempunkt auf der y-Achse

Lösungen Musteraufgabensatz 7 **Aufgaben Seite 109 - 113**

Aufgabe 1 - Teil 1 ohne Hilfsmittel **Seite 1/2**

1.1

a) Aussage wahr. Bei $x = 0$ fällt die Kurve.

b) Aussage wahr. Bei $x = -2$ befindet sich das Schaubild oberhalb der x-Achse.

c) Aussage wahr. Bei $x = -3$ hat das Schaubild einen Tiefpunkt mit Steigung 0.

d) Aussage falsch. Bei $x = 3$ ist das Schaubild rechtsgekrümmt, daher hat die zweite Ableitung hier einen negativen Wert.

1.2 $g(x) = 1 + 2e^{-0,5x}$; $g'(x) = -e^{-0,5x}$

$h(x) = x^3 + x + 3$; $h'(x) = 3x^2 + 1$

$g(0) = 3 = h(0)$; $g'(0) = -1$; $h'(0) = 1$ (negativer Kehrwert)

K_g und K_h schneiden sich auf der y-Achse rechtwinklig.

oder: Tangente an K_g in $x = 0$: $y = -x$

Tangente an K_h in $x = 0$: $y = x$;

die beiden Tangenten stehen senkrecht aufeinander

1.3 $h(x) = -\frac{1}{2}\cos(\frac{\pi}{2}x) - 2,\ x \in \mathbb{R}$.

Stammfunktion von h: $H(x) = -\frac{1}{\pi}\sin(\frac{\pi}{2}x) - 2x + c$

Schaubild von H durch $P(1 | -2)$: $-2 = -\frac{1}{\pi}\sin(\frac{\pi}{2}) - 2 + c$

Mit $\sin(\frac{\pi}{2}) = 1$ folgt $c = \frac{1}{\pi}$

Gesuchte Stammfunktion: $H(x) = -\frac{1}{\pi}\sin(\frac{\pi}{2}x) - 2x + \frac{1}{\pi}$

1.4 Ganzrationale Funktion 3. Grades

$S_y(0 | -1,5)$; $N(-4 | 0)$

$T(-2 | ...)$

$W(1 | ...)$

Hinweis: Schaubild ist symmetrisch zum Wendepunkt.

$H(4 | ...)$

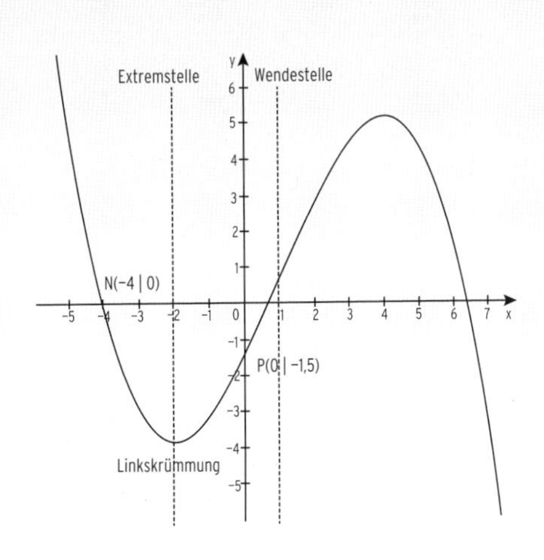

Lösungen Musteraufgabensatz 7

Aufgabe 1 - Teil 1 ohne Hilfsmittel **Seite 2/2**

1.5 $f(x) = \frac{1}{5}x^5 + \frac{1}{3}x^3 - 6x;\ x \in \mathbb{R};\ f'(x) = x^4 + x^2 - 6$

Stellen mit waagerechter Tangente

Bedingung: $f'(x) = 0$ $x^4 + x^2 - 6 = 0$

Substitution: $(u = x^2)$ $u^2 + u - 6 = 0$

Lösungen in u: $u_{1|2} = \frac{-1 \pm \sqrt{1^2 - 4\cdot(-6)}}{2} = \frac{1 \pm 5}{2}$

Lösungen der Gleichung in u: $u_1 = 2;\ u_2 = -3$

Lösungen in x: $u_1 = 2 \Rightarrow x_{1|2} = \pm\sqrt{2}$

Bei $x_{1|2} = \pm\sqrt{2}$ weist das Schaubild eine waagerechte Tangente auf.

Hinweis: $u_2 = x^2 = -3$ ergibt keine Lösung in x

1.6 Aufgrund der Symmetrie zur y-Achse wird eine Kosinusfunktion verwendet:

$f(x) = a\cdot\cos(kx) + b$

Diese weist den Hochpunkt S(0 | 3) und den Tiefpunkt T (3 | 0) auf.
Man erhält:

Amplitude: $a = \frac{y_H - y_T}{2} = \frac{3-0}{2} = \frac{3}{2}$

Mittellinie: $b = \frac{y_H + y_T}{2} = \frac{3+0}{2} = \frac{3}{2}$

Zwischen dem Hoch- und Tiefpunkt liegt eine halbe Periodenlänge.

Die Periodenlänge p = 6 führt auf $k = \frac{2\pi}{6} = \frac{\pi}{3}$.

Möglicher Funktionsterm: $f(x) = \frac{3}{2}\cdot\cos(\frac{\pi}{3}x) + \frac{3}{2}$

1.7 Lösung der Gleichung $\sin(\frac{1}{2}x) = -1$: $\frac{1}{2}x = \frac{3}{2}\pi$

$x = 3\pi$

Mithilfe der Sinuskurve (y = sin(x)).

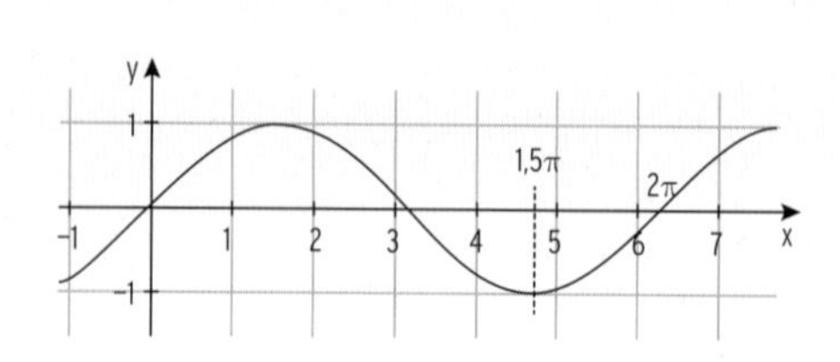

Lösungen Musteraufgabensatz 7

Aufgabe 2 - Teil 2 mit Hilfsmittel Seite 1/2

2.1 Symmetrie: f ist eine ganzrationale Funktion. Im Funktionsterm f(x) kommen nur gerade Exponenten vor, damit ist K_f symmetrisch zur y-Achse.

Achsenschnittpunkte von K_f:

Bedingung: f(x) = 0 $\frac{1}{8}x^4 - \frac{9}{4}x^2 + 5 = 0 \quad | \cdot 8$

$x^4 - 18x^2 + 40 = 0$

Substitution: $u = x^2$ $u^2 - 18u + 40 = 0$

Lösungen in u mit Formel: $u_{1|2} = 9 \pm \sqrt{9^2 - 40}$

$u_1 \approx 15{,}40 \Rightarrow x_{1|2} \approx \pm 3{,}92$

$u_2 \approx 2{,}60 \Rightarrow x_{3|4} \approx \pm 1{,}61$

Man erhält also 4 Schnittpunkte von K_f mit der x-Achse:

$N_{1|2}(\pm 3{,}92 \mid 0)$; $N_{3|4}(\pm 1{,}61 \mid 0)$;

f(0) = 5: $S_y(0 \mid 5)$

Zeichnung von K_f:

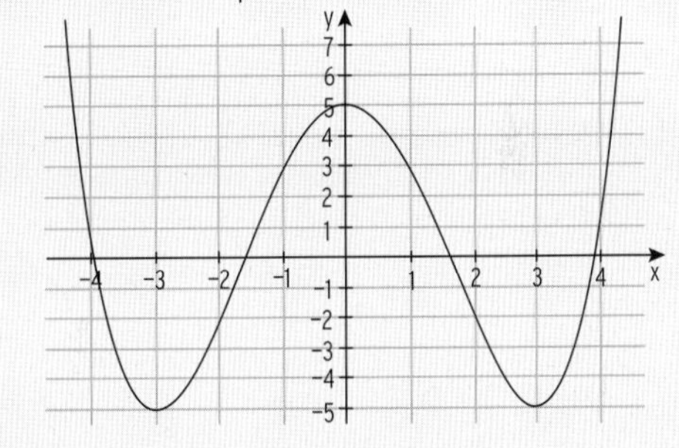

Ableitungen:

$f'(x) = \frac{1}{2}x^3 - \frac{9}{2}x$; $f''(x) = \frac{3}{2}x^2 - \frac{9}{2}$

Bedingungen: $f'(-3) = 0$ $\frac{1}{2}(-3)^3 - \frac{9}{2}(-3) = 0$ wahr

$f''(-3) = \frac{3}{2}(-3)^2 - \frac{9}{2} = 9 > 0$

x = − 3 ist Minimalstelle;

Hinweis: Wegen Symmetrie ist x = 3 Minimalstelle und x = 0 Maximalstelle)

2.2 Krümmung mit $f''(x) = \frac{3}{2}x^2 - \frac{9}{2}$

Wendestellen: $f''(x) = 0$ $\frac{3}{2}x^2 - \frac{9}{2} = 0 \Leftrightarrow \frac{3}{2}x^2 = \frac{9}{2} \Leftrightarrow x^2 = 3$

Wendestellen: $x_{1|2} = \pm\sqrt{3}$

Mit $f''(0) = -\frac{9}{2} < 0$ ist K_f zwischen den Wendestellen rechtsgekrümmt.

Intervall: $[-\sqrt{3}; \sqrt{3}]$

2.3 $f(\pm 3) = -5{,}125$

Eine Tangente durch einen Tiefpunkt $T_{1|2}(\pm 3 \mid -5{,}125)$ muss waagerecht verlaufen. Der Tiefpunkt muss also die y-Koordinate − 5 haben. Das Schaubild muss also um 0,125 Einheiten nach oben verschoben werden.

$f^*(x) = \frac{1}{8}x^4 - \frac{9}{4}x^2 + 5 + 0{,}125 = \frac{1}{8}x^4 - \frac{9}{4}x^2 + 5{,}125$

Lösungen Musteraufgabensatz 7

Aufgabe 2 - Teil 2 mit Hilfsmittel **Seite 2/2**

2.4 Das dargestellte Schaubild hat die waagrechte Asymptote $y = 3$ für $x \to -\infty$.

Somit gilt $b = 3$ und h_2 kann nicht zum Schaubild passen.

Hinweis: $e^x \to 0$ für $x \to -\infty$; $e^{-x} \to 0$ für $x \to \infty$

Einsetzen von $P(0|1)$ in $h_1(x) = a \cdot e^x + 3$:

$1 = a \cdot e^0 + 3 \Leftrightarrow 1 = a + 3 \Leftrightarrow a = -2$

2.5 $h(x) = 1 + 2e^{-0,5x}$, $x \in \mathbb{R}$ mit Schaubild K_h.

$h'(x) = -e^{-0,5x} < 0$ Das Schaubild K_h ist monoton fallend

$h''(x) = 0,5\,e^{-0,5x} > 0$ Das Schaubild K_h ist linksgekrümmt.

2.6 Fläche zwischen K_h und der x-Achse in den Grenzen -2 und 0

$\int_{-2}^{0} h(x)dx = \int_{-2}^{0} (1 + 2e^{-0,5x})dx = [x - 4e^{-0,5x}]_{-2}^{0}$

$= 0 - 4 - (-2 - 4e^1) = -2 + 4e$

Inhalt dieser Fläche $A = -2 + 4e$

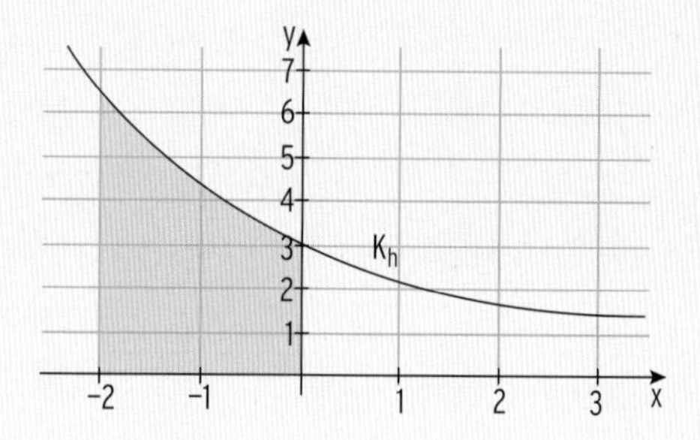

Lösungen Musteraufgabensatz 7

Aufgabe 3- Teil 2 mit Hilfsmittel Seite 1/2

3.1 Die Gleichung der schiefen Asymptote lautet: $y = -x + 6$ für $x \to \infty$.

Extrempunkt

Ableitungen:

$f'(x) = e^{-0,5x} - 1$

$f''(x) = -0,5\, e^{-0,5x}$

Bedingung: $f'(x) = 0$

$e^{-0,5x} - 1 = 0$

$\Leftrightarrow e^{-0,5x} = 1$

Logarithmieren: $-0,5x = \ln(1) = 0$

Lösung: $x = 0$

$f''(0) = -0,5 < 0$, also Maximalstelle

Mit $f(0) = 4$ erhält man: $H(0 \mid 4)$

Zeichnung mit Fläche aus 3.2.

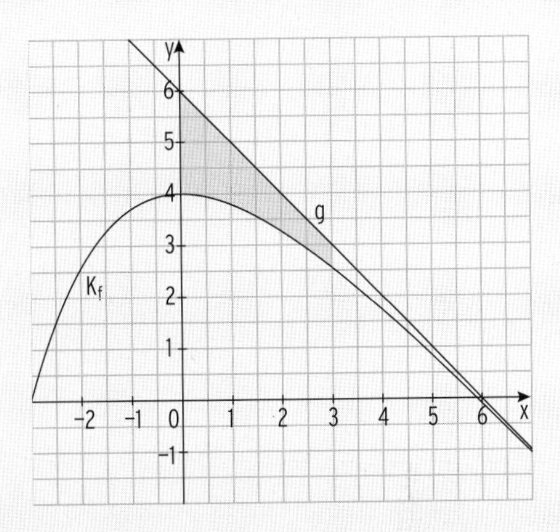

3.2 Berechnung des Inhaltes der markierten Fläche:

$$\int_0^3 (g(x) - f(x))\,dx = \int_0^3 (-x + 6 - (-2e^{-0,5x} - x + 6))dx = \int_0^3 2e^{-0,5x}\,dx$$

$$= [-4e^{-0,5x}]_0^3 = -4e^{-1,5} - (-4e^0) = -4e^{-1,5} + 4 \approx 3,11$$

3.3 Bedingung: $f'(x) = 2 \Leftrightarrow e^{-0,5x} - 1 = 2 \Leftrightarrow e^{-0,5x} = 3$

Logarithmieren: $-0,5x = \ln(3)$

Lösung: $x = -2 \cdot \ln(3) \approx -2,2$

Gleichung der Tangente

$f(-2 \cdot \ln(3)) = -2e^{\ln(3)} + 2 \cdot \ln(3) + 6 = -6 + 2 \cdot \ln(3) + 6 = 2 \cdot \ln(3) \approx 2,2$

Einsetzen von $m = 2$ und $B(-2 \cdot \ln(3) \mid 2 \cdot \ln(3)) \approx B(-2,2 \mid 2,2)$

$2 \cdot \ln(3) = 2 \cdot (-2 \cdot \ln(3)) + b \Leftrightarrow b = 6 \cdot \ln(3)$

Tangentengleichung: $y = 2 \cdot x + 6 \cdot \ln(3)$

Ebenso möglich ist die Rechnung mit gerundeten Werten: $y = 2 \cdot x + 6,59$

Lösungen Musteraufgabensatz 7

Aufgabe 3- Teil 2 mit Hilfsmittel **Seite 2/2**

3.4 Flächeninhalt des Rechtecks:

$A = a \cdot b$

$= u \cdot f(u) = u \cdot (-2e^{-0{,}5u} - u + 6)$

Seite auf der x-Achse mit Länge u

Seite in y-Richtung mit Länge f(u).

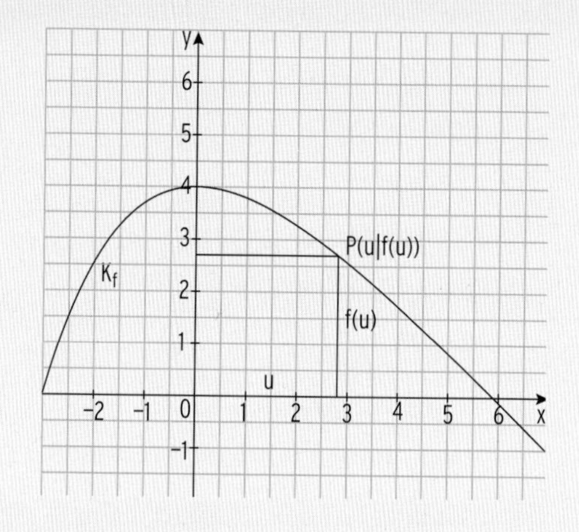

3.5 Hochpunkt von K_f: H(0 | 4)

Ansatz mit cos da in x = 0 die Tangente waagrecht verläuft, also hat die trigonometrische Funktion hier einen Extrempunkt.

Es wird der Ansatz: $h(x) = a \cdot \cos(kx) + b$ verwendet.

Periode: $p = 4 \Leftrightarrow k = \frac{2\pi}{4} = \frac{\pi}{2}$

Die Amplitude beträgt 6, somit a = 6. Damit muss die "Mittellinie" bei y = − 2 oder bei y = 10 liegen.

Man erhält für y = − 2: $h(x) = 6 \cdot \cos(\frac{\pi}{2}x) - 2$ (vgl. Abb. 1)

(Man erhält für y = 10: $h(x) = -6 \cdot \cos(\frac{\pi}{2}x) + 10$) (vgl. Abb. 2)

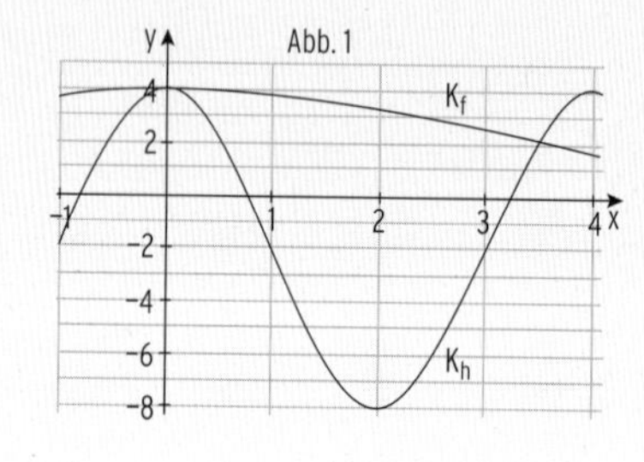

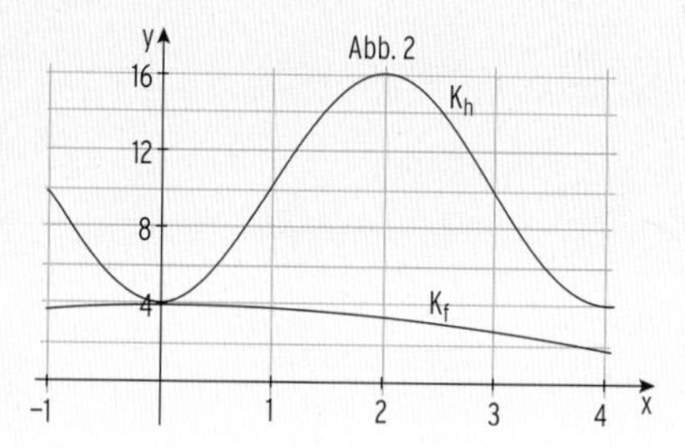

3.6 Vervollständigen Sie folgende Aussagen:

a) Die Funktion f_1 mit $f_1(x) = e^x + x$ ist monoton *wachsend*, denn ihre Ableitung ist stets *positiv*.

b) Die Funktion f_2 mit $f_2(x) = \cos(\frac{\pi}{2} \cdot x)$ hat im Intervall [0; 10] *fünf* Nullstellen, und diese Funktion hat die Periode *4*.

Lösungen Musteraufgabensatz 7

Aufgabe 4 - Teil 2 mit Hilfsmittel Seite 1/2

$f(x) = -\frac{1}{3}x^3 + 4x + 2$, $x \in \mathbb{R}$, mit Schaubild K_f.

4.1 Extrempunkte

$f'(x) = -x^2 + 4$; $f''(x) = -2x$; $f'''(x) = -2 \neq 0$

Bedingung: $f'(x) = 0$ $\quad -x^2 + 4 = 0 \Leftrightarrow x^2 = 4$

Extremstellen: $\quad x_1 = -2$; $x_2 = 2$

Mit $f''(-2) = 4 > 0$ und $f(-2) = -\frac{10}{3}$: $\quad T(-2 \mid -\frac{10}{3})$

Mit $f''(2) = -4 < 0$ und $f(2) = \frac{22}{3}$: $\quad H(2 \mid \frac{22}{3})$

Zeichnung: K_f mit Fläche (4.2)

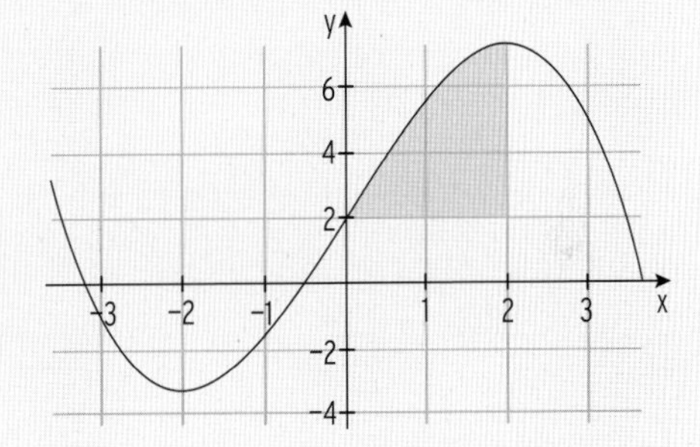

Wendepunkt

$f''(x) = 0$ $\quad -2x = 0$

Wendestelle: $\quad x = 0$

Wendepunkt $W(0 \mid 2)$

4.2 $\int_0^2 (-\frac{1}{3}x^3 + 4x)\,dx$

$= \left[-\frac{1}{12}x^4 + 2x^2\right]_0^2 = \frac{20}{3}$

Hinweis: Das Integral kann gedeutet werden als Fläche zwischen dem Schaubild K_f und der Geraden mit der Gleichung $y = 2$ für $0 < x < 2$.

Alternativ kann auch K_f um 2 nach unten verschoben werden.

Dann entspricht das Integral dem Inhalt der Fläche zwischen dem verschobenen Schaubild und der x-Achse für $0 < x < 2$.

4.3 $h(x) = a \cdot \cos(b \cdot x) + c$, $a, b \neq 0$, $x \in \mathbb{R}$.

Schaubild A passt nicht zum Funktionsterm, es handelt sich um das Schaubild einer Sinus-Funktion, die um 2 nach unten verschoben ist.

Schaubild B passt zum Funktionsterm, es handelt sich um das Schaubild einer Kosinus-Funktion mit einem Hochpunkt auf der y-Achse.

$h'(x) = -a \cdot b \cdot \sin(b \cdot x)$ ist Null für $x = 0$.

Verschiebung um 1 nach oben (Mittellinie $y = 1$): $c = 1$

Amplitude $a = 2$; Periode $p = 2\pi = \frac{2\pi}{b} \Rightarrow b = 1$

Lösungen Musteraufgabensatz 7

Aufgabe 4 - Teil 2 mit Hilfsmittel Seite 2/2

4.4 K_g: $g(x) = -2\cos(\frac{\pi}{6}x) + 1$; $x \in [-6; 6]$.

Periode $p = \frac{2\pi}{\frac{\pi}{6}} = 12$

Amplitude a = 2 (Mittellinie von $y = -2\cos(\frac{\pi}{6}x)$ ist die x-Achse)

Spiegelung an der x-Achse, Verschiebung um 1 nach oben

Wertebereich von g: $-1 \leq g(x) \leq 3$

Krümmungsverhalten von K_g:

Eine Kosinus-Kurve hat Wendepunkte im Abstand einer halben Periode, also wegen der Symmetrie zur y-Achse bei − 3 und bei 3 (− 9, 9, ...).

K_g ist linksgekrümmt im Intervall]− 3; 3[und rechtsgekrümmt im Intervall [− 6; 3[und]3; 6].

Hinweis: Im Wendepunkt ist die Krümmung Null.

Berechnung der Krümmung auch mit $g''(x) = \frac{\pi^2}{18}\cos(\frac{\pi}{6}x)$

$\cos(\frac{\pi}{6}x) = 0$ für $\frac{\pi}{6}x = \pm\frac{\pi}{2}$

$x = \pm 3$

Zeichnung von K_g:

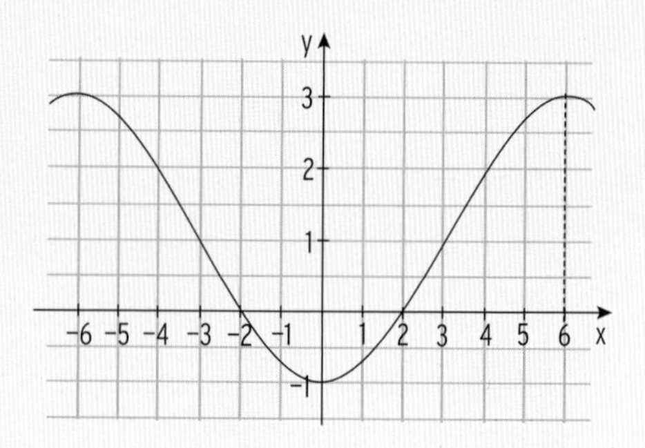

IV Prüfungen zur Fachhochschulreife

Prüfung zur Fachhochschulreife 2017/2018

Lösungen Seite 175 - 183

Teil 1 ohne Hilfsmittel **Aufgabe 1** **Punkte**

1.1 Gegeben ist folgende Wertetabelle einer Polynomfunktion f, ihrer ersten Ableitungsfunktion f′ und ihrer zweiten Ableitungsfunktion f″.

Das Schaubild von f ist K_f.

x	− 2	− 1	0	1	2	3	4
f(x)	30	22	2	− 24	− 50	− 70	− 78
f′(x)	0	− 15	− 24	− 27	− 24	− 15	0
f″(x)	− 18	− 12	− 6	0	6	12	18

Geben Sie die Koordinaten des Schnittpunktes mit der y-Achse, eines Hoch- und eines Tiefpunktes von K_f an.

Bestimmen Sie die Gleichung der Tangente an K_f im Punkt $P(-1 \mid f(-1))$. 6

1.2 Die Funktion g ist gegeben durch $g(x) = -\frac{1}{24}x^2 \cdot (x-5) \cdot (x+3);\ x \in \mathbb{R}$.

Geben Sie Art und Lage der Nullstellen an und skizzieren Sie davon ausgehend das Schaubild von g. 5

1.3 Lösen Sie die Gleichung $e^{2x} - 3e^x = 0$. 4

1.4 Gegeben ist die Funktion h mit

$h(x) = a \cdot e^{-x} + b;\ x \in \mathbb{R};\ a, b \neq 0$.

Begründen Sie, welches der Schaubilder A bzw. B zur Funktion h gehört.

Bestimmen Sie a und b. 5

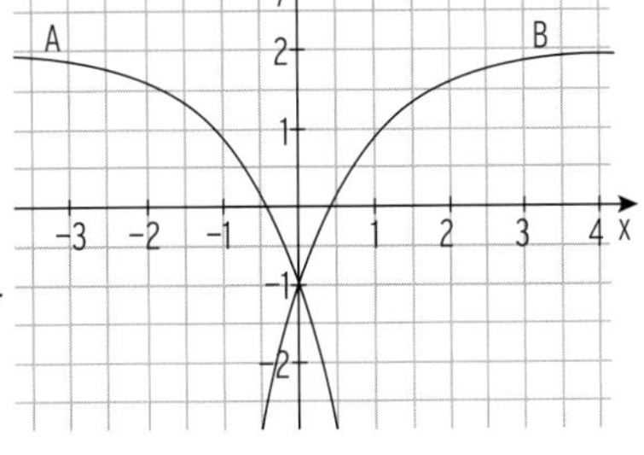

1.5 Berechnen Sie den Wert des Integrals $\int_0^{\frac{\pi}{4}} \cos(2x)dx$. 4

1.6 Geben Sie die Nullstellen von f mit $f(x) = 3 \cdot x^3 - 27 \cdot x;\ x \in \mathbb{R}$ an. 3

1.7 Die Funktion g erfüllt folgende Bedingungen:

$g'(3) = 2$ $g''(3) = 0$ $g'''(3) \neq 0$

Welche Aussagen lassen sich damit über das Schaubild der Funktion g treffen? 3

30

Hinweis: 1.6 und 1.7 neu aufgrund der Prüfungsvorgaben 2022.

Prüfung zur Fachhochschulreife 2017/2018

Teil 2 mit Hilfsmittel **Aufgabe 2** **Punkte**

Gegeben ist die Funktion f mit $f(x) = x^3 - 3x^2$, $x \in \mathbb{R}$. Ihr Schaubild ist K_f.

2.1 Berechnen Sie die Koordinaten der gemeinsamen Punkte von K_f mit der x-Achse und die Extrempunkte von K_f.
Zeichnen Sie K_f für $-1 \leq x \leq 3{,}5$. 9

2.2 Berechnen Sie $\int_0^3 -f(x)dx$.
Markieren Sie die Fläche, deren Inhalt mit diesem Ausdruck berechnet wird, in Ihrem Schaubild aus Aufgabe 2.1. 5

2.3 Begründen Sie, ob die folgenden Aussagen falsch oder wahr sind:
a) Jede Polynomfunktion vierten Grades besitzt eine Nullstelle.
b) Jede Nullstelle einer Funktion ist Extremstelle ihrer Stammfunktion.
c) Das Schaubild jeder Polynomfunktion dritten Grades besitzt sowohl einen Hoch- als auch einen Tiefpunkt. 6

Die Einwohnerzahl eines Landes wächst entsprechend der Funktion g mit $g(t) = a \cdot e^{b \cdot t}$ mit $t \in \mathbb{R}$; $a, b \neq 0$.
Dabei ist t die Zeit in Jahren, t = 0 ist das Jahr 2016 und g(t) gibt die Einwohnerzahl des Landes in Millionen zum Zeitpunkt t an.
Im Jahr 2016 lebten 120 Millionen Menschen in dem Land, im Jahr 2018 sind es 126 Millionen Menschen.

2.4 Bestimmen Sie die Werte für a und b. 3

Im Folgenden sei a = 120 und b = 0,025.

2.5 Bestimmen Sie die Bevölkerungszahl im Jahr 2033.
In welchem Jahr war unter diesen Vorgaben die Bevölkerungszahl halb so groß wie im Jahr 2016? 4

2.6 Bestimmen Sie, um wie viel Prozent die Einwohnerzahl jährlich zunimmt. 3

30

Prüfung zur Fachhochschulreife 2017/2018

Teil 2 mit Hilfsmittel **Aufgabe 3** **Punkte**

Gegeben sind die Funktionen f und g mit

$f(x) = -2 \cdot e^{-0,5x} + 3, \quad g(x) = -2 \cdot \sin(0,5 \cdot x) + 3,\ x \in \mathbb{R}.$

Das Schaubild von f ist K_f, das Schaubild von g ist K_g.

3.1 Berechnen Sie die Koordinaten der Achsenschnittpunkte von K_f.
Zeigen Sie, dass K_f keine Extrempunkte und keine Wendepunkte besitzt.
Zeichnen Sie K_f für $-2 \leq x \leq 6$. 9

3.2 Begründen Sie, dass K_f und K_g unendlich viele Schnittpunkte haben.
Das Schaubild K_f wird so verschoben, dass es keine gemeinsamen Punkte mit K_g hat.
Geben Sie einen passenden Funktionsterm an.
Kann K_f so verschoben werden, dass es K_g in einem Tiefpunkt berührt?
Begründen Sie. 6

3.3 Zeigen Sie, dass der Punkt $W(2\pi \mid 3)$ Wendepunkt von K_g ist.
Bestimmen Sie die Gleichung der Tangente in W. 7

3.4 Johanna soll den Inhalt der in der Zeichnung schraffierten Fläche berechnen. Nur einer der Ansätze a) bis c) liefert das richtige Ergebnis.

Nennen Sie je ein Argument, warum die anderen beiden Ansätze falsch sind.

a) $A = \int_{\pi}^{5\pi} (-2 \cdot \sin(0,5x) + 3)dx$

b) $A = \int_{\pi}^{5\pi} (-2 \cdot \sin(0,5x) + 2)dx$

c) $A = \int_{\pi}^{3\pi} (-2 \cdot \sin(0,5x) + 3 - 1)dx$

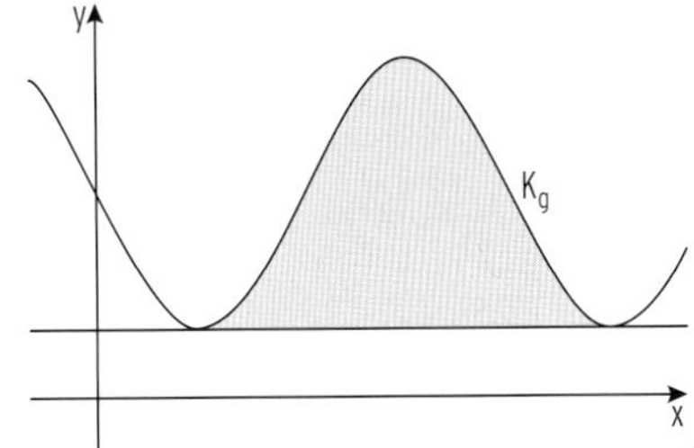

Berechnen Sie den gesuchten Flächeninhalt. 8

30

Prüfung zur Fachhochschulreife 2017/2018

Teil 2 mit Hilfsmittel **Aufgabe 4** **Punkte**

4.1 Gegeben ist das Schaubild K_h einer trigonometrischen Funktion h.

Untersuchen Sie, ob folgende Aussagen wahr oder falsch sind.

Begründen Sie Ihre Entscheidung.

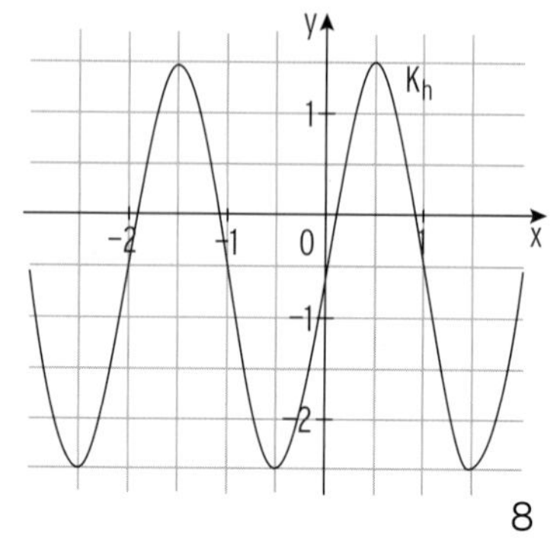

a) $h(-2{,}25) < 0$

b) $h'(-2{,}25) < 0$

c) $h''(-2{,}25) < 0$

d) $\int_{-2,25}^{0} h(x)dx < 0$ — 8

4.2 Die Abbildung zeigt das Schaubild einer trigonometrischen Funktion g mit dem Hochpunkt H(0 | 3) und dem Tiefpunkt T(4 | − 1).

Geben Sie einen möglichen Funktionsterm von g an.

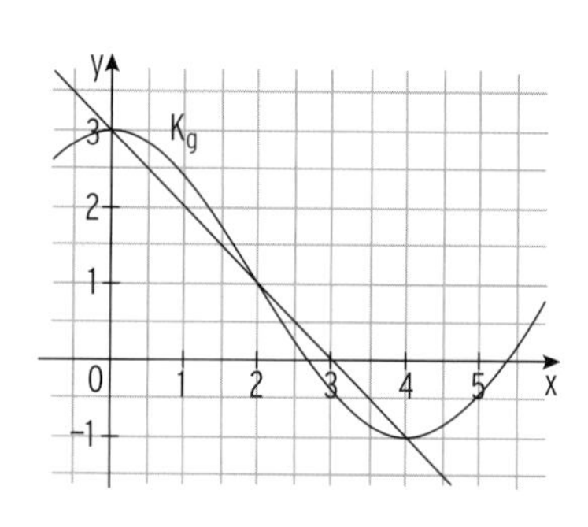

Die Gerade mit der Gleichung $y = -x + 3$ verläuft durch die Punkte H und T.

Begründen Sie, dass Folgendes gilt: $\int_{0}^{4} (g(x) - (-x + 3))dx = 0.$ — 6

Gegeben ist die Funktion f durch $f(x) = \frac{1}{4}x^4 - \frac{3}{2}x^2 + \frac{9}{4}$, $x \in \mathbb{R}$.

Ihr Schaubild ist K_f.

4.3 Untersuchen Sie K_f auf Symmetrie.

Berechnen Sie die Koordinaten der gemeinsamen Punkte von K_f und der x-Achse. Zeichnen Sie K_f für $-2{,}5 \leq x \leq 2{,}5$.

Untersuchen Sie das Krümmungsverhalten von K_f. — 13

4.4 Ermitteln Sie die Gleichung der Stammfunktion von f, deren Schaubild durch den Punkt P(1 | 1) geht. — 3

30

Prüfung zur Fachhochschulreife 2017/2018 – Lösungen

Prüfung zur Fachhochschulreife 2018 **Aufgaben Seite 171 - 174**

Teil 1 ohne Hilfsmittel **Aufgabe 1**

1.1 Schnittpunkt mit der y-Achse: $S_y(0 \mid 2)$

Hochpunkt: $H(-2 \mid 30)$ Bedingungen: $f'(-2) = 0$ und $f''(-2) = -18 < 0$

Tiefpunkt: $T(4 \mid -78)$ Bedingungen: $f'(4) = 0$ und $f''(4) = 18 > 0$

Ansatz für die Tangente: $y = mx + b$

$f'(-1) = -15 = m$; Punktprobe mit $(-1 \mid 22)$: $22 = -15 \cdot (-1) + b \Rightarrow b = 7$

Gleichung der Tangente: $y = -15x + 7$

1.2 Der Funktionsterm von g ist mit $g(x) = -\frac{1}{24}x^2 \cdot (x-5) \cdot (x+3)$ im Nullstellenansatz gegeben. Die Art und Lage der Nullstellen kann hieraus abgelesen werden: Doppelte Nullstelle in $x = 0$; Einfache Nullstellen in $x = 5$ und $x = -3$.

Skizze:

Hinweis: Aus dem negativen Wert des Leitkoeffizienten $-\frac{1}{24}$ ergibt sich ein Verlauf des Schaubildes vom III. in den IV. Quadranten.

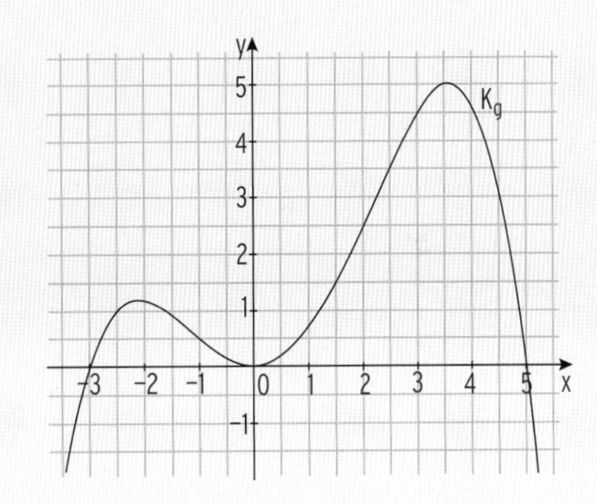

1.3 Gleichung: $e^{2x} - 3e^x = 0$

Ausklammern: $e^x \cdot (e^x - 3) = 0$

Satz vom Nullprodukt: $e^x \neq 0$ $e^x - 3 = 0$

$e^x = 3$

Logarithmieren führt zur Lösung: $x = \ln(3)$

Prüfung zur Fachhochschulreife 2017/2018 – Lösung

Teil 1 ohne Hilfsmittel **Aufgabe 1**

1.4 Da die Funktion h vom Typ „e^{-x}" ist, nähert sich das Schaubild für $x \to \infty$ seiner Asymptote an. Somit gehört Schaubild B zu h.

Die Gleichung der Asymptote lautet $y = 2$, somit gilt $b = 2$.

Das Schaubild verläuft durch $S_y(0 \mid -1)$. Einsetzen der Koordinaten in $h(x) = a \cdot e^{-x} + 2$ führt auf den Wert von a: $-1 = a \cdot e^0 + 2$

$e^0 = 1$ $\qquad -1 = a \cdot 1 + 2$

$-3 = a$

1.5 $$\int_0^{\frac{\pi}{4}} \cos(2x)dx = \left[\frac{1}{2} \cdot \sin(2x)\right]_0^{\frac{\pi}{4}} = \frac{1}{2} \cdot \sin(2 \cdot \tfrac{\pi}{4}) - \frac{1}{2} \cdot \sin(0)$$

$$= \frac{1}{2} \cdot \sin(\tfrac{\pi}{2}) - \frac{1}{2} \cdot \sin(0)$$

$$= \frac{1}{2} \cdot 1 - 0 = \frac{1}{2}$$

1.6 Nullstellen von f: $f(x) = 0$ $\qquad 3 \cdot x^3 - 27 \cdot x = 0$

Ausklammern: $\qquad 3x(x^2 - 9) = 0$

Satz vom Nullprodukt: $\qquad 3x = 0$ oder $x^2 - 9 = 0$

Nullstellen: $\qquad x = 0$ oder $x = \pm 3$

1.7 $g'(3) = 2$ $\qquad$ Die Steigung der Tangente an das Schaubild von g an der Stelle $x = 3$ ist 2.

$g''(3) = 0;\ g'''(3) \neq 0$ $\qquad$ Das Schaubild der Funktion g hat einen Wendepunkt an der Stelle $x = 3$.

Prüfung zur Fachhochschulreife 2017/2018 – Lösung

Teil 2 mit Hilfsmittel **Aufgabe 2**

2.1 **Gemeinsame Punkte mit x-Achse**

Bedingung: $f(x) = 0$ $x^3 - 3x^2 = 0$

Ausklammern: $x^2 \cdot (x - 3) = 0$

Satz vom Nullprodukt: $x^2 = 0$ oder $x - 3 = 0$

$x_{1|2} = 0;\ x_3 = 3$

$N_{1|2}(0 \mid 0)$ und $N_3(3 \mid 0)$ sind die gemeinsamen Punkte mit der x-Achse

Extrempunkte

Ableitungen: $f'(x) = 3x^2 - 6x;\ f''(x) = 6x - 6$

Bedingung: $f'(x) = 0$ $3x^2 - 6x = 0$

Ausklammern: $x \cdot (3x - 6) = 0$

Satz vom Nullprodukt: $x = 0$ oder $3x - 6 = 0$

$x_1 = 0;\ x_2 = 2$

Wegen $f''(0) = 6 \cdot 0 - 6 = -6 < 0$ und $f(0) = 0$ liegt der Hochpunkt $H(0 \mid 0)$ vor.

Wegen $f''(2) = 6 \cdot 2 - 6 = 6 > 0$ und $f(2) = 2^3 - 3 \cdot 2^2 = -4$ liegt der Tiefpunkt $T(2 \mid -4)$ vor.

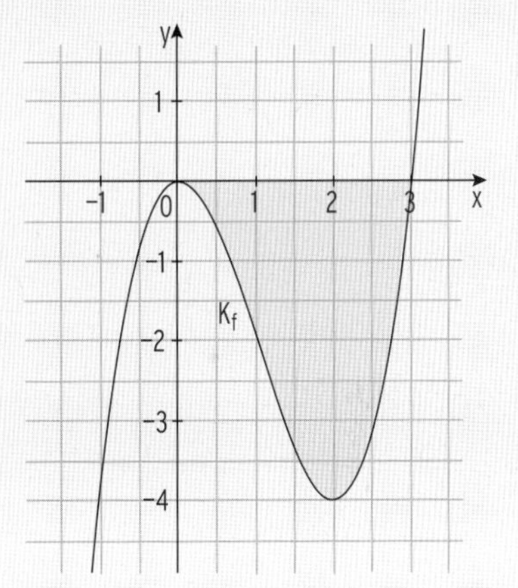

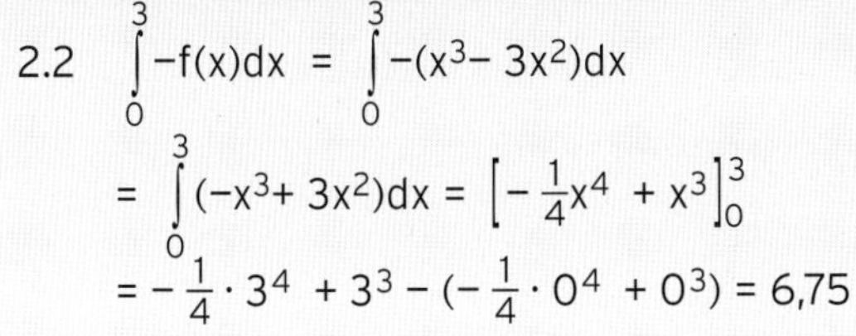

2.2 $$\int_0^3 -f(x)dx = \int_0^3 -(x^3 - 3x^2)dx$$
$$= \int_0^3 (-x^3 + 3x^2)dx = \left[-\tfrac{1}{4}x^4 + x^3\right]_0^3$$
$$= -\tfrac{1}{4} \cdot 3^4 + 3^3 - (-\tfrac{1}{4} \cdot 0^4 + 0^3) = 6{,}75$$

Hinweis: Da sich die Fläche unterhalb der x-Achse befindet, erhält man bei der Integration über $-f(x)$ den zugehörigen Inhalt.

2.3 a) Falsch. Gegenbeispiel: $f(x) = x^4 + 1$.
f hat keine Nullstelle.

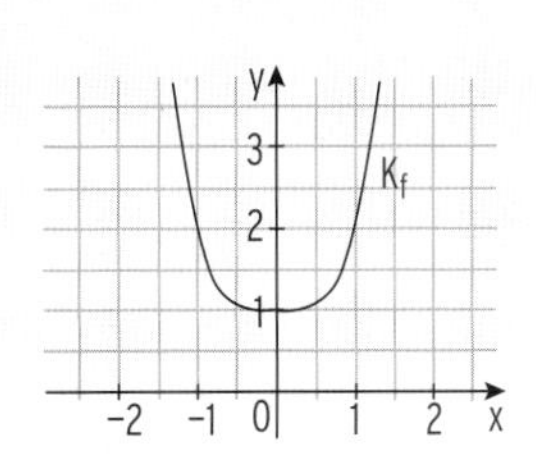

Prüfung zur Fachhochschulreife 2017/2018 – Lösung

Teil 2 mit Hilfsmittel **Aufgabe 2**

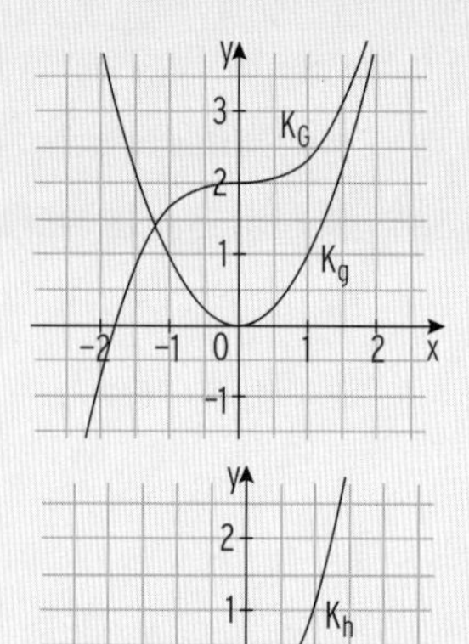

b) Falsch. Gegenbeispiel: g mit $g(x) = x^2$ hat in $x = 0$ eine doppelte Nullstelle.
G mit $G(x) = \frac{1}{3}x^3 + 2$ ist eine zugehörige Stammfunktion, hat in $x = 0$ keine Extremstelle.

c) Falsch. Gegenbeispiel: $h(x) = x^3$.
Der Graph von h hat keinen Extrempunkt.

2.4 Jahr 2016 $\hat{=}$ $t = 0$; Jahr 2018 $\hat{=}$ $t = 2$

Einsetzen von (0 | 120) in $g(t) = a \cdot e^{b \cdot t}$ führt auf a: $g(0) = 120$

$a \cdot e^{b \cdot 0} = 120$

$e^0 = 1$ $\quad a \cdot 1 = 120$ $\quad$ also $a = 120$

Einsetzen von (2 | 126) in $g(t) = 120 \cdot e^{b \cdot t}$ führt auf b: $g(2) = 126$

$120 \cdot e^{b \cdot 2} = 126$

$e^{2b} = \frac{126}{120} \quad \Leftrightarrow \quad e^{2b} = \frac{21}{20}$

Logarithmieren: $2b = \ln(\frac{21}{20})$

Lösung: $b = \frac{\ln(\frac{21}{20})}{2} \approx 0{,}0244$

2.5 Jahr 2033 $\hat{=}$ $t = 17$. $g(17) = 120 \cdot e^{0{,}025 \cdot 17} \approx 183{,}55$.

Die Bevölkerungszahl im Jahr 2033 beträgt ungefähr 183,55 Mio. Menschen.

Halbe Bevölkerungszahl wie 2016, somit $\frac{120}{2} = 60$ Mio. Menschen.

Bedingung: $g(t) = 60$ $\quad 120 \cdot e^{0{,}025t} = 60$

$e^{0{,}025t} = \frac{1}{2}$

Logarithmieren: $0{,}025t = \ln(\frac{1}{2})$

Lösung: $t = \frac{\ln(\frac{1}{2})}{0{,}025} \approx -27{,}73$

Da $t = 0$ dem Jahr 2016 entspricht, entspricht $t = -27{,}73$ dem Jahr $2016 - 27{,}73 = 1988{,}27$ und somit dem Jahr 1988.

2.6 Z. B. $\frac{g(1)}{g(0)} \approx \frac{123{,}0378}{120} \approx 1{,}0253$ (oder auch $\frac{g(2)}{g(1)} = \frac{g(3)}{g(2)} = \ldots = e^{0{,}025} \approx 1{,}0253$)

Allgemein gilt also: $g(t + 1) \approx 1{,}0253 \cdot g(t)$

Die Einwohnerzahl nimmt also jährlich um ca. 2,53 % zu.

Hinweis: Wachstumsfaktor: 1,0253; Zunahme um 2,53 % pro Jahr

Prüfung zur Fachhochschulreife 2017/2018 – Lösung

Teil 2 mit Hilfsmittel **Aufgabe 3**

3.1 Schnittpunkt mit der y-Achse: $f(0) = -2 \cdot e^0 + 3 = -2 \cdot 1 + 3 = 1$; $S_y(0 \mid 1)$

Schnittpunkt mit x-Achse

Bedingung: $f(x) = 0$ $\qquad -2 \cdot e^{-0,5x} + 3 = 0$

$2 \cdot e^{-0,5x} = 3$

$e^{-0,5x} = \frac{3}{2}$

Logarithmieren: $\qquad -0,5x = \ln(\frac{3}{2})$

Lösung: $\qquad x = \frac{\ln(\frac{3}{2})}{-0,5} = -2 \cdot \ln(\frac{3}{2}) \approx -0,8109$

Schnittpunkt mit x-Achse: $N(-2 \cdot \ln(\frac{3}{2}) \mid 0)$

Untersuchung auf Extrempunkte:

$f'(x) = -2 \cdot e^{-0,5x} \cdot (-0,5) = e^{-0,5x}$; $f''(x) = e^{-0,5x} \cdot (-0,5) = -0,5 \cdot e^{-0,5x}$

Bedingung: $f'(x) = 0$ $\qquad -0,5 \cdot e^{-0,5x} = 0 \Leftrightarrow e^{-0,5x} = 0$

Diese Gleichung hat keine Lösung (da $e^{-0,5x} > 0$). Somit hat das Schaubild von f keine Extrempunkte.

Untersuchung auf Wendepunkte:

Bedingung: $f''(x) = 0$ $\qquad -0,5 \cdot e^{-0,5x} = 0$

$e^{-0,5x} = 0$

Diese Gleichung hat keine Lösung (da $f''(x) < 0$ oder $e^{-0,5x} > 0$). Somit hat das Schaubild keine Wendepunkte.

Zeichnung:

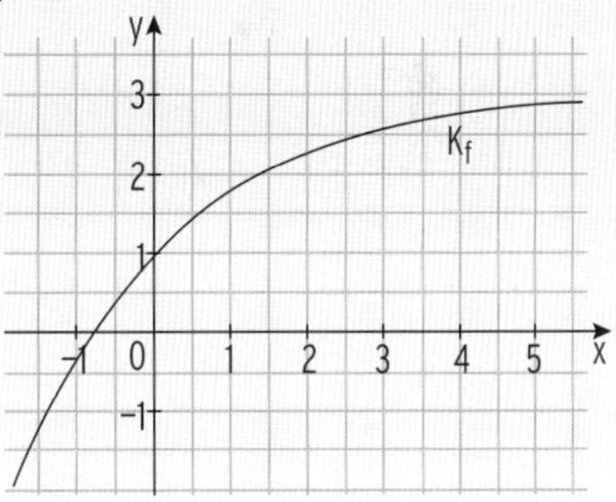

3.2 Die Gerade mit der Gleichung $y = 3$ ist Asymptote an K_f und gleichzeitig die „Mittellinie" von K_g, auf welcher alle Wendepunkte von K_g liegen. Somit gibt es unendlich viele Schnittpunkte.
(Die Schnittpunkte von K_f und K_g haben einen y-Wert kleiner 3.)

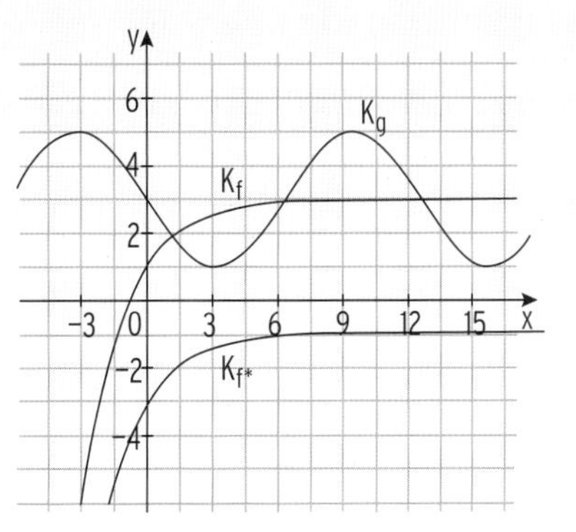

Prüfung zur Fachhochschulreife 2017/2018 – Lösung

Teil 2 mit Hilfsmittel **Aufgabe 3**

3.2 g hat den Wertebereich $1 \leq g(x) \leq 5$

Um keine gemeinsamen Punkte zu erhalten, muss K_f um mindestens 2 LE nach unten verschoben werden. Dann liegt die Asymptote auf oder unterhalb der Geraden mit der Gleichung $y = 1$.

Wird K_f beispielsweise um 4 LE nach unten verschoben, so erhält man f^* mit $f^*(x) = -2 \cdot e^{-0{,}5x} - 1$.

Die Funktion f ist streng monoton steigend ($f'(x) = e^{-0{,}5x} > 0$). An keiner Stelle beträgt die Steigung 0.

Somit ist es nicht möglich, das Schaubild K_f so zu verschieben, dass es K_g in einem Tiefpunkt (in welchem die Steigung gleich 0 ist) berührt.

(Bedingung: $f'(x) = g'(x) = 0$)

3.3 Ableitungen: $g'(x) = -2 \cdot \cos(0{,}5x) \cdot 0{,}5 = -\cos(0{,}5x)$

$g''(x) = 0{,}5 \cdot \sin(0{,}5x)$; $g'''(x) = 0{,}5 \cdot \cos(0{,}5x) \cdot 0{,}5 = 0{,}25 \cdot \cos(0{,}5x)$

Nachweis für Wendepunkt $W(2\pi \mid 3)$:

Bedingungen für Wendepunkte: $g''(x) = 0$ und $g'''(x) \neq 0$

$g''(2\pi) = 0{,}5 \cdot \sin(0{,}5 \cdot 2\pi) = 0{,}5 \cdot \sin(\pi) = 0{,}5 \cdot 0 = 0$

$g'''(2\pi) = 0{,}25 \cdot \cos(0{,}5 \cdot 2\pi) = 0{,}25 \cdot \cos(\pi) = 0{,}25 \cdot (-1) = -0{,}25 \neq 0$

$g(2\pi) = -2 \cdot \sin(0{,}5 \cdot 2\pi) + 3 = -2 \cdot \sin(\pi) + 3 = -2 \cdot 0 + 3 = 3$

Somit liegt der Wendepunkt $W(2\pi \mid 3)$ vor.

Gleichung der Tangente in W

Ansatz: $y = mx + b$

Steigung $m_t = g'(2\pi) = -\cos(\pi) = 1$

Punktprobe mit $W(2\pi \mid 3)$ in $y = x + b$: $3 = 2\pi + b \Rightarrow b = 3 - 2\pi \approx -3{,}28$

Tangentengleichung: $y = x + 3 - 2\pi$

oder auch $y = x - 3{,}28$

Prüfung zur Fachhochschulreife 2017/2018 – Lösung

Teil 2 mit Hilfsmittel **Aufgabe 3**

3.4 Die schraffierte Fläche wird begrenzt durch K_g, die waagrechte Gerade mit der Gleichung $y = 1$ und die beiden Tiefpunkte $T_1(\pi \mid 1)$ und $T_2(5\pi \mid 1)$.

Hinweis: Die Funktion hat die Periodenlänge $p = \frac{2\pi}{0{,}5} = 4\pi$.

Nur Ansatz b) führt zum gesuchten Flächeninhalt.

$$\int_{\pi}^{5\pi} (-2 \cdot \sin(0{,}5x) + 2)dx = \int_{\pi}^{5\pi} (-2 \cdot \sin(0{,}5x) + 3 - 1)dx$$

Ansatz a): Die waagrechte Gerade mit der Gleichung $y = 1$ durch die beiden Tiefpunkte begrenzt die Fläche nach unten. Dies wird in diesem Ansatz jedoch nicht berücksichtigt.

Ansatz c): Die Obergrenze des Intervalls sollte bei 5π und nicht bei 3π liegen.

$$A = \int_{\pi}^{5\pi} (-2 \cdot \sin(0{,}5x) + 2)\, dx = \left[-\frac{2}{0{,}5} \cdot (-\cos(0{,}5x) + 2x)\right]_{\pi}^{5\pi}$$

$= [4 \cdot \cos(0{,}5x) + 2x]_{\pi}^{5\pi}$

$= 4 \cdot \cos(0{,}5 \cdot 5\pi) + 2 \cdot 5\pi - (4 \cdot \cos(0{,}5 \cdot \pi) + 2 \cdot \pi)$

$= 10\pi - 2\pi = 8\pi \approx 25{,}13$

Hinweis: $\cos(0{,}5\pi) = 0$

$\cos(2{,}5\pi) = 0$

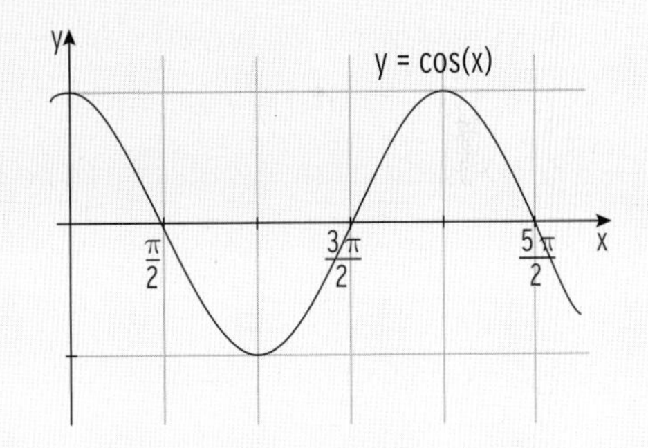

Prüfung zur Fachhochschulreife 2017/2018 – Lösung

Teil 2 mit Hilfsmittel **Aufgabe 4**

4.1 a) Aussage ist wahr. Der Kurvenpunkt $(-2{,}25 \mid h(-2{,}25))$ liegt unterhalb der x-Achse.

b) Aussage ist falsch. Die Steigung von K_h in $x = -2{,}25$ ist positiv.

c) Aussage ist falsch. Das Schaubild ist in diesem Bereich linksgekrümmt.

d) Aussage ist wahr. Durch den Ansatz wird die „Flächenbilanz" der Inhalte jener Flächen berechnet, die zwischen $x = -2{,}25$ und $x = 0$, zwischen Kurve und x-Achse liegen. Der Inhalt des Flächenstückes oberhalb der x-Achse ist kleiner als die Inhalte der beiden Flächenstücke unterhalb.

4.2 Aufgrund des Verlaufes des Schaubildes mit einem Hochpunkt in $x = 0$ wird vom Ansatz $f(x) = a \cdot \cos(b \cdot x) + c$ ausgegangen.

Der Abbildung zu entnehmen:

Die „Mittellinie" bzw. Verschiebung nach oben liegt bei 1, somit $c = 1$.

Die Amplitude beträgt 2, somit $a = 2$.

Die Periodenlänge von 8 führt zu $b = \frac{2\pi}{8} = \frac{\pi}{4}$.

Man erhält $f(x) = 2 \cdot \cos(\frac{\pi}{4} \cdot x) + 1$.

Die Gerade schneidet K_g in den beiden Extrempunkten und im Wendepunkt. Das Schaubild einer trigonometrischen Funktion ist stets punktsymmetrisch zum Wendepunkt. Die beiden Flächenstücke haben somit den gleichen Inhalt.

Die Flächenstücke sind unterschiedlich orientiert.

$$\int_0^2 (g(x) - (-x + 3))dx = -\int_2^4 (g(x) - (-x + 3))dx$$

Als „Flächenbilanz" ergibt sich der Wert 0.

4.3 Da im Funktionsterm von f nur gerade Exponenten in x vorkommen, ist das zugehörige Schaubild K_f symmetrisch zur y-Achse.

Nachweis: $f(-x) = \frac{1}{4} \cdot (-x)^4 - \frac{3}{2} \cdot (-x)^2 + \frac{9}{4} = \frac{1}{4} \cdot x^4 - \frac{3}{2} \cdot x^2 + \frac{9}{4} = f(x)$

Prüfung zur Fachhochschulreife 2017/2018 – Lösung

Teil 2 mit Hilfsmittel **Aufgabe 4**

4.3 Schnittpunkte mit der x-Achse

Bedingung: $f(x) = 0$ $\quad \frac{1}{4}x^4 - \frac{3}{2}x^2 + \frac{9}{4} = 0$

Substitution $x^2 = z$ $(x^4 = z^2)$: $\quad \frac{1}{4}z^2 - \frac{3}{2}z + \frac{9}{4} = 0$

Lösungsformel in z: $\quad z_{1|2} = \dfrac{\frac{3}{2} \pm \sqrt{\left(\frac{3}{2}\right)^2 - 4 \cdot \frac{1}{4} \cdot \frac{9}{4}}}{\frac{1}{2}} = \dfrac{\frac{3}{2} \pm 0}{\frac{1}{2}}$

Lösung in z (doppelt): $\quad z_{1|2} = 3$

Rücksubstitution: $\quad x^2 = 3$

Lösungen in x: $\quad x_1 = -\sqrt{3};\ x_2 = \sqrt{3}$

Man erhält $N_1(-\sqrt{3} \mid 0)$; $N_2(\sqrt{3} \mid 0)$

Alternative: $\quad \frac{1}{4}z^2 - \frac{3}{2}z + \frac{9}{4} = 0 \quad | \cdot 4$

$z^2 - 6z + 9 = 0$

Binomische Formel: $\quad (z-3)^2 = 0 \Rightarrow z_{1|2} = 3$

Untersuchung der Krümmung

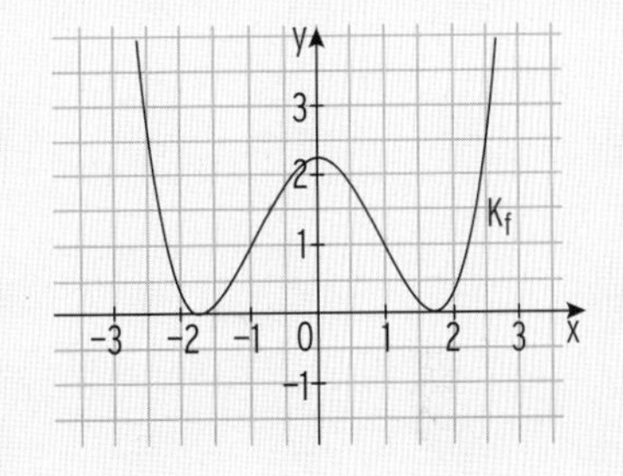

Ableitungen: $f'(x) = x^3 - 3x$; $f''(x) = 3x^2 - 3$

Berechnung der Stellen, an welchen sich die Krümmung ändert.

Bedingung: $f''(x) = 0 \Leftrightarrow 3x^2 - 3 = 0 \Leftrightarrow x^2 = 1$

Lösungen: $x_1 = -1$; $x_2 = 1$

Das Schaubild ist von $x_1 = -1$ bis $x_2 = 1$ rechtsgekrümmt und sonst linksgekrümmt, was anhand einer Skizze zu erkennen ist.

Alternativ ohne Skizze: Beispielsweise gilt $f''(0) = 3 \cdot 0^2 - 3 = -3 < 0$, somit ist K_f in $x = 0$ rechtsgekrümmt. Das Schaubild ist also von $x_1 = -1$ bis $x_2 = 1$ rechtsgekrümmt und sonst linksgekrümmt.

4.4 Stammfunktion von f: $F(x) = \frac{1}{20}x^5 - \frac{1}{2}x^3 + \frac{9}{4}x + c;\quad c \in \mathbb{R}$

Einsetzen der Koordinaten von $P(1 \mid 1)$: $\frac{1}{20} \cdot 1^5 - \frac{1}{2} \cdot 1^3 + \frac{9}{4} \cdot 1 + c = 1 \Leftrightarrow c = -\frac{4}{5}$

Man erhält $F(x) = \frac{1}{20}x^5 - \frac{1}{2}x^3 + \frac{9}{4}x - \frac{4}{5}$

Prüfung zur Fachhochschulreife 2018/2019

Lösungen Seite 188 - 195

Teil 1 ohne Hilfsmittel **Aufgabe 1** **Punkte**

1.1 Lösen Sie die Gleichung $x^4 + 2x^2 - 16 = -1$. 5

1.2 Gegeben ist das Schaubild einer Polynomfunktion f dritten Grades. 6
Entscheiden und begründen Sie, ob die folgenden Aussagen wahr oder falsch sind.

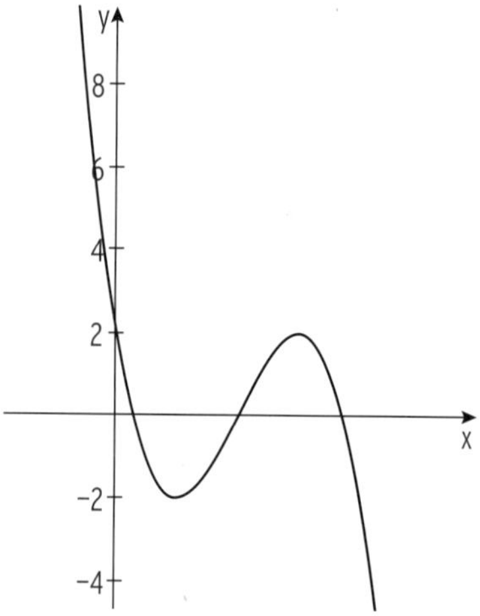

a) Das Schaubild der ersten Ableitungsfunktion von f ist eine nach unten geöffnete Parabel.

b) Das Schaubild einer neuen Funktion $f_{neu}(x) = f(x) + 1$ schneidet die x-Achse genau zweimal.

c) Das Schaubild einer Stammfunktion von f besitzt genau einen Wendepunkt.

1.3 Gegeben ist eine Funktion g mit $g(x) = x^3 - 2x^2 + 16$, $x \in \mathbb{R}$. 4
Bestimmen Sie die Gleichung der Tangente an das Schaubild von g an der Stelle $x = 2$.

1.4 Berechnen Sie den Wert des Integrals $\int_0^{4 \cdot \ln(2)} e^{0{,}25x}\,dx$. 4

1.5 Die Funktion k ist gegeben durch $k(x) = 2e^{-x} - 1$, $x \in \mathbb{R}$. 5
Das Schaubild heißt K.
Geben Sie die Gleichung der Asymptote von K an. Skizzieren Sie K. In welchem Quadranten schließt K mit den Koordinatenachsen eine Fläche ein?

1.6 Eine Polynomfunktion p vom Grad 4 soll dieselben Nullstellen haben wie die Funktion h mit $h(x) = 3\sin(\pi x)$, $x \in [0\,;\,3]$. 6
Weiterhin hat p an der Stelle $x = \frac{3}{2}$ den Funktionswert 3.
Bestimmen Sie einen Funktionsterm von p.

30

Prüfung zur Fachhochschulreife 2018/2019

Teil 2 mit Hilfsmittel **Aufgabe 2** **Punkte**

Gegeben ist die Funktion f durch $f(x) = \frac{2}{27}x^4 - \frac{4}{3}x^2$ mit $x \in \mathbb{R}$. Ihr Schaubild ist K_f.

2.1 Untersuchen Sie K_f auf Symmetrie. 8

Berechnen Sie die Koordinaten der Wendepunkte von K_f.

Zeichnen Sie K_f für $-4 \leq x \leq 4$.

2.2 Die Gerade mit der Gleichung $x = u$ mit $0 \leq x \leq 4$ schneidet die x-Achse in Punkt A und K_f in Punkt P. Der Ursprung O bildet mit A und P ein Dreieck. 7

a) Veranschaulichen Sie dies für $u = 2$ im Schaubild aus 2.1.

b) Bestimmen Sie u so, dass der Flächeninhalt des Dreiecks OPA maximal ist.

Gegeben sind die Funktion g durch $g(x) = 6e^{-\frac{1}{6}x} - 3$ mit $x \in \mathbb{R}$, ihr Schaubild K_g und die Gerade t mit der Gleichung $y = -x + 3$.

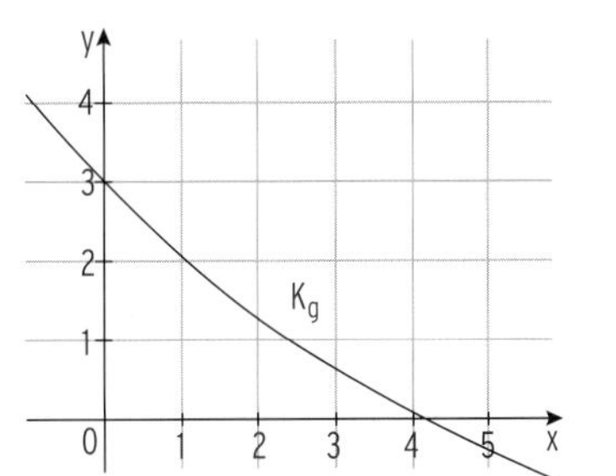

2.3 Zeigen Sie, dass sich die Gerade t und K_g im Schnittpunkt mit der y-Achse berühren. 5

Begründen Sie, warum K_g und t keine weiteren gemeinsamen Punkte haben.

2.4 Berechnen Sie die Nullstelle von g. 6

Berechnen Sie den Inhalt der Fläche, die K_g mit den Koordinatenachsen einschließt.

2.5 Gegeben ist das Schaubild $K_{h'}$ der Ableitungsfunktion h′ einer Funktion h. 4

Bestätigen oder widerlegen Sie begründet folgende Aussagen.

(1) K_h hat an der Stelle $x = 2$ einen Hochpunkt.

(2) K_h ist für $1 \leq x \leq 2{,}5$ rechtsgekrümmt.

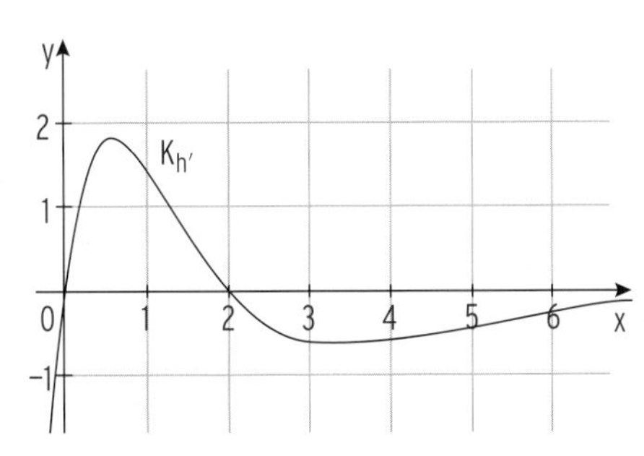

30

Prüfung zur Fachhochschulreife 2018/2019

Aufgabe 3 **Punkte**

Gegeben ist die Funktion h mit $h(x) = -\cos(2x) + 0{,}5$, $x \in [0; \pi]$.

Ihr Schaubild heißt K_h.

3.1 Geben Sie den Wertebereich von K_h an. 9

Berechnen Sie die Koordinaten der Schnittpunkte von K_h mit der x-Achse.

Zeichnen Sie K_h.

3.2 Die Gerade mit der Gleichung $y = 0{,}5$ schließt mit K_h eine Fläche ein. 6

Ermitteln Sie den Inhalt dieser Fläche.

3.3 Geben Sie jeweils einen veränderten Funktionsterm an, wenn 3

(1) das Schaubild von h an der x-Achse gespiegelt wird.

(2) das Schaubild von h um 2 nach unten verschoben wird.

(3) die Periode der neuen Funktion nun den Wert $\frac{\pi}{2}$ hat.

3.4 Gegeben ist die Funktion f mit $f(x) = a \cdot e^{0{,}5x} + bx + 1$, $x \in \mathbb{R}$ und $a, b \neq 0$. 6

Das Schaubild von f heißt K_f.

K_f verläuft durch den Ursprung und hat bei $x = 2$ einen Hochpunkt.

Bestimmen Sie den Funktionsterm.

Geben Sie die Koordinaten des Hochpunktes und die Gleichung der Asymptote an.

3.5 Gegeben ist die Ableitungsfunktion g' einer Funktion g durch 6

$g'(x) = e^{\frac{1}{3}x} - 3$ mit $x \in \mathbb{R}$.

Berechnen Sie die Extremstelle von g.

Für welche x-Werte verläuft das Schaubild von g steigend?

$\overline{30}$

Prüfung zur Fachhochschulreife 2018/2019

Aufgabe 4 **Punkte**

4.1 Eine Polynomfunktion zweiten Grades verläuft durch die Punkte 6
$A(0 \mid 2)$, $B(2 \mid 4)$ und $C(-1 \mid 4)$.
Berechnen Sie einen Funktionsterm. Bestimmen Sie den Scheitelpunkt.

Gegeben ist die Funktion g durch $g(x) = x^5 + x + 1$, $x \in \mathbb{R}$. Ihr Schaubild ist K_g.

4.2 Zeigen Sie, dass K_g keine Extrempunkte besitzt. 3

4.3 Begründen Sie, dass K_g im Bereich $-1 \leq x \leq 0$ eine Nullstelle hat. 5
Ermitteln Sie näherungsweise die ersten beiden Nachkommastellen dieser Nullstelle.

4.4 Das Schaubild einer Stammfunktion G von g verläuft durch den Punkt 4
$P(1 \mid 2{,}5)$.
Bestimmen Sie einen Funktionsterm von G .

Erfahrene Meteorologen sagen voraus, dass der Lufttemperaturverlauf (in °C) an einem bestimmten Ort in den nächsten 24 Stunden näherungsweise durch die Funktion T mit $T(t) = -8\cos(\frac{\pi}{12} \cdot t) + 6$; $t \geq 0$, t in Stunden, beschrieben werden kann. Dabei ist $t = 0$ um 6:00 Uhr.

4.5 Berechnen Sie, welche Höchst- bzw. Tiefsttemperatur nach diesem 4
Modell in den nächsten 24 Stunden zu erwarten sind.
Geben Sie alle Uhrzeiten an, zu welchen die Höchst- bzw. Tiefsttemperatur erreicht wird.

4.6 Bestimmen Sie die Werte von t, für die die Temperaturen über 0° C 4
liegen.

4.7 Ermitteln Sie die Uhrzeit, zu der der momentane Temperaturanstieg 4
am größten ist.

30

Hinweis: 4.1 wurde aufgrund der Prüfungsvorgaben 2021 geändert

Lösungen zur Prüfung zur Fachhochschulreife 2018/2019

Prüfung zur Fachhochschulreife 2019 **Aufgaben Seite 184 - 187**

Teil 1 ohne Hilfsmittel **Aufgabe 1**

1.1 Gleichung $x^4 + 2x^2 - 16 = -1$

Nullform $x^4 + 2x^2 - 15 = 0$

Substitution: $u = x^2$ $u^2 + 2u - 15 = 0$

Mit Formel: $u_{1|2} = \frac{-b \pm \sqrt{b^2 - 4ac}}{2a} = \frac{-2 \pm \sqrt{2^2 - 4 \cdot 1 \cdot (-15)}}{2 \cdot 1}$

$= \frac{-2 \pm 8}{2}$

Lösung: $u_1 = \frac{-2-8}{2} = -5$; $u_2 = \frac{-2+8}{2} = 3$

Rücksubstitution: $x^2 = u$ $x^2 = -5$ keine Lösung

$x^2 = 3 \Rightarrow x_{1|2} = \pm\sqrt{3} \approx \pm 1{,}73...$

1.2 a) Aussage ist wahr; die Funktion f ist vom Grad 3 und das Schaubild verläuft vom 2. in den 4. Quadranten, hat also ein negatives Vorzeichen vor der Potenz mit dem höchsten Exponenten. Somit ist das Schaubild der Ableitungsfunktion eine Parabel (Grad 2) mit negativem Vorzeichen vor der Potenz mit dem höchsten Exponenten, also nach unten geöffnet.

b) Aussage ist falsch; durch Verschiebung des Schaubildes von f um eine Einheit nach oben erhält man das Schaubild von f_{neu}. Dessen Tiefpunkt liegt jedoch weiterhin unterhalb und der Hochpunkt oberhalb der x-Achse Das Schaubild von f_{neu} schneidet die x-Achse dreimal.

c) Aussage ist falsch; Das Schaubild von f hat zwei Extrempunkte, somit hat das Schaubild jeder Stammfunktion zwei Wendepunkte.

1.3 Berechnung des y-Wertes des Tangentialpunktes T:

$g(2) = 2^3 - 2 \cdot 2^2 + 16 = 16 \Rightarrow T\,(2 \mid 16)$

Berechnung der Tangentensteigung mithilfe der Ableitungsfunktion:

$g'(x) = 3x^2 - 4x$; $g'(2) = 3 \cdot 2^2 - 4 \cdot 2 = 4$

Einsetzen in $y = m \cdot x + b$: $16 = 4 \cdot 2 + b \Rightarrow b = 8$

Tangentengleichung: $y = 4x + 8$

Lösungen zur Prüfung zur Fachhochschulreife 2018/2019

Teil 1 ohne Hilfsmittel **Aufgabe 1**

1.4 $\int_{0}^{4 \cdot \ln(2)} e^{0,25x}\,dx = \left[\frac{1}{0,25} \cdot e^{0,25x}\right]_{0}^{4 \cdot \ln(2)} = [4 \cdot e^{0,25x}]_{0}^{4 \cdot \ln(2)}$

$= 4 \cdot e^{0,25 \cdot 4 \cdot \ln(2)} - 4 \cdot e^{0,25 \cdot 0} = 4 \cdot e^{\ln(2)} - 4 \cdot e^{0} = 4 \cdot 2 - 4 \cdot 1 = 4$

Hinweis: $e^{\ln(2)} = 2$; $e^{0} = 1$

1.5 Asymptote: $y = -1$ (für $x \to \infty$)

Skizze:

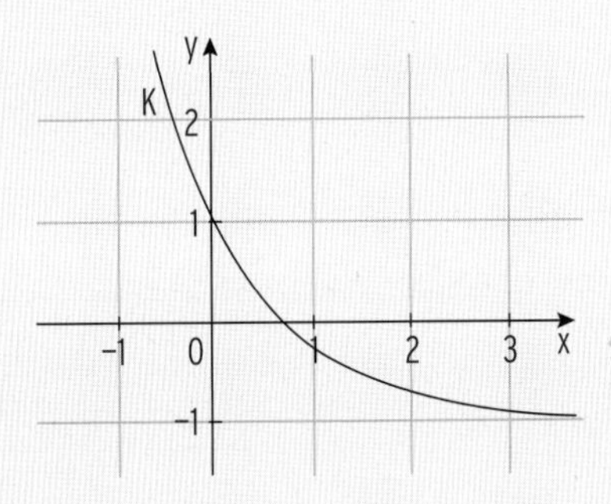

Das Schaubild schließt im ersten Quadranten mit den Koordinatenachsen eine Fläche ein.

1.6 Berechnung der Nullstellen von h:

Bedingung: $h(x) = 0 \Leftrightarrow 3\sin(\pi x) = 0 \Leftrightarrow \sin(\pi x) = 0$

$\sin(\pi x) = 0$ für $\pi x = 0, \pi, 2\pi, 3\pi, ...$

Lösungen: $\pi x = 0 \Rightarrow x_1 = 0$; Hinweis: $\sin(k\pi) = 0$

$\pi x = \pi \Rightarrow x_2 = 1$

$\pi x = 2\pi \Rightarrow x_3 = 2$

$\pi x = 3\pi \Rightarrow x_3 = 3$

Gleichung der Polynomfunktion p im Nullstellenansatz:

$p(x) = a \cdot x \cdot (x-1) \cdot (x-2) \cdot (x-3)$

Einsetzen der Koordinaten des Punktes $P(\frac{3}{2} \mid 3)$:

$3 = a \cdot \frac{3}{2} \cdot (\frac{3}{2} - 1) \cdot (\frac{3}{2} - 2) \cdot (\frac{3}{2} - 3) \Leftrightarrow 3 = a \cdot \frac{3}{2} \cdot \frac{1}{2} \cdot (-\frac{1}{2}) \cdot (-\frac{3}{2}) \Leftrightarrow 3 = \frac{9}{16}a$

Man erhält $a = \frac{16}{3}$ und damit $p(x) = \frac{16}{3} \cdot x \cdot (x-1) \cdot (x-2) \cdot (x-3)$

Lösungen zur Prüfung zur Fachhochschulreife 2018/2019

Teil 2 mit Hilfsmittel **Aufgabe 2**

2.1 Da im Funktionsterm von f nur gerade Exponenten von x auftreten, ist K_f symmetrisch zur y-Achse.

Ableitungen: $f'(x) = \frac{8}{27}x^3 - \frac{8}{3}x$; $f''(x) = \frac{8}{9}x^2 - \frac{8}{3}$; $f'''(x) = \frac{16}{9}x$

Bedingung: $f''(x) = 0 \Leftrightarrow \frac{8}{9}x^2 - \frac{8}{3} = 0 \Leftrightarrow \frac{8}{9}x^2 = \frac{8}{3} \Leftrightarrow x^2 = 3$

Lösungen: $x_1 = -\sqrt{3}$; $x_2 = \sqrt{3}$

Da $f'''(\pm\sqrt{3}) \neq 0$ gilt, sind $x_1 = -\sqrt{3}$ und $x_2 = \sqrt{3}$ Wendestellen.

Mit $f(\pm\sqrt{3}) = -\frac{10}{3}$ erhält man $W_1(-\sqrt{3} \mid -\frac{10}{3})$ und $W_2(\sqrt{3} \mid -\frac{10}{3})$.

Zeichnung:

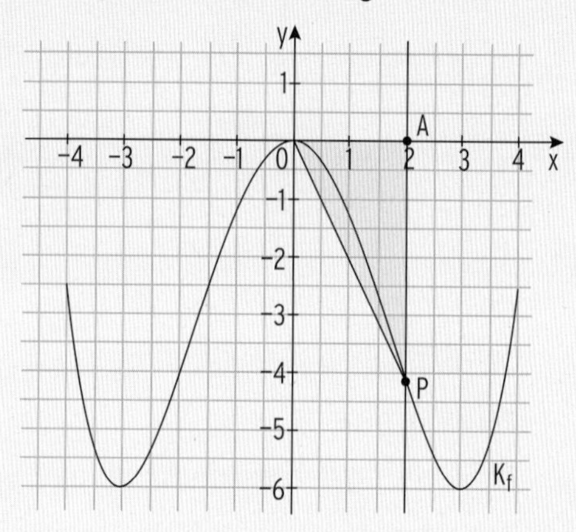

2.2 a) Veranschaulichung für u = 2 im Schaubild aus 2.1

b) Ermittlung der Zielfunktion:

Aus der Formel zur Flächenberechnung $A = \frac{1}{2} \cdot a \cdot b$ und den allgemeinen Koordinaten des Kurvenpunktes $P(u \mid f(u))$ ergibt sich die Zielfunktion:

$A(u) = \frac{1}{2} \cdot u \cdot (-f(u)) = \frac{1}{2} \cdot u \cdot (-\frac{2}{27}u^4 + \frac{4}{3}u^2) = -\frac{1}{27}u^5 + \frac{2}{3}u^3$

Hinweis: Da f(u), der y-Wert des Punktes P, negativ ist, stellt $-f(u) > 0$ die Länge der Seite AP dar.

Untersuchung auf ein Maximum:

Ableitungen: $A'(u) = -\frac{5}{27}u^4 + 2u^2$; $A''(u) = -\frac{20}{27}u^3 + 4u$

Bedingung: $A'(u) = 0$ $\quad -\frac{5}{27}u^4 + 2u^2 = 0$

Ausklammern: $\quad u^2 \cdot \left(-\frac{5}{27}u^2 + 2 = 0\right)$

S. vom Nullprodukt: $\quad u^2 = 0$ oder $-\frac{5}{27}u^2 + 2 = 0$

$u^2 = \frac{54}{5}$

Lösungen: $\quad u_{1|2} = 0$; $u_3 = \sqrt{\frac{54}{5}} \approx 3{,}29$;

$\left(u_4 = -\sqrt{\frac{54}{5}} = -3{,}286... \notin [0; 4]\right)$

Lösungen zur Prüfung zur Fachhochschulreife 2018/2019

Teil 2 mit Hilfsmittel **Aufgabe 2**

2.2 Randwerte: $A(0) = 0$ und $A(4) = \frac{128}{27} \approx 4{,}74$

Vergleich mit $A\left(\sqrt{\frac{54}{5}}\right) \approx 9{,}46$ ergibt: Für $u = \sqrt{\frac{54}{5}} \approx 3{,}29$ wird der Flächeninhalt des Dreiecks OPA maximal (und beträgt ca. 9,46 FE).

$A''\left(\sqrt{\frac{54}{5}}\right) \approx -13{,}15 < 0$ ist nicht nötig.

2.3 Nachweis, dass sich Gerade und Kurve K_g in $x = 0$ berühren:

In $x = 0$ liegt ein gemeinsamer Punkt vor, da $g(0) = 6 \cdot e^{-\frac{1}{6} \cdot 0} - 3 = 3$ gilt und auch die Gerade t durch $(0 \mid 3)$ verläuft.

In $x = 0$ muss zusätzlich die gleiche Steigung vorliegen:

Aus der Ableitungsfunktion $g'(x) = 6 \cdot (-\frac{1}{6}) \cdot e^{-\frac{1}{6}x} = -e^{-\frac{1}{6}x}$ erhält man mit $g'(0) = -e^0 = -1$ die Steigung -1, was mit der Geradensteigung übereinstimmt.

K_g und t berühren sich in $x = 0$.

Weitere gemeinsame Punkte:

Es gilt: $g''(x) = -(-\frac{1}{6}) \cdot e^{-\frac{1}{6}x} = \frac{1}{6} \cdot e^{-\frac{1}{6}x} > 0$ für alle $x \in \mathbb{R}$. Somit ist K_g linksgekrümmt und hat keine weiteren gemeinsamen Punkte mit der Geraden t.

2.4 Bedingung für Nullstelle: $g(x) = 0$ $\quad 6e^{-\frac{1}{6}x} - 3 = 0 \Leftrightarrow e^{-\frac{1}{6}x} = \frac{1}{2}$

Logarithmieren: $\quad -\frac{1}{6}x = \ln\left(\frac{1}{2}\right)$

Lösung (Nullstelle): $\quad x = -6 \cdot \ln\left(\frac{1}{2}\right) = 6 \cdot \ln(2) \approx 4{,}16$

Inhalt der eingeschlossenen Fläche:

$$\int_0^{6 \cdot \ln(2)} \left(6 \cdot e^{-\frac{1}{6}x} - 3\right)dx = \left[6 \cdot \frac{1}{-\frac{1}{6}} \cdot e^{-\frac{1}{6}x} - 3x\right]_0^{6 \cdot \ln(2)} = \left[-36 \cdot e^{-\frac{1}{6}x} - 3x\right]_0^{6 \cdot \ln(2)}$$

$$= -36 \cdot e^{-\frac{1}{6} \cdot (6 \cdot \ln(2))} - 3 \cdot 6 \cdot \ln(2) - \left(-36 \cdot e^{-\frac{1}{6} \cdot 0} - 3 \cdot 0\right)$$

$$= -36 \cdot e^{-\ln(2)} - 18 \cdot \ln(2) + 36 \approx 5{,}52$$

2.5 (1) Aussage ist wahr; h' hat hier eine Nullstelle mit Vorzeichenwechsel von + nach −. (K_h hat also vor $x = 2$ positive Steigung, in $x = 2$ die Steigung 0 und nach $x = 2$ negative Steigung.)

(2) Aussage ist wahr; h' verläuft hier fallend, somit gilt $h''(x) < 0$, was die Bedingung für eine Rechtskrümmung von h darstellt.

Lösungen zur Prüfung zur Fachhochschulreife 2018/2019

Teil 2 mit Hilfsmittel **Aufgabe 3**

3.1 Wertebereich von $y = \cos(2x)$ bzw. $y = -\cos(2x)$: $[-1; 1$

Wertebereich von h: $[-1 + 0{,}5; 1 + 0{,}5] = [-0{,}5; 1{,}5]$

Schnittpunkte mit der x-Achse (für $x \in [0\,;\pi]$):

Bedingung: $h(x) = 0$ $\quad -\cos(2x) + 0{,}5 = 0$

$\cos(2x) = 0{,}5$ für $2x = \frac{1}{3}\pi; \frac{5}{3}\pi; \frac{7}{3}\pi; \ldots$

Hinweis: $\frac{5}{3}\pi = 2\pi - \frac{1}{3}\pi$; $\frac{7}{3}\pi = 2\pi + \frac{1}{3}\pi$;

$2x = \frac{1}{3}\pi \Rightarrow x_1 = \frac{1}{6}\pi$ somit $N_1(\frac{1}{6}\pi \mid 0)$;

$2x = \frac{5}{3}\pi \Rightarrow x_2 = \frac{5}{6}\pi$ somit $N_2(\frac{5}{6}\pi \mid 0)$;

$\left(2x = \frac{7}{3}\pi \Rightarrow x_3 = \frac{7}{6}\pi \notin [0\,;\pi]\right)$

(Keine weitere Lösungen im Intervall $[0\,;\pi]$).

Alternative:

$\cos(2x) = 0{,}5$ für $2x = \frac{1}{3}\pi \Rightarrow x_1 = \frac{1}{6}\pi$

Periode von h: $p = \pi$

$x_1 \pm \pi \notin [0\,;\pi]$ Keine weitere Lösung

Symmetrie zur y-Achse

$x_0 = -\frac{1}{6}\pi$

$x_0 + p = -\frac{1}{6}\pi + \pi = \frac{5}{6}\pi = x_2$

somit $N_1(\frac{1}{6}\pi \mid 0)$; $N_2(\frac{5}{6}\pi \mid 0)$

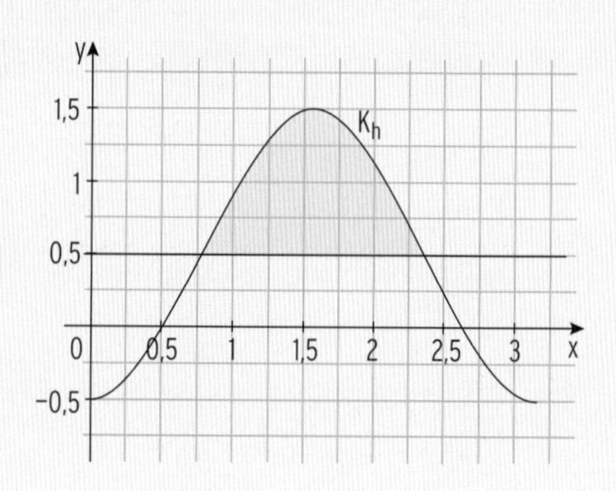

3.2 Veranschaulichung der Fläche im Schaubild aus 3.1.

Bedingung für Schnittstelle: $h(x) = 0{,}5$ $\quad -\cos(2x) + 0{,}5 = 0{,}5$

$\cos(2x) = 0$

$2x = \frac{1}{2}\pi;\ 2\pi - \frac{1}{2}\pi = \frac{3}{2}\pi$

Nullstellen: $2x = \frac{1}{2}\pi \Rightarrow x_1 = \frac{1}{4}\pi$; $2x = \frac{3}{2}\pi \Rightarrow x_2 = \frac{3}{4}\pi$

Inhalt der eingeschlossenen Fläche:

$$\int_{\frac{1}{4}\pi}^{\frac{3}{4}\pi} (-\cos(2x) + 0{,}5 - 0{,}5)\,dx = \int_{\frac{1}{4}\pi}^{\frac{3}{4}\pi} (-\cos(2x))\,dx = \left[-\frac{1}{2}\cdot\sin(2x)\right]_{\frac{1}{4}\pi}^{\frac{3}{4}\pi}$$

$$= -\frac{1}{2}\cdot\sin(2\cdot\frac{3}{4}\pi) - \left(-\frac{1}{2}\cdot\sin(2\cdot\frac{1}{4}\pi)\right) = -\frac{1}{2}\cdot(-1) + \frac{1}{2}\cdot 1 = 1$$

Lösungen zur Prüfung zur Fachhochschulreife 2018/2019

Teil 2 mit Hilfsmittel **Aufgabe 3**

3.3 (1): $h_1(x) = -h(x) = -(-\cos(2x) + 0{,}5) = \cos(2x) - 0{,}5$

(2): $h_2(x) = h(x) - 2 = -\cos(2x) + 0{,}5 - 2 = -\cos(2x) - 1{,}5$

(3): $h_3(x) = -\cos(\frac{2\pi}{\frac{\pi}{2}}x) + 0{,}5 = -\cos(4x) + 0{,}5$

3.4 $f(x) = a \cdot e^{0{,}5x} + bx + 1$

Punktprobe mit (0 | 0): $0 = a \cdot e^0 + b \cdot 0 + 1 \Leftrightarrow 0 = a + 1 \Rightarrow a = -1$ und

man erhält: $f(x) = -e^{0{,}5x} + bx + 1$.

Da K_f in x = 2 einen Hochpunkt hat, muss hier die Steigung 0 vorliegen:

Mit der Ableitungsfunktion $f'(x) = -0{,}5 \cdot e^{0{,}5x} + b$ ergibt sich aus der Bedingung $f'(2) = 0$: $-0{,}5 \cdot e^{0{,}5 \cdot 2} + b = 0 \Leftrightarrow -0{,}5 \cdot e + b = 0 \Rightarrow b = 0{,}5e$;

Insgesamt erhält man: $f(x) = -e^{0{,}5x} + 0{,}5e \cdot x + 1$

Koordinaten des Hochpunktes: Aus $f(2) = 1$ ergibt sich H(2 | 1)

Gleichung der Asymptote: $y = 0{,}5e \cdot x + 1$ (für $x \to -\infty$)

3.5 Bedingung: $g'(x) = 0$ $\qquad e^{\frac{1}{3}x} - 3 = 0 \Leftrightarrow e^{\frac{1}{3}x} = 3$

Logarithmieren: $\qquad \frac{1}{3}x = \ln(3)$

Lösung: $\qquad x = 3 \cdot \ln(3) \approx 3{,}296$

Nachweis für Extremstelle mit $g''(x) = \frac{1}{3} \cdot e^{\frac{1}{3}x}$:

$g''(3 \cdot \ln(3)) = \frac{1}{3} \cdot e^{\frac{1}{3} \cdot 3 \cdot \ln(3)} = \frac{1}{3} \cdot e^{\ln(3)} = \frac{1}{3} \cdot 3 = 1 > 0$ somit ist der Kurvenpunkt mit $x = 3 \cdot \ln(3)$ ein Tiefpunkt.

Das Schaubild von g verläuft daher für $x \geq 3 \cdot \ln(3)$ steigend.

Lösungen zur Prüfung zur Fachhochschulreife 2018/2019

Teil 2 mit Hilfsmittel **Aufgabe 4**

4.1 Allgemeiner Ansatz einer Funktion zweiten Grades: $f(x) = ax^2 + bx + c$.

Einsetzen der Koordinaten der Punkte A, B und C führt zu einem linearen Gleichungssystem:

A(0 | 2): $f(0) = 2 \Leftrightarrow c = 2$ und damit $f(x) = ax^2 + bx + 2$

B(2 | 4): $f(2) = 4 \Leftrightarrow a \cdot 2^2 + b \cdot 2 + 2 = 4 \Rightarrow 4a + 2b = 2$ I

C(− 1 | 4): $f(-1) = 4 \Leftrightarrow a \cdot (-1)^2 + b \cdot (-1) + 2 = 4 \Rightarrow a - b = 2$ II

Addition: I + II · (2) ergibt $6a = 6 \Rightarrow a = 1$

Einsetzen in Gleichung II: $1 - b = 2 \Rightarrow b = -1$

Funktionsterm $f(x) = x^2 - x + 2$

Scheitelpunkt: Bedingung: $f'(x) = 0$ $2x - 1 = 0 \Rightarrow x = \frac{1}{2}$

Mit $f(\frac{1}{2}) = \frac{1}{4} - \frac{1}{2} + 2 = \frac{7}{4}$ erhält man den Scheitelpunkt $S(\frac{1}{2} \mid \frac{7}{4})$

4.2 Ableitung: $g'(x) = 5x^4 + 1$

Bedingung für Extremstelle: $g'(x) = 0$ $5x^4 + 1 = 0 \Leftrightarrow x^4 = -\frac{1}{5}$

Gleichung hat keine Lösung ($x^4 \geq 0$), somit hat K_g keine Extrempunkte.

4.3 $g(-1) = -1$; $g(0) = 1$.

Da bei den Funktionswerten ein Vorzeichenwechsel vorliegt, muss g zwischen $x = -1$ und $x = 0$ eine Nullstelle aufweisen.

Näherungsweise Ermittlung der Nullstelle:

Zum Beispiel über Anlegen einer Wertetabelle im WTR und Verringerung der Schrittweite.

Wertetabelle von $x = -1$ bis $x = 0$ mit Schrittweite 0,1: Vorzeichenwechsel zwischen $x = -0{,}8$ bis $x = -0{,}7$.

Wertetabelle von $x = -0{,}8$ bis $x = -0{,}7$ mit Schrittweite 0,01: Vorzeichenwechsel zwischen $x = -0{,}76$ bis $x = -0{,}75$.

Nullstelle mit zwei Nachkommastellen: $x = -0{,}75...$

Weiterführung nicht verlangt: Wertetabelle von $x = -0{,}76$ bis $x = -0{,}75$ mit Schrittweite 0,001: Vorzeichenwechsel zwischen $x = -0{,}755$ bis $x = -0{,}754$.

Die Nullstelle beträgt (näherungsweise): $x \approx -0{,}7545$; gerundet: $x \approx -0{,}75$

Lösungen zur Prüfung zur Fachhochschulreife 2018/2019

Teil 2 mit Hilfsmittel **Aufgabe 4**

4.3 Lösungsalternative: Mit dem Newton-Verfahren: $x_{n+1} = x_n - \frac{g(x_n)}{g'(x_n)}$

Hinweis zur Eingabe in WTR: Ans $- \frac{Ans^5 + Ans + 1}{5 \cdot Ans^4 + 1}$

Mit $x_1 = -1$ erhält man:

$x_2 = -\frac{5}{6}$; $x_3 = -0{,}764...$; $x_4 = -0{,}755$; $x_5 = -0{,}754$; $x_6 = -0{,}754...$

Die Nullstelle beträgt (näherungsweise): $x = -0{,}75...$

4.4 $G(x) = \frac{1}{6}x^6 + \frac{1}{2}x^2 + x + c$ mit $c \in \mathbb{R}$

Punktprobe mit P(1 | 2,5): $2{,}5 = \frac{1}{6} \cdot 1^6 + \frac{1}{2} \cdot 1^2 + 1 + c \Leftrightarrow c = \frac{5}{6}$

Stammfunktion G mit $G(x) = \frac{1}{6}x^6 + \frac{1}{2}x^2 + x + \frac{5}{6}$

4.5 Wertebereich von T: $[6 - 8; 6 + 8] = [-2; 14]$

Tiefsttemperatur: − 2 °C ; Höchsttemperatur: 14 °C.

Die Tiefsttemperatur von − 2 °C wird nach diesem Modell in t = 0, also um 6:00 Uhr, und in t = 24, also um 6:00 Uhr des Folgetages, erreicht.

Die Höchsttemperatur von 14 °C hingegen in t = 12, also um 18:00 Uhr.

Zusatz: Skizze

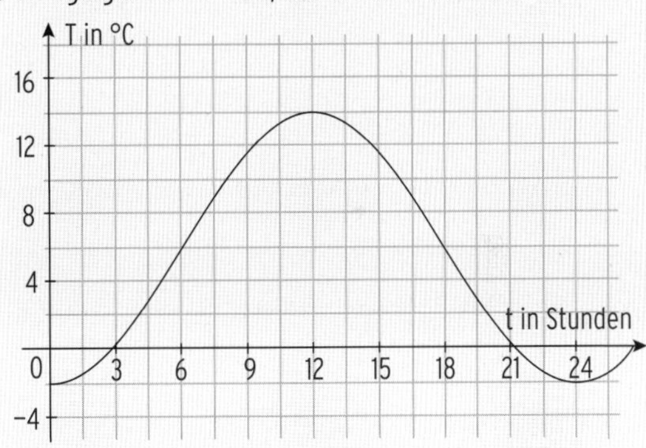

4.6 Bedingung: T(t) = 0

$-8\cos(\frac{\pi}{12} \cdot t) + 6 = 0$

$\cos(\frac{\pi}{12} \cdot t) = \frac{3}{4}$

$\frac{\pi}{12} \cdot t \approx 0{,}723 \Rightarrow t_1 \approx 2{,}76$

$\frac{\pi}{12} \cdot t \approx 2\pi - 0{,}723 \approx 5{,}56 \Rightarrow t_2 \approx 21{,}24$

Die Temperaturen liegen über 0 °C für $t_1 < t < t_2$ bzw. für $2{,}76 < t < 21{,}24$.

4.7 Der momentane Temperaturanstieg ist in der Wendestelle mit positiver Steigung am größten. Diese liegt in t = 6, also um 12 Uhr, vor.

Prüfung zur Fachhochschulreife 2019/2020

Lösungen Seite 201 - 207

Teil 1 ohne Hilfsmittel **Aufgabe 1** **Punkte**

1.1 Berechnen Sie die zweite Ableitung der Funktion h mit **6**
$h(x) = \frac{1}{12}x^4 - \frac{1}{2}x^3 - 2x^2$, $x \in \mathbb{R}$.
Berechnen Sie die Nullstellen der zweiten Ableitung h''.

1.2 Gegeben ist die Funktion f mit $f(x) = \sin(\pi x) + 2$; $-2 \leq x \leq 2$. **5**
Geben Sie die Periode und die Amplitude von f an.
Skizzieren Sie das Schaubild der Funktion.

1.3 Lösen Sie die Gleichung $2e^{-3x} - 7 = 0$. **3**

1.4 Lösen Sie das folgende lineare Gleichungssystem **6**

$2x_1 + 1{,}5\,x_2 = 1$

$3x_1 - 4x_2 = 3$

1.5 Begründen Sie jeweils, warum keines der beiden Schaubilder **4**
zur Funktion f mit $f(x) = x \cdot (x-2)^2$, $x \in \mathbb{R}$ gehören kann.

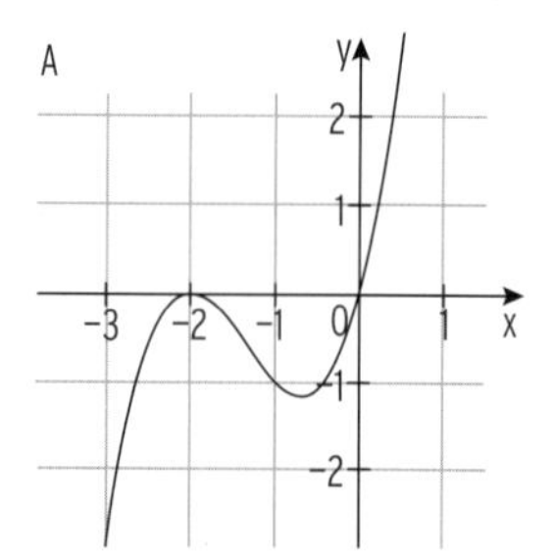

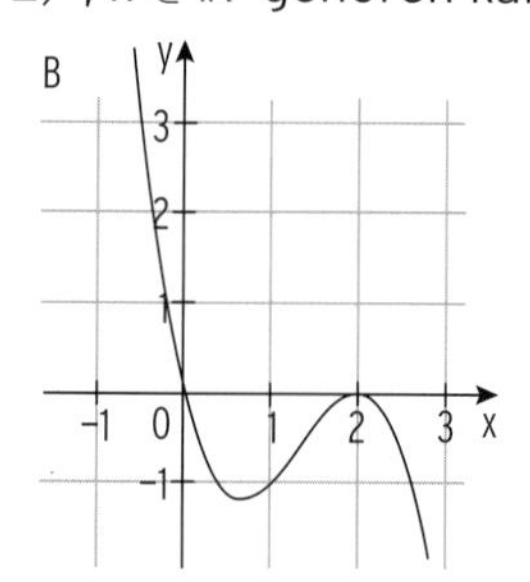

1.6 Gegeben sind eine Parabel mit der Gleichung $y = x^2 + 4$ und **6**
eine Gerade mit der Gleichung $y = 8$.
Skizzieren Sie die Parabel und die Gerade.
Berechnen Sie den Inhalt der Fläche, die von der Parabel und der Gerade eingeschlossen wird.

30

Hinweis: 1.4 abgeändert aufgrund der Prüfungsvorgaben 2022

Prüfung zur Fachhochschulreife 2019/2020

Teil 2 mit Hilfsmittel **Aufgabe 2** **Punkte**

Gegeben ist die Funktion f mit $f(x) = \frac{1}{4}x^4 + \frac{1}{3}x^3 - x^2,\ x \in \mathbb{R}$. Das Schaubild ist K_f.

2.1 Berechnen Sie die Koordinaten der Hoch- und Tiefpunkte von K_f. 9

Zeichnen Sie K_f für $-3 \leq x \leq 2$.

2.2 Ermitteln Sie die Gleichung der Tangente an K_f im Punkt $P(2 \mid f(2))$ und 4

die Koordinaten des Schnittpunktes dieser Tangente mit der x-Achse.

Gegeben ist das Schaubild K_g einer Funktion g.

2.3 Markieren Sie im Schaubild **(siehe Lösungsblatt)** zwei Werte für u 4

mit $u \geq -1$, welche die Gleichung $\int_{-1}^{u} g(x)\,dx = 11$ näherungsweise lösen.

Erläutern Sie Ihr Vorgehen.

Ein Unternehmen produziert Betriebssysteme für Smartphones. Alle Smartphone-Besitzer können diese Betriebssysteme nutzen. Im September 2019 veröffentlichte das Unternehmen das Betriebssystem 4.0 als Nachfolger des Betriebssystems 3.0. Weitere Betriebssysteme sind ebenfalls am Markt und werden genutzt.

Die Funktion g mit $g(t) = -80 \cdot e^{-0{,}023 \cdot t} + 80,\ t \geq 0$,

beschreibt durch g(t) den Anteil der 4.0-Nutzer in Prozent zum Zeitpunkt t.

Dabei ist t die Zeit in Tagen, t = 0 entspricht dem 1. September 2019.

2.4 Skizzieren Sie das Schaubild von g. 8

Wie viel Prozent der Smartphone-Besitzer werden niemals 4.0 nutzen?

Ermitteln Sie den Anteil der 4.0-Nutzer nach 60 Tagen.

Zu welchem Zeitpunkt hat die Hälfte der Smartphone-Besitzer 4.0 installiert?

2.5 Die Funktion h mit $h(t) = a \cdot e^{b \cdot t} + 15,\ t \geq 0,\ a, b \neq 0$, 5

beschreibt durch h(t) den Anteil der 3.0-Nutzer in Prozent zum Zeitpunkt t.

Dabei ist t die Zeit in Tagen, t = 0 entspricht dem 1. September 2019.

- 75 % der Smartphone-Besitzer verwendeten 3.0 zum Zeitpunkt t = 0.
- 30 Tage nach der Einführung von 4.0 war der Nutzeranteil beider Betriebssysteme gleich.

Bestimmen Sie die Werte für a und b.

30

Prüfung zur Fachhochschulreife 2019/2020

Name: ___________________________________

Bitte legen Sie dieses Blatt Ihrer Prüfungsarbeit bei.

Lösungsblatt zu Aufgabe 2.3:

Gegeben ist das Schaubild K_g einer Funktion g. Markieren Sie im Schaubild zwei Werte für u mit $u \geq -1$, welche die Gleichung $\int_{-1}^{u} g(x)\,dx = 11$ näherungsweise lösen.

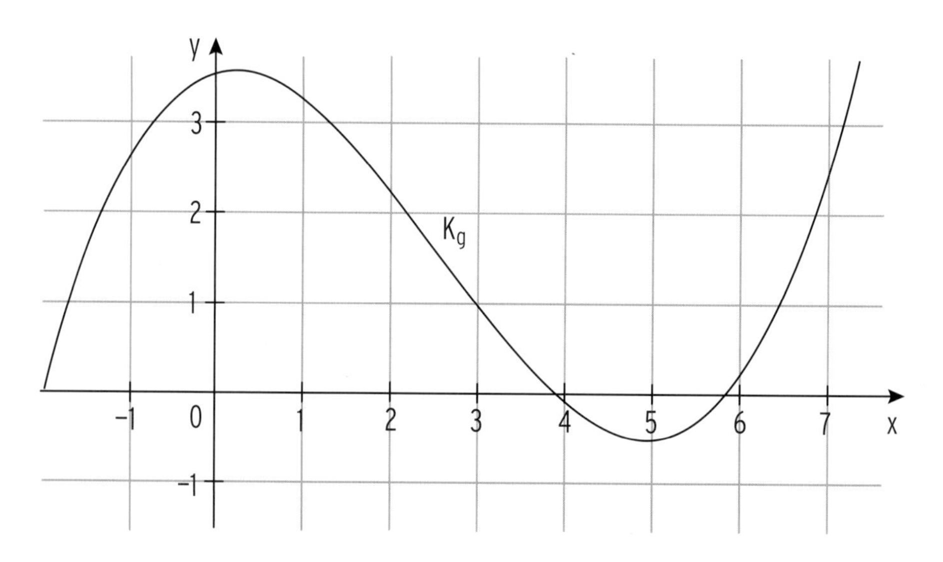

Erläuterung des Vorgehens:

Prüfung zur Fachhochschulreife 2019/2020

Aufgabe 3 **Punkte**

Gegeben ist die Funktion h mit $h(x) = 0{,}5e^{0{,}5x} - x + 1{,}5;\ x \in \mathbb{R}$.

Ihr Schaubild ist K_h.

3.1 Zeichnen Sie K_h für $-2 \leq x \leq 5$. 3

3.2 Berechnen Sie die Koordinaten des Extrempunktes von K_h. 8

Das Schaubild von K_h soll verschoben werden:

a) in y-Richtung, so dass das Schaubild durch den Ursprung verläuft,

b) so, dass der Extrempunkt im Ursprung liegt.

Geben Sie jeweils einen neuen Funktionsterm an.

3.3 Prüfen Sie, ob die Tangente an K_h in $x = 3$ einen positiven y-Achsenabschnitt hat. 4

Vom Schaubild K_f der Funktion f mit $f(x) = 2\cos(bx) + d,\ x \in \mathbb{R}$, ist bekannt, dass der Punkt $P(3 \mid 3)$ auf K_f liegt.

3.4 Bestimmen Sie jeweils b und d so, 4

a) dass K_f in P einen Hochpunkt hat.

b) dass K_f in P einen Tiefpunkt hat.

Sei ab jetzt $b = \frac{\pi}{2}$ und $d = -1$.

3.5 Bestimmen Sie die ersten beiden positiven Nullstellen von f. 8

Berechnen Sie den Inhalt der Fläche, die K_f mit der x-Achse zwischen diesen beiden Nullstellen einschließt.

3.6 Bestimmen Sie einen x-Wert so, dass der Funktionswert der Funktion d mit $d(x) = h(x) - f(x),\ x \in \mathbb{R}$, kleiner als 0,2 ist. 3

30

Prüfung zur Fachhochschulreife 2019/2020

Name: ______________________________

Bitte legen Sie dieses Blatt Ihrer Prüfungsarbeit bei.

Aufgabe 4 **Punkte**

Gegeben ist die Funktion f mit $f(x) = 3\sin(2x)$, $x \in \mathbb{R}$. Das Schaubild von f ist K_f.

4.1 Beschriften Sie die Achsen so, dass das nebenstehende Schaubild K_f zeigt. — 3

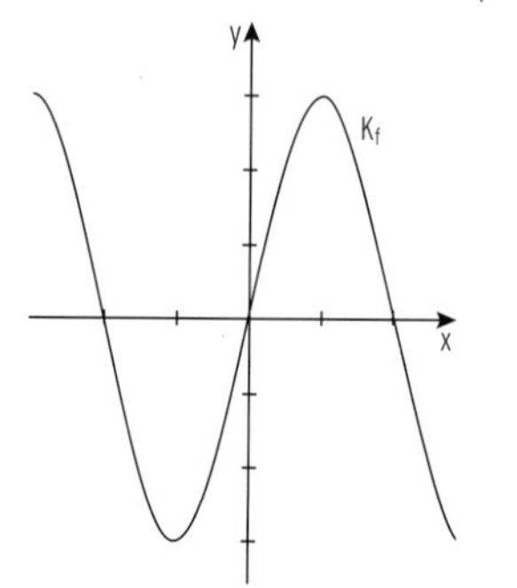

4.2 Geben Sie die Koordinaten eines Wendepunktes von K_f mit negativer Steigung im Intervall $\left[\frac{3\pi}{4}; \frac{7\pi}{4}\right]$ an.
Bestimmen Sie die Gleichung der Tangente in diesem Wendepunkt. — 7

4.3 Das Schaubild K_g der Funktion g mit $g(x) = 3\cos(2x)$, $x \in \mathbb{R}$ schließt mit K_f und der y-Achse im ersten Quadranten eine Fläche ein.
Zeigen Sie, dass sich K_f und K_g bei $x = \frac{\pi}{8}$ schneiden.
Berechnen Sie den Inhalt der beschriebenen Fläche. — 7

4.4 Eine zum Ursprung symmetrische Parabel 3. Ordnung schneidet die x-Achse in $x = \frac{1}{2}$ und hat im Ursprung dieselbe Steigung wie K_f.
Bestimmen Sie einen Funktionsterm. — 5

4.5 Gegeben ist das Schaubild K_p einer Polynomfunktion p. Begründen Sie, ob folgende Aussagen wahr oder falsch sind. — 8

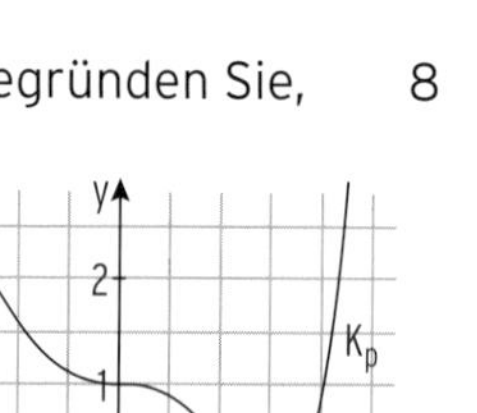
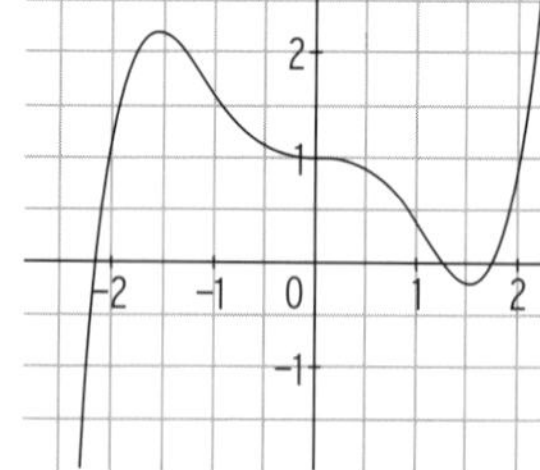

a) K_p gehört zu einer Polynomfunktion, welche mindestens 5. Grades ist.

b) K_p hat genau zwei Wendepunkte im gekennzeichneten Abschnitt.

c) $p'(0) > p'(1)$

d) Die Gleichung $p(x) = 2$ hat im gekennzeichneten Abschnitt genau drei Lösungen.

30

Lösungen zur Prüfung zur Fachhochschulreife 2019/2020

Prüfung zur Fachhochschulreife 2020 — Aufgaben Seite 196 - 200

Teil 1 ohne Hilfsmittel — Aufgabe 1

1.1 $h(x) = \frac{1}{12}x^4 - \frac{1}{2}x^3 - 2x^2$, $h'(x) = \frac{1}{3}x^3 - \frac{3}{2}x^2 - 4x$; $h''(x) = x^2 - 3x - 4$

Bedingung: $h''(x) = 0$ $\quad x^2 - 3x - 4 = 0$

Formel: $x_{1|2} = \frac{-b \pm \sqrt{b^2 - 4ac}}{2a} = \frac{3 \pm \sqrt{9+16}}{2} = \frac{3 \pm \sqrt{25}}{2}$

Lösungen: $x_1 = \frac{3-5}{2} = -1$; $x_2 = \frac{3+5}{2} = 4$

1.2 Amplitude: 1

Periode: $p = \frac{2\pi}{\pi} = 2$

Skizze:

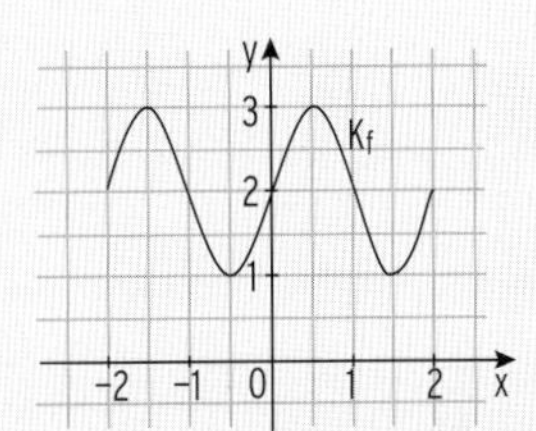

1.3 $2e^{-3x} - 7 = 0 \Leftrightarrow e^{-3x} = \frac{7}{2} = 3{,}5$

Logarihmieren: $\quad -3x = \ln(3{,}5)$

Lösung: $\quad x = -\frac{1}{3} \cdot \ln(3{,}5)$

1.4 I: $2x_1 + 1{,}5\,x_2 = 1$ und II: $3x_1 - 4x_2 = 3$

$\text{I} \cdot (-3) + \text{II} \cdot 2$ ergibt $-12{,}5\,x_2 = 3 \Rightarrow x_2 = -\frac{6}{25}$

Einsetzen in z.B Gleichung II: $3x_1 - 4 \cdot (-\frac{6}{25}) = 3 \Rightarrow 3x_1 = \frac{51}{25} \Rightarrow x_1 = \frac{17}{25}$

Lösung $(\frac{17}{25}; -\frac{6}{25})$

1.5 Das Schaubild K von f berührt die x-Achse in $x = 2$ und schneidet die x-Achse im Ursprung. K verläuft vom 3. in den 1. Quadranten.

A: Die doppelte Nullstelle von f liegt bei 2, Schaubild A berührt die x-Achse in $x = -2$.

B: Bei Schaubild B liegt ein Verlauf vom 2. in den 4. Quadranten vor.

1.6 Skizze:

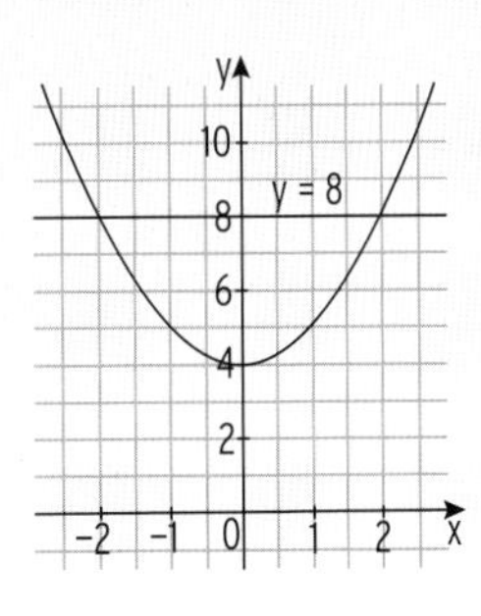

Bedingung für Schnittstellen: $x^2 + 4 = 8 \Leftrightarrow x^2 = 4$

Schnittstellen: $x_1 = -2$; $x_2 = 2$

Berechnung des Flächeninhaltes:

$A = \int_{-2}^{2} (8 - (x^2 + 4))dx = \int_{-2}^{2} (8 - x^2 - 4)dx$

$= \int_{-2}^{2} (4 - x^2)dx = \left[4x - \frac{1}{3}x^3\right]_{-2}^{2}$

$= 4 \cdot 2 - \frac{1}{3} \cdot 2^3 - \left(4 \cdot (-2) - \frac{1}{3} \cdot (-2)^3\right) = \frac{32}{3}$

Lösungen zur Prüfung zur Fachhochschulreife 2019/2020

Teil 2 mit Hilfsmittel **Aufgabe 2**

2.1 $f(x) = \frac{1}{4}x^4 + \frac{1}{3}x^3 - x^2$

Ableitungen: $f'(x) = x^3 + x^2 - 2x$; $f''(x) = 3x^2 + 2x - 2$

Notwendige Bedingung: $f'(x) = 0$ $x^3 + x^2 - 2x = 0$

Ausklammern: $x \cdot (x^2 + x - 2) = 0$

Nullprodukt: $x = 0 \quad \vee \quad x^2 + x - 2 = 0$

Lösungen: $x_1 = 0$ und $x_{2|3} = \frac{-b \pm \sqrt{b^2 - 4ac}}{2a} = \frac{-1 \pm 3}{2}$

$x_2 = \frac{-1-3}{2} = -2$; $x_3 = \frac{-1+3}{2} = 1$

Wegen $f''(0) = -2 < 0$ und $f(0) = 0$ liegt der Hochpunkt $H(0 \mid 0)$ vor.

Wegen $f''(-2) = 6 > 0$ und $f(-2) = -\frac{8}{3}$ liegt der Tiefpunkt $T_1(-2 \mid -\frac{8}{3})$ vor.

Wegen $f''(1) = 3 > 0$ und $f(1) = -\frac{5}{12}$ liegt der Tiefpunkt $T_2(1 \mid -\frac{5}{12})$ vor.

Zeichnung:

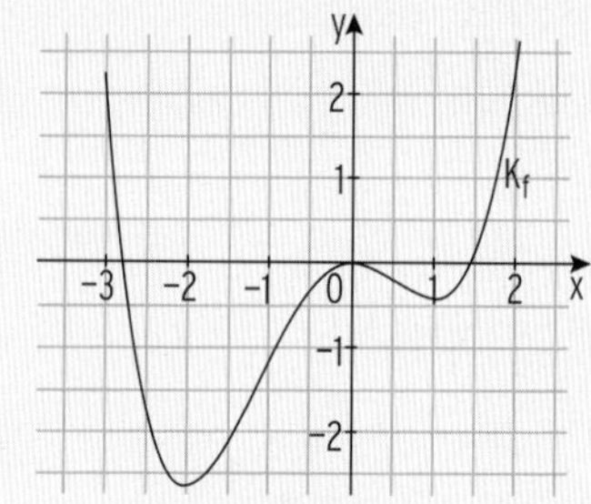

2.2 Tangente in $P(2 \mid f(2))$

$f(2) = \frac{8}{3}$ somit $P(2 \mid \frac{8}{3})$

Tangentensteigung: $f'(2) = 8$ (= m)

Einsetzen in $y = m \cdot x + b$ führt auf $\frac{8}{3} = 8 \cdot 2 + b \Rightarrow b = -\frac{40}{3}$

Tangentengleichung: $y = 8x - \frac{40}{3}$

Bedingung für Schnittpunkt mit x-Achse: $y = 8x - \frac{40}{3} = 0$

$8x = \frac{40}{3} \Rightarrow x = \frac{5}{3}$

Somit Schnittpunkt $S(\frac{5}{3} \mid 0)$

2.3 Für $u_1 \approx 2{,}8$ erhält man eine Fläche von ca. 11 Kästchen, also 11 FE.

$u_2 \approx 5{,}5$ ist eine weitere Lösung von $\int_{-1}^{u} g(x)\,dx = 11$.

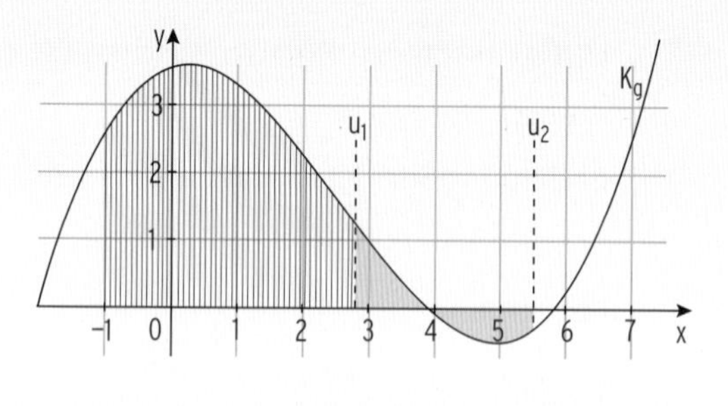

Die beiden grauen Flächenstücke oberhalb bzw. unterhalb der x-Achse sind etwa gleich groß und die Flächeninhalte werden durch den Ansatz "verrechnet".

Lösungen zur Prüfung zur Fachhochschulreife 2019/2020

$g(t) = -80 \cdot e^{-0{,}023 \cdot t} + 80,\ t \geq 0,$

2.4 Skizze: g(t) in %

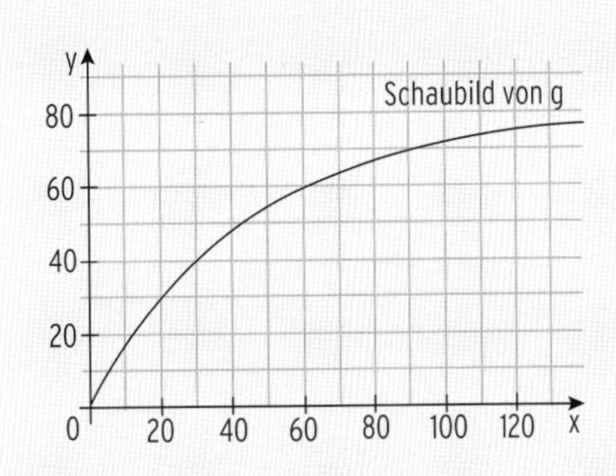

y = 80 stellt die Gleichung der Asymptote dar. Somit erlangt das Betriebssystem langfristig einen Nutzeranteil von 80 %.

20 % werden 4.0 also nicht nutzen.

4.0-Nutzer nach 60 Tagen: $g(60) = -80 \cdot e^{-0{,}023 \cdot 60} + 80 \approx 59{,}87$

Nach 60 Tagen beträgt der Anteil der Nutzer von Version 4.0 ca. 60 %.

Berechnung des Zeitpunktes zu welchem die Hälfte der Nutzer die Version 4.0 installiert hat:

Bedingung: $g(x) = 50$ $\qquad -80 \cdot e^{-0{,}023 \cdot t} + 80 = 50$

$e^{-0{,}023 \cdot t} = \frac{3}{8}$

Logarithmieren: $\qquad -0{,}023t = \ln\left(\frac{3}{8}\right)$

Lösung: $\qquad t \approx 42{,}64$

Da der Monat September 30 Tage hat, entspricht $t \approx 42{,}64$ einem Zeitpunkt im Laufe des 13. Oktober.

2.5 Ansatz: $h(t) = a \cdot e^{b \cdot t} + 15$

75 % zum Zeitpunkt t = 0: $h(0) = 75$ $\qquad a \cdot e^0 + 15 = 75$

$a + 15 = 75 \Rightarrow a = 60$

Man erhält a = 60 und somit $h(t) = 60 \cdot e^{b \cdot t} + 15$

Nutzeranteil von Betriebssystem 4.0 nach 30 Tagen: $g(30) \approx 39{,}87$

Gleicher Nutzeranteil

Bedingung: $h(30) = g(30) = 39{,}87$ $\qquad 60 \cdot e^{b \cdot 30} + 15 = 39{,}87$

$e^{30b} = 0{,}4145$

Logarihmieren: $\qquad 30b = \ln(0{,}4145)$

Lösung für b: $\qquad b \approx -0{,}029$

Lösungen zur Prüfung zur Fachhochschulreife 2019/2020

Teil 2 mit Hilfsmittel **Aufgabe 3**

3.1 Zeichnung von K_h: $h(x) = 0{,}5e^{0{,}5x} - x + 1{,}5$

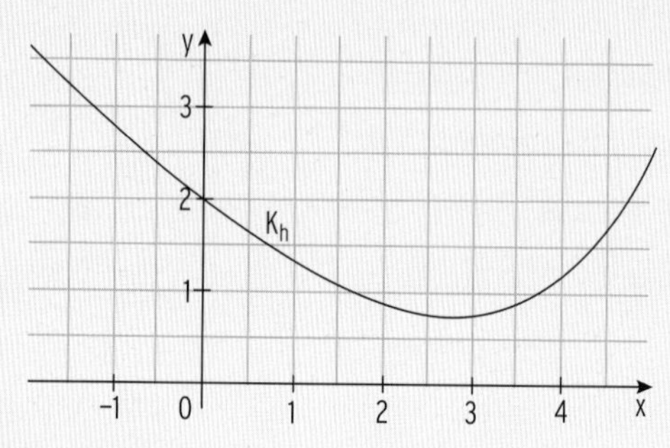

3.2 $h(x) = 0{,}5e^{0{,}5x} - x + 1{,}5$

Ableitungen: $h'(x) = 0{,}25e^{0{,}5x} - 1$; $h''(x) = 0{,}125e^{0{,}5x}$

Bedingung: $h'(x) = 0$ $\quad 0{,}25e^{0{,}5x} - 1 = 0 \Leftrightarrow e^{0{,}5x} = 4$

Logarithmieren: $\quad 0{,}5x = \ln(4)$

Lösung: $\quad x = 2 \cdot \ln(4) \approx 2{,}773$

Wegen $h''(2 \cdot \ln(4)) = 0{,}125 \cdot e^{0{,}5 \cdot 2 \cdot \ln(4)} = 0{,}125 \cdot e^{\ln(4)} = 0{,}125 \cdot 4 = 0{,}5 \neq 0$

ist $x = 2 \cdot \ln(4)$ Extremstelle.

$h(2 \cdot \ln(4)) = 0{,}5 \cdot e^{0{,}5 \cdot 2 \cdot \ln(4)} - 2 \cdot \ln(4) + 1{,}5 = 0{,}5 \cdot 4 - 2 \cdot \ln(4) + 1{,}5$

$= 3{,}5 - 2 \cdot \ln(4) \approx 0{,}727$

Man erhält den Extrempunkt $E(2\ln(4) \mid 3{,}5 - 2\ln(4))$.

Hinweis: Der Extrempunkt ist ein Tiefpunkt.

Funktionsterme der verschobenen Schaubilder

a) Wegen $h(0) = 0{,}5e^0 + 1{,}5 = 2$ muss das Schaubild um 2 nach unten verschoben werden: $h_1(x) = 0{,}5e^{0{,}5x} - x + 1{,}5 - 2 = 0{,}5e^{0{,}5x} - x - 0{,}5$

b) E wird nach O verschoben durch

1. Verschiebung um $2\ln(4)$ nach links:

Hinweis: Ersetzen Sie x durch $(x + 2\ln(4))$

$h_2(x)^* = 0{,}5e^{0{,}5 \cdot (x + 2 \cdot \ln(4))} - (x + 2 \cdot \ln(4)) + 1{,}5$

2. Verschiebung um $(3{,}5 - 2\ln(4))$ nach unten $(3{,}5 - 2\ln(4) > 0)$

$h_2(x) = 0{,}5e^{0{,}5 \cdot (x + 2 \cdot \ln(4))} - (x + 2 \cdot \ln(4)) + 1{,}5 - (3{,}5 - 2\ln(4))$

$= 0{,}5e^{0{,}5 \cdot (x + 2 \cdot \ln(4))} - x - 2$

Lösungen zur Prüfung zur Fachhochschulreife 2019/2020

Teil 2 mit Hilfsmittel **Aufgabe 3**

3.3 $h(3) = 0{,}5 \cdot e^{1{,}5} - 1{,}5 \approx 0{,}74$ somit Berührpunkt $(3 \mid 0{,}74)$;

Tangentensteigung: $h'(3) = 0{,}25 \cdot e^{1{,}5} - 1 \approx 0{,}12$ $(= m)$

Einsetzen in $y = m \cdot x + b$ führt auf $0{,}74 = 0{,}12 \cdot 3 + b \Rightarrow b = 0{,}38 > 0$

Der y-Achsenabschnitt ist also positiv.

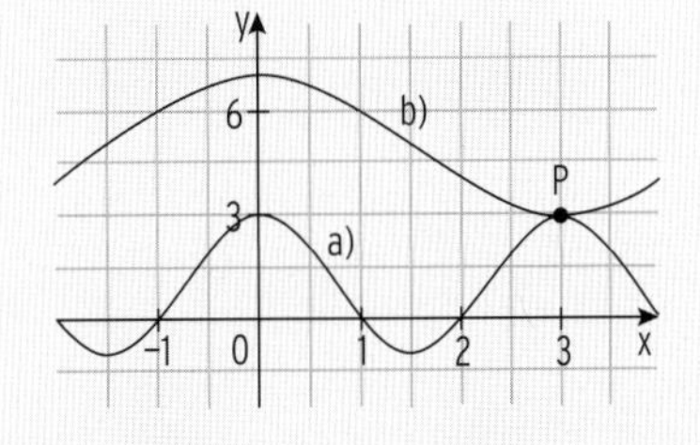

3.4 K_f hat einen Hochpunkt $(0 \mid d + 2)$ auf der y-Achse.

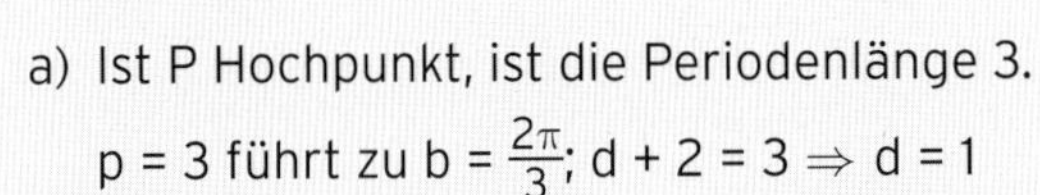

a) Ist P Hochpunkt, ist die Periodenlänge 3.

$p = 3$ führt zu $b = \frac{2\pi}{3}$; $d + 2 = 3 \Rightarrow d = 1$

Hinweis: Schaubild von $f(x) = 2\cos(\frac{2\pi}{3}x) + 1$

b) Ist P Tiefpunkt, ist die Periodenlänge 6. $p = 6$ führt zu $b = \frac{2\pi}{6} = \frac{\pi}{3}$;

Amplitude 2 führt auf $H(0 \mid 7)$ und $d + 2 = 7 \Rightarrow d = 5$

Hinweis: Schaubild von $f(x) = 2\cos(\frac{\pi}{3}x) + 5$

3.5 $b = \frac{\pi}{2}$ und $d = -1$; also $f(x) = 2\cos(\frac{\pi}{2}x) - 1$

Bedingung: $2\cos(\frac{\pi}{2}x) - 1 = 0$ $\quad\quad \cos(\frac{\pi}{2}x) = \frac{1}{2}$

Eingabe von $\cos^{-1}$: $\quad\quad \frac{\pi}{2}x = \frac{1}{3}\pi \Rightarrow x_1 = \frac{2}{3}$

Weitere Lösung: $\quad \frac{\pi}{2}x = 2\pi - \frac{1}{3}\pi \Leftrightarrow \frac{\pi}{2}x = \frac{5}{3}\pi \Rightarrow x_2 = \frac{10}{3}$

oder: Wegen Symmetrie von K_f zur y-Achse weitere Lösung $-\frac{2}{3}$;

mithilfe der Periode $p = \frac{2\pi}{0{,}5\pi} = 4$: $x_2 = -\frac{2}{3} + 4 = \frac{10}{3}$

$$A = \int_{\frac{2}{3}}^{\frac{10}{3}} -\left(2 \cdot \cos(\tfrac{\pi}{2}x) - 1\right)dx = \left[-2 \cdot \sin(\tfrac{\pi}{2}x) \cdot \frac{1}{\frac{\pi}{2}} + x\right]_{\frac{2}{3}}^{\frac{10}{3}} = \left[-\frac{4}{\pi} \cdot \sin(\tfrac{\pi}{2}x) + x\right]_{\frac{2}{3}}^{\frac{10}{3}}$$

$$= -\frac{4}{\pi} \cdot \sin(\tfrac{\pi}{2} \cdot \tfrac{10}{3}) + \frac{10}{3} - \left(-\frac{4}{\pi} \cdot \sin(\tfrac{\pi}{2} \cdot \tfrac{2}{3}) + \frac{2}{3}\right) \approx 4{,}87$$

Hinweis: Die Fläche liegt unterhalb der x-Achse.

3.6 $d(x) = h(x) - f(x) = 0{,}5e^{0{,}5x} - x + 1{,}5 - \left(2\cos(\frac{\pi}{2}x) - 1\right)$

$= 0{,}5e^{0{,}5x} - x - 2\cos(\frac{\pi}{2}x) + 2{,}5$

Bedingung: $d(x) < 0{,}2 \Leftrightarrow 0{,}5e^{0{,}5x} - x - 2\cos(\frac{\pi}{2}x) - 0{,}5 < 0{,}2$

Rechnerisch kann diese Ungleichung nicht gelöst werden.

Lösung über Wertetabelle der Funktion d am WTR:

x	1	2	3	4	5
d(x)	2,32	3,86	1,74	0,19	3,59

So ist z.B. für $x = 4$ der Wert der Funktion d kleiner als 0,2.

Lösungen zur Prüfung zur Fachhochschulreife 2019/2020

Teil 2 mit Hilfsmittel **Aufgabe 4**

4.1 Schaubild mit Achsenbeschriftung

K_f: $f(x) = 3\sin(2x),\ x \in \mathbb{R}$.

durch den Ursprung

Amplitude $a = 3$

Periode: $p = \pi$

$T(-\frac{\pi}{4} \mid -3)$; $H(\frac{\pi}{4} \mid 3)$

$W_1(-\frac{\pi}{2} \mid 0)$; $W_2(0 \mid 0)$; $W_3(\frac{\pi}{2} \mid 0)$

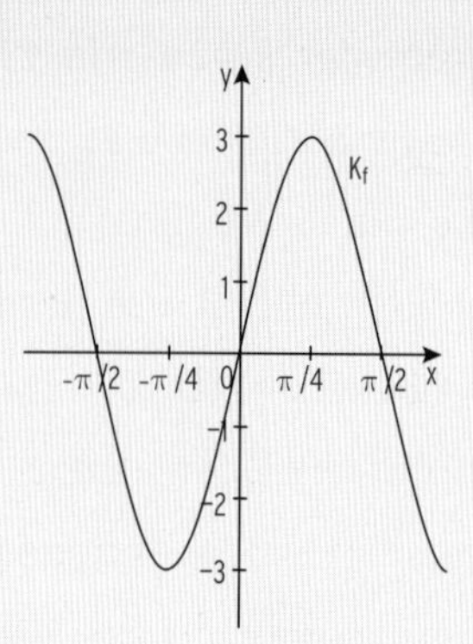

4.2 Die Wendestellen des Schaubildes einer trigonometrischen Funktion befinden sich stets auf der "Mittellinie" und entsprechen hier also den Nullstellen. Mit der Peridenlänge von $p = \frac{2\pi}{2} = \pi$ und dem obigen Schaubild ergeben sich im gegebenen Intervall die beiden Nullstellen bzw. Wendestellen $x_1 = \pi$ und $x_2 = \frac{3\pi}{2}$. Das Schaubild hat nur in $x_2 = \frac{3\pi}{2}$ eine negative Steigung.

Ableitung: $f'(x) = 6 \cdot \cos(2x)$; $f'(\frac{3\pi}{2}) = 6 \cdot \cos(2 \cdot \frac{3\pi}{2}) = -6\ (= m)$

Tangente in $P(\frac{3\pi}{2} \mid 0)$:

Einsetzen in $y = m \cdot x + b$ führt auf $0 = -6 \cdot \frac{3\pi}{2} + b \Rightarrow b = 9\pi$

Tangentengleichung: $y = -6x + 9\pi$

4.3 Es gilt: $f\left(\frac{\pi}{8}\right) = \frac{3 \cdot \sqrt{2}}{2} = g\left(\frac{\pi}{8}\right)$ somit schneiden sich K_f und K_g in $x = \frac{\pi}{8}$

$$A = \int_0^{\frac{\pi}{8}} (g(x) - f(x))dx = \int_0^{\frac{\pi}{8}} (3 \cdot \cos(2x) - 3 \cdot \sin(2x))dx$$

$$= \left[\frac{3}{2} \cdot \sin(2x) + \frac{3}{2} \cdot \cos(2x)\right]_0^{\frac{\pi}{8}}$$

$$= \frac{3}{2} \cdot \sin(2 \cdot \frac{\pi}{8}) + \frac{3}{2} \cdot \cos(2 \cdot \frac{\pi}{8}) - \left(\frac{3}{2} \cdot \sin(2 \cdot 0) + \frac{3}{2} \cdot \cos(2 \cdot 0)\right)$$

$A \approx 0{,}62$

Der Inhalt der beschriebenen Fläche beträgt etwa 0,62 FE.

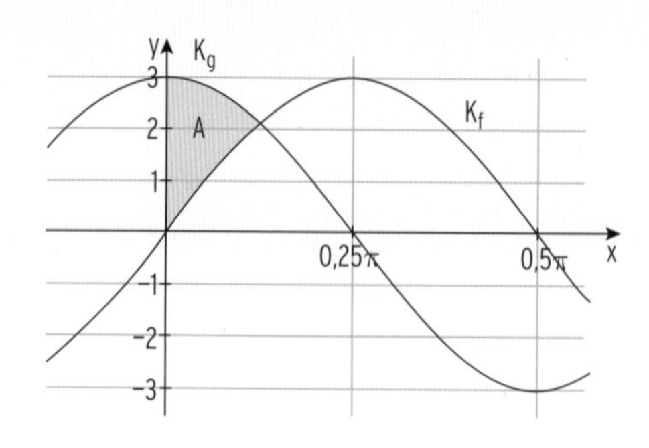

Lösungen zur Prüfung zur Fachhochschulreife 2019/2020

Teil 2 mit Hilfsmittel **Aufgabe 4**

4.4 Ansatz aufgrund der Symmetrie zum Ursprung: $h(x) = ax^3 + cx$

Ableitung: $h'(x) = 3ax^2 + c$

Bedingungen:

$h\left(\frac{1}{2}\right) = 0 \quad \Rightarrow \quad a \cdot \left(\frac{1}{2}\right)^3 + c \cdot \frac{1}{2} = 0 \quad \Leftrightarrow \quad \frac{1}{8}a + \frac{1}{2}c = 0$

$h'(0) = f'(0) = 6 \Rightarrow 3a \cdot 0^2 + c = 6 \quad \Rightarrow \quad c = 6$

Einsetzen von $c = 6$ in $\frac{1}{8}a + \frac{1}{2}c = 0$: $\quad \frac{1}{8}a + \frac{1}{2} \cdot 6 = 0$

$\frac{1}{8}a = -3 \Rightarrow a = -24$

Man erhält: $h(x) = -24x^3 + 6x$

Alternative Lösung über den Nullstellenansatz: $h(x) = a \cdot \left(x + \frac{1}{2}\right) \cdot x \cdot \left(x - \frac{1}{2}\right)$

Ausmultiplizieren: $h(x) = a \cdot \left(x^3 - \frac{1}{4}x\right)$

Ableitung: $h'(x) = a \cdot \left(3x^2 - \frac{1}{4}\right)$

$h'(0) = 6 \qquad a \cdot \left(3 \cdot 0^2 - \frac{1}{4}\right) = 6$

$-\frac{1}{4}a = 6 \Rightarrow a = -24$

Man erhält: $h(x) = -24 \cdot \left(x^3 - \frac{1}{4}x\right) = -24x^3 + 6x$

4.5 a) wahr: K_p hat einen Sattelpunkt und mindestens zwei Extrempunkte.
Alternativ: K_p hat mindestens 3 Wendepunkte.

b) falsch: K_p hat (mit der Sattelstelle) drei Wendestellen
(bei $x_1 \approx -1$; $x_2 = 0$; $x_3 \approx 1$)

c) wahr: $p'(0) = 0$ (Steigung 0, waagrecht)
und $p'(1) < 0$ (negative Steigung, fallend)

d) wahr: K_p schneidet die Gerade $y = 2$
bei $x_1 \approx -1{,}7$; $x_2 \approx -1{,}3$; $x_3 \approx 2{,}1$.

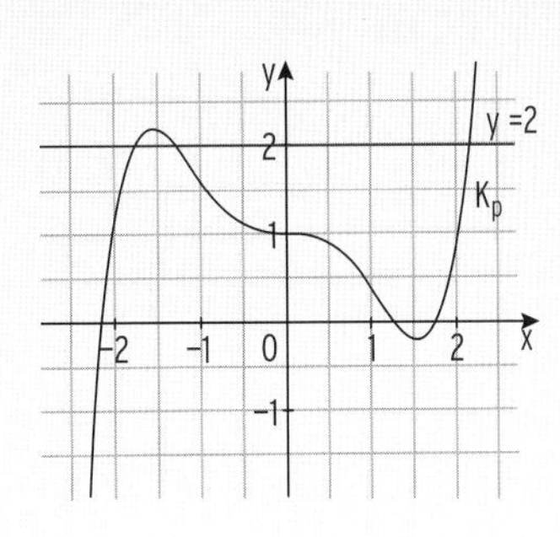

Prüfung der Fachhochschulreife

an Berufskollegs zum Erwerb der Fachhochschulreife u.a.

Hauptprüfung 2021

Prüfungsfach	Mathematik (FHSR1031) - Pflichtteil (Teil 1)

Arbeitszeit	**8.30 Uhr bis ca. 9.30 Uhr** (ca. 60 Minuten)
Bearbeitungshinweise	Der **hilfsmittelfreie Prüfungsteil** ist von allen Schülerinnen und Schülern zu bearbeiten **(Pflichtteil).** Der Prüfling ist verpflichtet, die Vollständigkeit des Aufgabensatzes umgehend zu überprüfen und fehlende Seiten der Aufsicht führenden Lehrkraft anzuzeigen.
Hilfsmittel	**keine**
Hinweise für die Fachlehrkraft	• Die Prüflinge werden nach ca. 60 Minuten informiert, dass die **anteilige Prüfungszeit** verstrichen ist. • Wenn der **hilfsmittelfreie Teil** der Prüfung in Form der Schülerlösung und des Aufgabenteils unwiderruflich abgegeben wurde, erhalten die Schüler die zugelassenen Hilfsmittel für den **hilfsmittelgestützten Prüfungsteil (Teil 2).**

Prüfung zur Fachhochschulreife 2020/2021

Lösungen Seite 215 - 218

Teil 1 ohne Hilfsmittel **Aufgabe 1a** **Punkte**

1.1 Lösen Sie die Gleichung $x^4 - 2x^2 - 8 = 0,\ x \in \mathbb{R}$. 5

1.2 Das Schaubild einer Polynomfunktion dritten Grades berührt die x-Achse an der Stelle $x = -1$ und schneidet beide Koordinatenachsen jeweils bei 4. Bestimmen Sie einen möglichen Funktionsterm. 4

1.3 Gegeben ist der Ausschnitt aus dem Schaubild einer Ableitungsfunktion f'. 6
Entscheiden und begründen Sie, ob die folgenden Aussagen wahr oder falsch sind.

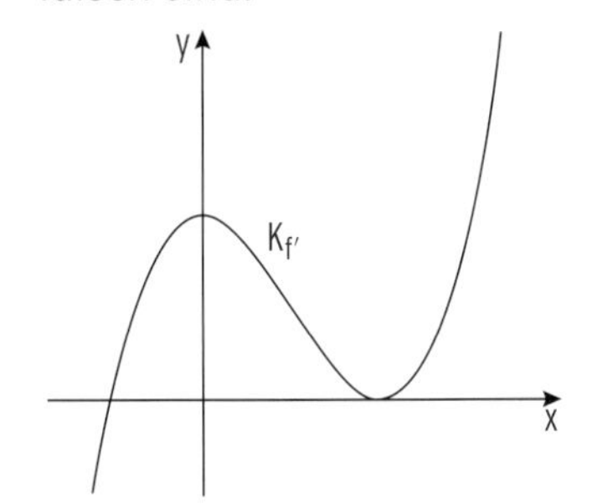

a) Das Schaubild der zugehörigen Funktion f besitzt einen Hochpunkt.

b) Das Schaubild der zugehörigen Funktion f ist rechtsgekrümmt für $x \leq 0$.

c) $f'(0) > 0$

1.4 Gegeben ist die Funktion g mit $g(x) = \frac{1}{4}x^3 + x + 1,\ x \in \mathbb{R}$. 4
Berechnen Sie die Gleichung der Tangente an das Schaubild von g im Punkt $P(2 \mid g(2))$.

1.5 Zeigen Sie, dass das Schaubild der Funktion h mit $h(x) = e^x - x,\ x \in \mathbb{R}$ für $x < 0$ fällt. 3

1.6 Berechnen Sie $\int_0^{\ln(4)} (e^x - 1)\,dx$. 4

1.7 Gegeben sind zwei Schaubilder mit den Gleichungen 4
$y = \frac{1}{2}x^2 - x$ und $y = -\sin(b \cdot x) + x,\ x \in \mathbb{R}$
Der Parameter b kann den Wert 1 oder 2 annehmen.
Ermitteln Sie, welche der beiden Werte b annehmen muss, damit sich beide Schaubilder im Ursprung berühren.

$\overline{30}$

Prüfung zur Fachhochschulreife 2020/2021

Teil 1 ohne Hilfsmittel **Aufgabe 1b** **Punkte**

1.1 Berechnen Sie die Nullstellen der Funktion g mit $g(x) = x^3 + x^2 - 3x,\ x \in \mathbb{R}$. — 5

Begründen Sie, warum nebenstehendes Schaubild nicht zu g gehören kann.

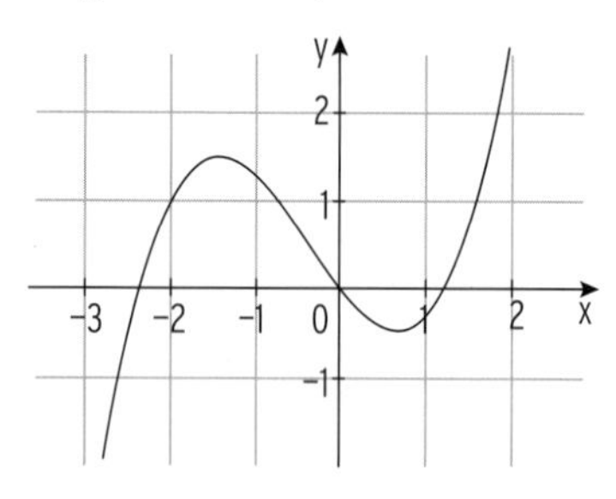

1.2 Gegeben ist die Funktion f mit $f(x) = (x - 1)(x + 2),\ x \in \mathbb{R}$. — 6

Skizzieren Sie das Schaubild und berechnen Sie den Inhalt der Fläche, die das Schaubild im 4. Quadranten mit den Koordinatenachsen bildet.

1.3 Bestimmen Sie zwei Lösungen der Gleichung $2\sin(x) - 2 = 0$. — 4

1.4 Zeigen Sie, dass das Schaubild der Funktion h mit $h(x) = 2e^{2x} + 3x - 5,\ x \in \mathbb{R}$ linksgekrümmt ist. — 5

Weisen Sie nach, dass h zwischen $x = 0$ und $x = 0{,}5$ eine Nullstelle besitzt.

1.5 Gegeben ist die Funktion k mit $k(x) = x^3 + 1,\ x \in \mathbb{R}$. — 6

Ihr Schaubild heißt K.

Bestimmen Sie die Gleichung einer Tangenten an K, die senkrecht zur Geraden mit der Gleichung $y = -\frac{1}{12}x + 2$ steht.

1.6 Bestimmen Sie eine Lösung für $u > 0$, sodass die Gleichung — 4

$\int_u^3 0{,}5x\,dx = \frac{1}{4}$ erfüllt ist.

30

Baden-Württemberg
MINISTERIUM FÜR KULTUS, JUGEND UND SPORT

Prüfung der Fachhochschulreife

an Berufskollegs zum Erwerb der Fachhochschulreife u.a.

Hauptprüfung 2021

Prüfungsfach	**Mathematik (FHSR1031) - Analysisaufgaben (Teil 2)** **Aufgabe 2 bis 4**

Arbeitszeit	**Ca. 9.30 Uhr bis 11.50 Uhr** (ca. 140 Minuten)
Bearbeitungshinweise	Aus den vorgelegten **drei Aufgaben** wählen die Schülerinnen und Schüler **zwei Aufgaben** zur Bearbeitung aus. Jede Aufgabe ist mit einem neuen Reinschriftbogen zu beginnen. Der Prüfling ist verpflichtet, die Vollständigkeit des Aufgabensatzes umgehend zu überprüfen und fehlende Seiten der Aufsicht führenden Lehrkraft anzuzeigen.
Hilfsmittel	"Merkhilfe Mathematik" für die Sekundarstufe II an beruflichen Schulen in Baden Württemberg Wissenschaftlicher Taschenrechner (WTR)
Hinweise für die Fachlehrkraft	• Wenn der **hilfsmittelfreie Teil** der Prüfung in Form der Schülerlösung und des Aufgabenteils unwiderruflich abgegeben wurde, erhalten die Schüler die zugelassenen Hilfsmittel für den **hilfsmittelgestützten Prüfungsteil (Teil 2).**

Prüfung zur Fachhochschulreife 2020/2021

Teil 2 mit Hilfsmittel Lösungen Seite 219 - 224

Aufgabe 2 **Punkte**

Gegeben ist die Funktion f mit $f(x) = -x^4 + 8x^3 - 18x^2 + 27$, $x \in \mathbb{R}$.
Ihr Schaubild heißt K_f.

2.1	Zeigen Sie, dass f bei $x_1 = -1$ und bei $x_2 = 3$ Nullstellen hat. Untersuchen Sie K_f auf Extrem- und Wendepunkte. Zeichnen Sie K_f für $-1{,}25 \leq x \leq 4$.	12
2.2	Prüfen Sie, ob die y-Achse den Inhalt der Fläche zwischen K_f und der x-Achse im Verhältnis 1 : 2 teilt.	5
2.3	Von einem zur y-Achse symmetrischen Schaubild einer ganzrationalen Funktion vierten Grades kennt man einen Hochpunkt T(2 | 9) und eine Nullstelle bei $x = -1$. Geben Sie ein lineares Gleichungssystem an, mit dessen Hilfe man einen passenden Funktionsterm bestimmen könnte.	4

Eine blaue Flüssigkeit wird in einem Labor bei einem Versuch erhitzt. Die Temperatur T der Flüssigkeit in Grad Celsius (°C) wird durch die Funktion
$T(t) = 105 - 83e^{-0{,}15t}$, $t \geq 0$ beschrieben, dabei ist die t die Zeit in Minuten.
Diese Temperatur wir von einem Thermometer fortlaufend überwacht.

2.4	Geben Sie den Messbereich an, den das Thermometer für diesen Versuch mindestens erfassen können muss.	2
2.5	Zeigen Sie, das die momentane Änderungsrate der Temperatur zum Zeitpunkt $t = 5$ kleiner ist, als die durchschnittliche Änderungsrate der Temperatur in den ersten fünf Minuten.	4
2.6	Bei einer Temperatur von 92°C schlägt die Farbe der Flüssigkeit in grün um. Bestimmen Sie den Zeitpunkt, zu dem dies passiert.	3
		30

Prüfung zur Fachhochschulreife 2020/2021

Teil 2 mit Hilfsmittel **Aufgabe 3** **Punkte**

Die Abbildung zeigt das Schaubild K_f der Funktion f mit
$f(x) = a \cdot \cos(b \cdot x) + d,\ x \in \mathbb{R}$.

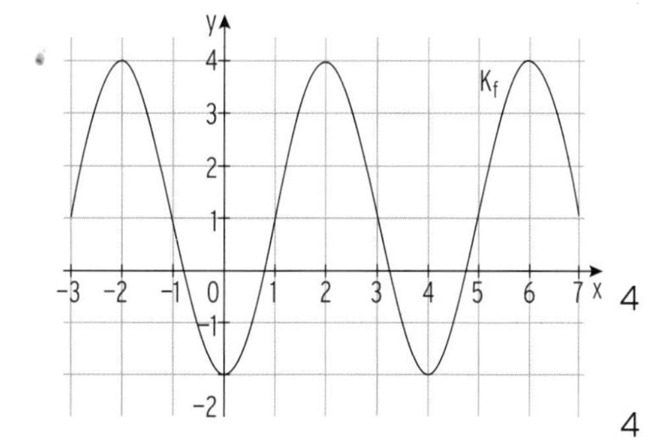

3.1 Bestimmen Sie die Koeffizienten a, b und d. — 4

3.2 Das Schaubild K_f wird zuerst mit dem Faktor 1,5 in x-Richtung gestreckt und dann um 1 Längeneinheit nach oben verschoben. Das neue Schaubild heißt K_g.
Geben Sie die Koordinaten der Extrempunkte von K_g im Intervall [0; 4] an.
Bestimmen Sie die Periode von g nach der Streckung in x-Richtung. — 4

Die Temperatur (in °C) einer Felswand wird beschrieben durch die Funktion T mit $T(t) = -7\cos\left(\frac{\pi}{12} \cdot t\right) + 14,\ t \in [0; 24]$.
Dabei ist t die Zeit (in Stunden) und t = 0 entspricht der Zeit 05:00 Uhr.

3.3 Bestimmen Sie die Uhrzeiten, zu denen der Fels am wärmsten bzw. am kältesten ist und ermitteln Sie die zugehörigen Temperaturen.
Bei welchen Temperaturen ändert sich die Temperatur am schnellsten? — 6

3.4 In welchem Zeitraum liegt die Temperatur oberhalb von 17,5 °C? — 2

Die Funktion h ist gegeben durch $h(x) = \frac{1}{2}x + 3 - e^{0{,}5x},\ x \in \mathbb{R}$.
Ihr Schaubild heißt K_h.

3.5 Geben Sie die Gleichung der Asymptote von K_h an.
Untersuchen Sie K_h auf Extrempunkte.
Zeichnen Sie K_h für $-8 \leq x \leq 4$. — 10

3.6 Zeigen Sie, dass die Steigung von K_h in allen Punkten kleiner als 0,5 ist. — 4

30

Prüfung zur Fachhochschulreife 2020/2021

Teil 2 mit Hilfsmittel **Aufgabe 4** **Punkte**

Name: ______________________________

Bitte legen Sie dieses Blatt Ihrer Prüfungsarbeit bei.

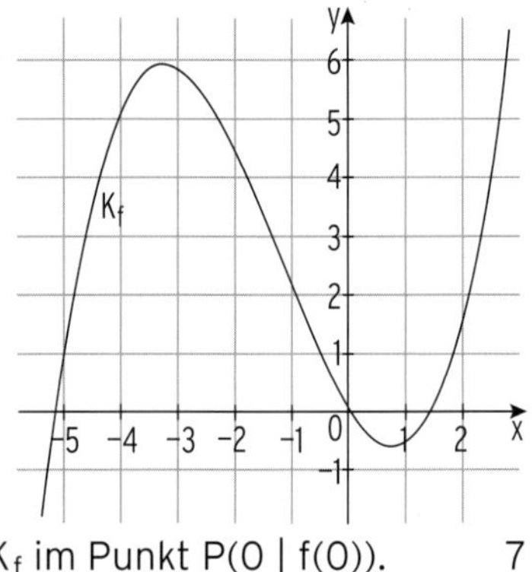

Gegeben ist die Funktion f mit

$f(x) = \frac{1}{5}x^3 + \frac{3}{4}x^2 - \frac{3}{2}x,\ x \in \mathbb{R}$

und ihr Schaubild K_f.

4.1 Berechnen Sie die Gleichung der Tangente an K_f im Punkt $P(0 \mid f(0))$. **7**

Im Punkt B auf K_f besitzt die Tangente dieselbe Steigung wie in P.

Bestimmen Sie die Koordinaten von B.

4.2 Die Gerade $x = u$ schneidet K_f für $-5 \leq u \leq 0$ im Punkt Q und die x-Achse im Punkt R. Der Koordinatenursprung O bildet mit den Punkten Q und R ein Dreieck. **8**

Zeichnen Sie in das obige Schaubild das Dreieck OQP für $u = -4$ ein.

Berechnen Sie, für welchen Wert von u der Flächeninhalt des Dreiecks maximal wird und geben Sie den maximalen Flächeninhalt an.

4.3 Begründen Sie, dass das Schaubild jeder Stammfunktion von f an der Stelle $x = 0$ einen Hochpunkt hat. **4**

Geben Sie die Stammfunktion an, deren Schaubild den Hochpunkt in $H(0 \mid -3)$ hat.

Die Funktion g ist für $-2 \leq x \leq 6$ gegeben durch $g(x) = -1{,}5\sin(x) - 2$.

Ihr Schaubild ist K_g.

4.4 Bestimmen Sie die Koordinaten der Extrem- und Wendepunkte von K_g. **7**

Zeichnen Sie K_g.

4.5 Die Parabel $y = -x^2 + \pi x - 2$ umschließt mit K_g im Intervall $[0;\ \pi]$ eine Fläche. Berechnen Sie den Inhalt dieser Fläche. **4**

30

Lösungen der Prüfung zur Fachhochschulreife 2020/2021

Teil 1 ohne Hilfsmittel **Aufgabe 1a**

1.1 Gleichung: $x^4 - 2x^2 - 8 = 0$

Substitution: $u = x^2$ $u^2 - 2u - 8 = 0$

Z.B mit abc-Formel: $u_{1|2} = \frac{-b \pm \sqrt{b^2 - 4ac}}{2a} = \frac{2 \pm 6}{2}$

Lösungen: $u_1 = -2$; $u_2 = 4$

Rücksubstitution: $u_1 = x^2 = -2 \Rightarrow$ keine Lösung

$u_2 = x^2 = 4$

Lösungen: $x_1 = -2$; $x_2 = 2$

1.2 In $x = -1$ liegt eine doppelte Nullstelle vor, in $x = 4$ eine einfache Nullstelle.

Nullstellenansatz: $f(x) = a \cdot (x + 1)^2 \cdot (x - 4)$

Punktprobe mit P (0 | 4): $4 = a \cdot 1^2 \cdot (-4)$

$4 = -4a$

$a = -1$

Man erhält: $f(x) = -(x + 1)^2 \cdot (x - 4)$

Skizze:

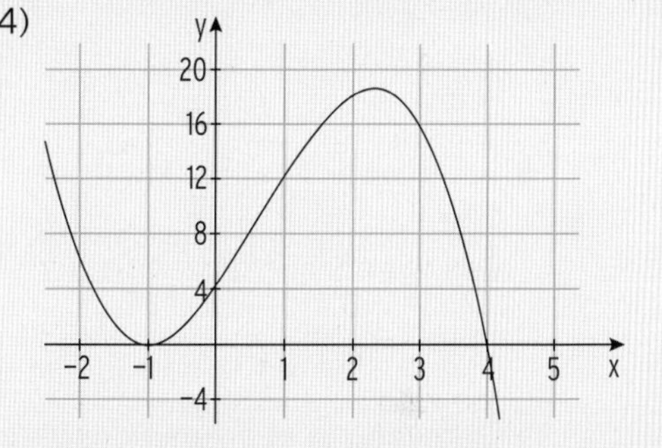

1.3 a) Falsch. Das Schaubild der Ableitungsfunktion weist keine Nullstelle mit Vorzeichenwechsel von + nach − auf.

b) Falsch. In $x \leq 0$ weist das Schaubild von f′ eine positive Steigung auf. Es gilt also $f''(x) > 0$. Somit liegt bei f für $x \leq 0$ eine Linkskrümmung vor.

c) Wahr. Das Schaubild von f′ hat bei $x = 0$ einen positiven y-Wert.

1.4 $g(x) = \frac{1}{4}x^3 + x + 1$, $g'(x) = \frac{3}{4}x^2 + 1$

$g(2) = \frac{1}{4} \cdot 2^3 + 2 + 1 = 5 \Rightarrow P(2 \mid 5)$

Tangentensteigung: $g'(2) = \frac{3}{4} \cdot 2^2 + 1 = 4$

Tangentengleichung durch Einsetzen in $y = m \cdot x + b$:

$5 = 4 \cdot 2 + b \Rightarrow b = -3$

Tangentengleichung: $y = 4x - 3$

Lösungen der Prüfung zur Fachhochschulreife 2020/2021

Teil 1 ohne Hilfsmittel **Aufgabe 1a**

1.5 $h(x) = e^x - x$; Ableitungsfunktion: $h'(x) = e^x - 1$

$e^x < 1$ für $x < 0$; also $h'(x) < 0$ für $x < 0$

Das Schaubild zu h′ verläuft für $x < 0$ unterhalb der x-Achse.

Somit fällt das Schaubild von h in diesem Bereich (für $x < 0$).

1.6 $\int_0^{\ln(4)} (e^x - 1)\,dx = [\,e^x - x]_0^{\ln(4)}$

$= e^{\ln(4)} - \ln(4) - (e^0 - 0)$

$= 4 - \ln(4) - 1$

$= 3 - \ln(4)$

1.7 Wenn sich die beiden Schaubilder im Ursprung berühren sollen, muss bei $x = 0$ jeweils der Funktionswert 0 und die gleiche Steigung vorliegen.

Berechnung von Funktionswert und Steigung zu $y = \frac{1}{2}x^2 - x$:

$\frac{1}{2} \cdot 0^2 - 0 = 0 \Rightarrow (\,0 \mid 0)$;

$y' = x - 1$; in $x = 0$ beträgt die Steigung somit -1.

Berechnung von Funktionswert und Steigung zu $y = -\sin(b \cdot x) + x$:

$-\sin(0) + 0 = 0 \Rightarrow (\,0 \mid 0)$;

$y' = -b \cdot \cos(b \cdot x) + 1$

Berechnung der Steigung in $x = 0$: $\cos(0) = 1$

Für $b = 1$: $-1 \cdot \cos(0) + 1 = -1 + 1 = 0$

Für $b = 2$: $-2 \cdot \cos(0) + 1 = -2 + 1 = -1$

Für $b = 2$ stimmen Funktionswerte und Steigungen überein, somit berühren sich die Schaubilder im Ursprung.

Lösungen der Prüfung zur Fachhochschulreife 2020/2021

Teil 1 ohne Hilfsmittel **Aufgabe 1b**

1.1 Bedingung: $x^3 + x^2 - 3x = 0$

Ausklammern: $x \cdot (x^2 + x - 3) = 0$

Satz vom Nullprodukt: $x = 0 \quad \vee \quad x^2 + x - 3 = 0$

abc-Formel: $x_{2|3} = \frac{-b \pm \sqrt{b^2 - 4ac}}{2a} = \frac{-1 \pm \sqrt{13}}{2}$

Lösungen (Nullstellen): $x_1 = 0; \; x_2 = \frac{-1-\sqrt{13}}{2}; \; x_3 = \frac{-1+\sqrt{13}}{2}$

Dass das Schaubild nicht zu g gehören kann, kann beispielsweise über eine Punktprobe gezeigt werden: Es gilt $g(1) = -1$, jedoch verläuft das Schaubild nicht durch den Punkt $(1 \mid -1)$.

1.2 Skizze:

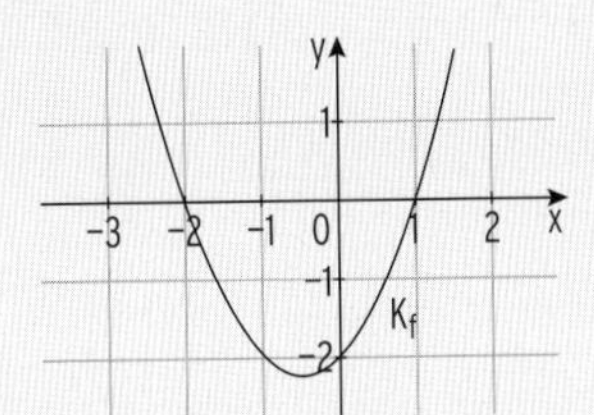

$$A = \int_0^1 -f(x)\,dx = \int_0^1 -(x-1)(x+2)\,dx = \int_0^1 (-x^2 - x + 2)\,dx$$

$$= \left[-\frac{1}{3}x^3 - \frac{1}{2}x^2 + 2x\right]_0^1$$

$$= -\frac{1}{3}\cdot 1^3 - \frac{1}{2}\cdot 1^2 + 2\cdot 1 = \frac{7}{6}$$

oder: $\int_0^1 f(x)\,dx = -\frac{7}{6}$ und damit $A = \frac{7}{6}$ FE

1.3 $2\sin(x) - 2 = 0 \;\Leftrightarrow\; 2\sin(x) = 2 \Leftrightarrow \sin(x) = 1$

Für beispielsweise $x_1 = \frac{\pi}{2}$ oder $x_2 = \frac{5}{2}\pi$ beträgt der Funktionswert der Sinus-Funktion 1.

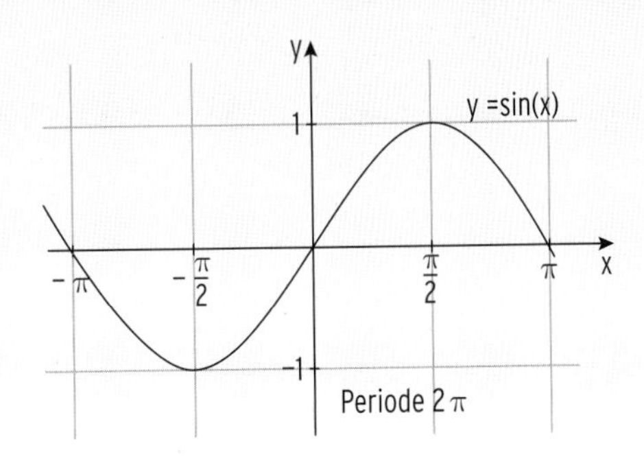

Lösungen zur Prüfung zur Fachhochschulreife 2020/2021

Teil 1 ohne Hilfsmittel **Aufgabe 1b**

1.4 Das Schaubild ist linksgekrümmt, falls $h''(x) > 0$ für alle $x \in R$ gilt.

$h(x) = 2e^{2x} + 3x - 5$; $h'(x) = 4e^{2x} + 3$; $h''(x) = 8e^{2x}$

Es gilt $h''(x) = 8e^{2x} > 0$ für alle $x \in \mathbb{R}$, somit ist das Schaubild linksgekrümmt.

Nachweis für Nullstelle: $h(0) = -3 < 0$ und $h(0{,}5) = 2e - 3{,}5 > 0$

Erläuterung: Das Schaubild weist bei $x = 0$ einen negativen und bei $x = 0{,}5$ einen positiven Funktionswert auf. Dazwischen muss ein x-Wert (Nullstelle) mit dem zugehörigen Funktionswert 0 liegen.

1.5 Da die Tangente senkrecht zur Geraden steht, muss sie die Steigung 12 (negativer Kehrwert von $-\frac{1}{12}$) aufweisen.

Ableitung: $k'(x) = 3x^2$

Bedingung für Berührstelle: $k'(x) = 12 \Leftrightarrow 3x^2 = 12 \Leftrightarrow x^2 = 4$

Mögliche Berührstellen sind somit $x_1 = -2$ und $x_2 = 2$

Beispielsweise wird $x_2 = 2$ verwendet:

$k(2) = 9$ wird in $y = 12x + b$ eingesetzt: $9 = 12 \cdot 2 + b \Rightarrow b = -15$

Man erhält $y = 12x - 15$ als Gleichung der Tangente.

Beispielsweise wird $x_1 = -2$ verwendet:

$k(-2) = -7$ wird in $y = 12x + b$ eingesetzt: $-7 = 12 \cdot (-2) + b \Rightarrow b = 17$

Man erhält $y = 12x + 17$ als Gleichung der Tangente.

1.6 $\int_u^3 0{,}5x\,dx = \frac{1}{4} \Leftrightarrow \left[\frac{1}{4}x^2\right]_u^3 = \frac{1}{4} \Leftrightarrow \frac{9}{4} - \frac{1}{4}u^2 = \frac{1}{4}$

$$\frac{1}{4}u^2 = 2$$

$$u^2 = 8$$

Man erhält $u = \sqrt{8}$ (Hinweis: $u = -\sqrt{8}$ entfällt wegen $u > 0$)

Lösungen zur Prüfung zur Fachhochschulreife 2020/2021

Teil 2 mit Hilfsmittel **Aufgabe 2**

$f(x) = -x^4 + 8x^3 - 18x^2 + 27$ mit Schaubild K_f

2.1 Nachweis für Nullstellen in $x_1 = -1$ und $x_2 = 3$: $f(-1) = 0$; $f(3) = 0$

Ableitungen: $f'(x) = -4x^3 + 24x^2 - 36x$; $f''(x) = -12x^2 + 48x - 36$

$f'''(x) = -24x + 48$

Extrempunkte

Bedingung: $f'(x) = 0$ $\quad -4x^3 + 24x^2 - 36x = 0$

$-4x \cdot (x^2 - 6x + 9) = 0$

Satz vom Nullpr.: $x = 0 \lor$ $\quad x^2 - 6x + 9 = (x-3)^2 = 0$

Lösungen: $x_1 = 0$; $x_{2|3} = 3$ (z.B. oder mit Formel)

$f''(0) = -36 < 0$ und $f(0) = 27$: Hochpunkt $H(0 \mid 27)$

$f''(3) = 0$ und $f(3) = 0$: $S(3 \mid 0)$ ist kein Extrempunkt (sondern ein Sattelpunkt)

Wendepunkte

Bedingung: $f''(x) = 0$ $\quad -12x^2 + 48x - 36 = 0$

$x^2 - 4x + 3 = 0$

Lösungen mit Formel: $x_1 = 1$; $x_2 = 3$

$f'''(1) = 24 \neq 0$ und $f(1) = 16$: Wendepunkt $W_1(1 \mid 16)$

$f'''(3) = -24$ und $f(3) = 0$:

Wendepunkt $W_1(3 \mid 0)$

(Sattelpunkt $S(3 \mid 0)$) (siehe oben)

Zeichnung:

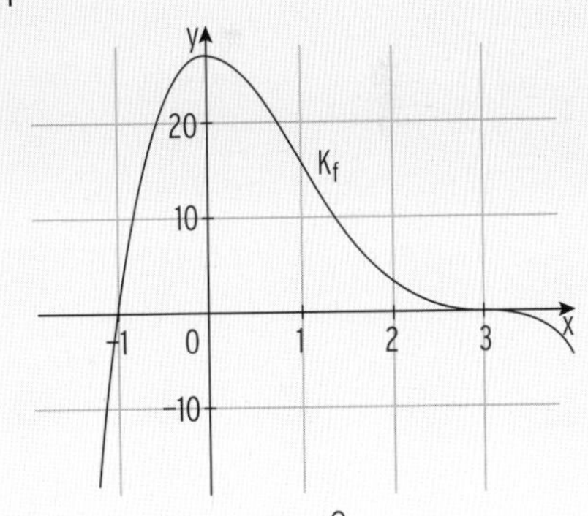

2.2 Flächeninhalte:

$A_1 = \int_{-1}^{0} (-x^4 + 8x^3 - 18x^2 + 27)\,dx) = \left[-\frac{1}{5}x^5 + 2x^4 - 6x^3 + 27x\right]_{-1}^{0}$

$= 0 - \left(\frac{1}{5} \cdot (-1)^5 + 2 \cdot (-1)^4 - 6 \cdot (-1)^3 + 27 \cdot (-1)\right) = 18{,}8$

$A_2 = \int_{0}^{3} (-x^4 + 8x^3 - 18x^2 + 27)\,dx = \left[-\frac{1}{5}x^5 + 2x^4 - 6x^3 + 27x\right]_{0}^{3}$

$= -\frac{1}{5} \cdot 3^5 + 2 \cdot 3^4 - 6 \cdot 3^3 + 27 \cdot 3 - (0) = 32{,}4$

Somit beträgt das Verhältnis $A_1 : A_2 = \frac{18{,}8}{32{,}4} = 0{,}58$ und nicht 0,5 bzw. 1 : 2.

Lösungen zur Prüfung zur Fachhochschulreife 2020/2021

Teil 2 mit Hilfsmittel **Aufgabe 2**

2.3 $f(x) = ax^4 + cx^2 + e$ (Symmetrie zur y-Achse, nur gerade Hochzahlen)

Ableitung: $f'(x) = 4ax^3 + 2cx$

Aus dem Hochpunkt T(2 | 9) können die Bedingungen $f(2) = 9$ und $f'(2) = 0$ angegeben werden. Die Nullstelle bei $x = -1$ führt auf $f(-1) = 0$.

Durch Einsetzen in f(x) bzw. f'(x) erhält man das LGS:

$16a + 4c + e = 9$

$32a + 4c = 0$

$a + c + e = 0$

$T(t) = 105 - 83e^{-0,15t}$, t in Minuten

2.4 Die Flüssigkeit wird erhitzt, somit ist das Schaubild von T steigend.

Die minimale Temperatur liegt in $t = 0$ vor und beträgt

$T(0) = 105 - 83e^0 = 105 - 83 = 22$ °C.

Für $t \to \infty$ strebt die Temperatur gegen ein Maximum. Dies entspricht der Höhe der Asymptote. Diese beträgt 105 °C.

Das Thermometer muss also den Bereich zwischen 22 °C und 105 °C überwachen können.

2.5 Ableitung: $T'(t) = -83 \cdot (-0,15) \cdot e^{-0,15t} = 12,45 \cdot e^{-0,15t}$

Momentane Änderungsrate in $t = 5$: $T'(5) = 12,45 \cdot e^{-0,15 \cdot 5} \approx 5,88$

Durchschnittliche Änderungsrate

zwischen $t = 0$ und $t = 5$: $\frac{T(5) - T(0)}{5 - 0} \approx 8,76$

Die durchschnittliche Änderungsrate in den ersten 5 Minuten also größer als die momentane Änderungsrate in $t = 5$.

2.6 Bedingung: $T(t) = 92 \Leftrightarrow 105 - 83e^{-0,15t} = 92 \Leftrightarrow e^{-0,15t} = \frac{13}{83}$

Logarithmieren: $-0,15t = \ln\left(\frac{13}{83}\right)$

Lösung: $t = \frac{\ln\left(\frac{13}{83}\right)}{-0,15} \approx 12,36$

Nach etwa 12,36 Minuten schlägt die Farbe um.

Lösungen zur Prüfung zur Fachhochschulreife 2020/2021

Teil 2 mit Hilfsmittel **Aufgabe 3**

3.1 Amplitude: $\frac{4-(-2)}{2} = 3$;

Da eine Spiegelung an der "Mittellinie" vorliegt, gilt $a = -3$.

Höhe der "Mittellinie": $d = \frac{(-2)+4}{2} = 1$;

Ablesen der Periodenlänge $p = 4$ führt auf $b = \frac{2\pi}{4} = \frac{\pi}{2}$

Man erhält: $f(x) = -3 \cdot \cos\left(\frac{\pi}{2}x\right) + 1$

3.2 Durch die Streckung mit Faktor 1,5 in x-Richtung und Verschiebung um 1 nach oben verändern sich die Koordinaten der Extrempunkte wie folgt:

$T_{alt}(0 \mid -2) \rightarrow T_{neu}(0 \mid -1)$; $H_{alt}(2 \mid 4) \rightarrow H_{neu}(1{,}5 \cdot 2 \mid 5) = H_{neu}(3 \mid 5)$

Periode: $p_{neu} = 1{,}5 \cdot p_{alt} = 1{,}5 \cdot 4 = 6$

3.3 Aus dem Funktionsterm:

"Mittellinie" $y = 14$; Amplitude $= 7$;

Periode: $\frac{2\pi}{\frac{\pi}{12}} = 24$

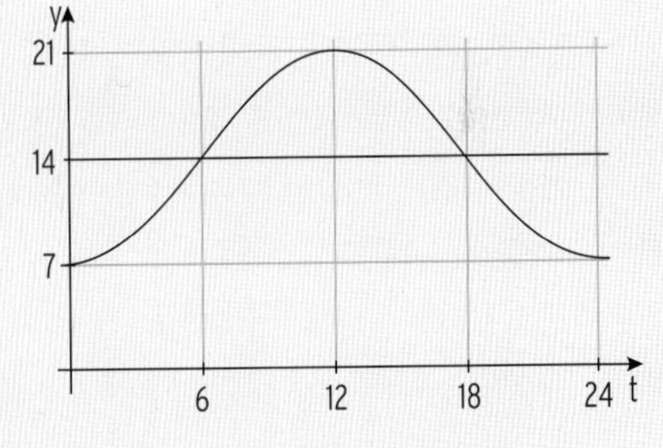

Extrem-und Wendepunkte:

Hochpunkt: $H(12 \mid 21)$

Tiefpunkte: $T_1(0 \mid 7)$ und $T_2(24 \mid 7)$;

Wendepunkte: $W_1(6 \mid 14)$ und $W_2(18 \mid 14)$

In $t = 12$, um 17:00 Uhr, ist die Temperatur am höchsten und beträgt 21 °C.

In $t = 0$, um 5:00 Uhr, ist die Temperatur am niedrigsten und beträgt 7 °C.

In $t = 6$ und $t = 18$ (11:00 Uhr und 23:00 Uhr) ändert sich die Temperatur am schnellsten und betägt dabei 14 °C.

3.4 Bedingung: $T(t) = 17{,}5$

$$-7\cos\left(\frac{\pi}{12} \cdot t\right) + 14 = 17{,}5$$

$$\cos\left(\frac{\pi}{12} \cdot t\right) = -0{,}5$$

Substitution: $\frac{\pi}{12}t = z$ ergibt $\cos(z) = -0{,}5$.

Lösungen in z: $z_1 = \frac{2}{3}\pi$ und $z_2 = -\frac{2}{3}\pi$.

Rücksubstitution

führt auf Lösungen in t:

$$\frac{\pi}{12}t = \frac{2}{3}\pi \Rightarrow t_1 = 8$$

$$\frac{\pi}{12}t = -\frac{2}{3}\pi \Rightarrow t_2 = -8$$

Durch Addition einer Periodenlänge zu t_2 erhält man

eine weitere Lösung: $t_3 = -8 + 24 = 16$.

Lösungen zur Prüfung zur Fachhochschulreife 2020/2021

Teil 2 mit Hilfsmittel **Aufgabe 3**

3.4 In t = 8 (13:00 Uhr) und t = 16 (21:00 Uhr) beträgt die Temperatur 17,5 °C.

Dazwischen liegt die Temperatur oberhalb von 17,5 °C.

Hinweis: Lösung über Wertetabelle am WTR ist ebenfalls zulässig.

3.5 $h(x) = \frac{1}{2}x + 3 - e^{0,5x}$ mit Schaubild K_h

Gleichung der Asymptote: $y = \frac{1}{2}x + 3$

Ableitungen: $h'(x) = \frac{1}{2} - 0,5 \cdot e^{0,5x}$; $h''(x) = -0,25 \cdot e^{0,5x}$

Bedingungfür Extremstellen: $h'(x) = 0$ $\quad \frac{1}{2} - 0,5 \cdot e^{0,5x} = 0$

$e^{0,5x} = 1$

Logarithmieren: $0,5x = 0$

Lösung: $x = 0$

Aus $h''(0) = -0,25 \cdot e^0 = -0,25 < 0$ und $h(0) = \frac{1}{2} \cdot 0 + 3 - e^0 = 2$.

Somit hat das Schaubild den Hochpunkt (0 | 2).

Zeichnung:

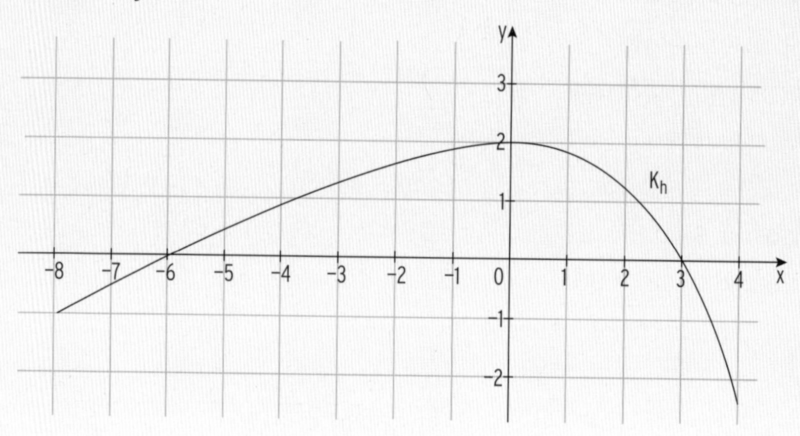

3.6 Ableitung: $h'(x) = \frac{1}{2} - 0,5 \cdot e^{0,5x}$;

Das Schaubild der Ableitungsfunktion fällt und hat y = 0,5 als waagrechte Asymptote. Die Funktionswerte der Ableitungsfunktion sind also kleiner als 0,5. Da die Ableitungsfunktion die Steigung von K_h angibt, muss diese in allen Punkten somit kleiner als 0,5 sein.

Alternative: $e^{0,5x} > 0$; $-0,5 \cdot e^{0,5x} < 0$, damit gilt: $h'(x) < \frac{1}{2}$

Die Steigung von K_h ist kleiner als 0,5.

Lösungen zur Prüfung zur Fachhochschulreife 2020/2021

Teil 2 mit Hilfsmittel **Aufgabe 4**

4.1 $f(0) = 0 \Rightarrow P(0 \mid 0)$

Berechnung der Tangentensteigung: $f'(x) = \frac{3}{5}x^2 + \frac{3}{2}x - \frac{3}{2}$; $f'(0) = -\frac{3}{2}$

Tangentengleichung: $y = -\frac{3}{2}x$

Bedingung: $f'(x) = -\frac{3}{2}$ $\quad \frac{3}{5}x^2 + \frac{3}{2}x - \frac{3}{2} = -\frac{3}{2} \Leftrightarrow \frac{3}{5}x^2 + \frac{3}{2}x = 0$

Ausklammern: $x \cdot \left(\frac{3}{5}x + \frac{3}{2}\right) = 0$

Satz vom Nullprodukt: $x = 0 \vee \frac{3}{5}x + \frac{3}{2} = 0$

$x = 0 \vee \frac{3}{5}x = -\frac{3}{2}$

Lösungen: $(x_1 = 0)$; $x_2 = -2{,}5$

$f(-2{,}5) = \frac{1}{5} \cdot (-2{,}5)^3 + \frac{3}{4} \cdot (-2{,}5)^2 - \frac{3}{2} \cdot (-2{,}5) = 5{,}3125$

Punkt mit gleicher Steigung: $B(-2{,}5 \mid 5{,}3125)$

4.2 Zielfunktion für $-5 \leq u \leq 0$:

$A(u) = \frac{1}{2} \cdot \overline{RO} \cdot \overline{RQ} = \frac{1}{2} \cdot (-u) \cdot f(u)$

Mit dem eingesetzten Funktionsterm:

$A(u) = \frac{1}{2} \cdot (-u) \cdot \left(\frac{1}{5}u^3 + \frac{3}{4}u^2 - \frac{3}{2}u\right)$

$A(u) = -\frac{1}{10}u^4 - \frac{3}{8}u^3 + \frac{3}{4}u^2$

Ableitungen: $A'(u) = -\frac{2}{5}u^3 - \frac{9}{8}u^2 + \frac{3}{2}u$;

$A''(u) = -\frac{6}{5}u^2 - \frac{9}{4}u + \frac{3}{2}$

Bedingung: $A'(u) = 0$ $\quad -\frac{2}{5}u^3 - \frac{9}{8}u^2 + \frac{3}{2}u = 0$

Ausklammern: $u \cdot \left(-\frac{2}{5}u^2 - \frac{9}{8}u + \frac{3}{2}\right) = 0$

Satz vom Nullpr.: $u = 0 \vee -\frac{2}{5}u^2 - \frac{9}{8}u + \frac{3}{2} = 0$

abc-Formel: $u_{2|3} = \frac{-b \pm \sqrt{b^2 - 4ac}}{2a} = \frac{\frac{9}{8} \pm \sqrt{\frac{1173}{320}}}{-\frac{4}{5}}$

Lösungen: $(u_1 = 0)$; $(u_2 \approx 0{,}99)$; $u_3 \approx -3{,}8$

Hinweise: Bei u_1 beträgt der Inhalt 0. $u_2 > 0$ liegt nicht im Intervall.

Mit $A''(-3{,}8) \approx -7{,}278 < 0$ und $A(-3{,}8) \approx 10{,}56$ hat das Schaubild von A in $u \approx -3{,}8$ den Hochpunkt $H(-3{,}8 \mid 10{,}56)$

Randwerte: $A(0) = 0 < 10{,}56$ und $A(-5) = 3{,}125 < 10{,}56$

Somit wird für $u \approx -3{,}8$ der Flächeninhalt des Dreiecks maximal und beträgt ca. 10,56 FE.

Lösungen zur Prüfung zur Fachhochschulreife 2020/2021

Teil 2 mit Hilfsmittel **Aufgabe 4**

4.3 Anhand des Schaubildes K_f ist zu erkennen:

Die Funktion f, also die Ableitungsfunktion zu F ($F' = f$) hat die $x = 0$ eine Nullstelle mit Vorzeichenwechsel von + nach −. Somit liegt hier bei jeder Stammfunktion F von f ein Hochpunkt des Schaubildes von F vor.

$F(x) = \frac{1}{20}x^4 + \frac{1}{4}x^3 - \frac{3}{4}x^2 + c$; Punktprobe mit $H(0 \mid -3)$ ergibt $-3 = c$

Man erhält: $F(x) = \frac{1}{20}x^4 + \frac{1}{4}x^3 - \frac{3}{4}x^2 - 3$

4.4 $g(x) = -1{,}5\sin(x) - 2$ mit Schaubild K_g

Ableitungen: $g'(x) = -1{,}5\cos(x)$; $g''(x) = 1{,}5\sin(x)$

Extrempunkte

Bedingung: $g'(x) = 0$ $\quad 1{,}5\cos(x) = 0 \Leftrightarrow \cos(x) = 0$

Lösungen (in $-2 \leq x \leq 6$): $\quad x_1 = -\frac{\pi}{2}$; $x_2 = \frac{\pi}{2}$; $x_3 = \frac{3\pi}{2}$

$g''\left(-\frac{\pi}{2}\right) < 0$ und $g\left(-\frac{\pi}{2}\right) = -0{,}5$ ergibt $H_1\left(-\frac{\pi}{2} \mid -0{,}5\right)$

$g''\left(\frac{\pi}{2}\right) > 0$ und $g\left(\frac{\pi}{2}\right) = -3{,}5$ ergibt $T\left(\frac{\pi}{2} \mid -3{,}5\right)$

$g''\left(\frac{3\pi}{2}\right) < 0$ und $g\left(\frac{3\pi}{2}\right) = -0{,}5$ ergibt $H_2\left(\frac{3\pi}{2} \mid -0{,}5\right)$

Die Wendepunkte liegen in der Mitte benachbarter Extrempunkte und haben die Koordinaten $W_1(0 \mid -2)$ und $W_2(\pi \mid -2)$

Zeichnung:

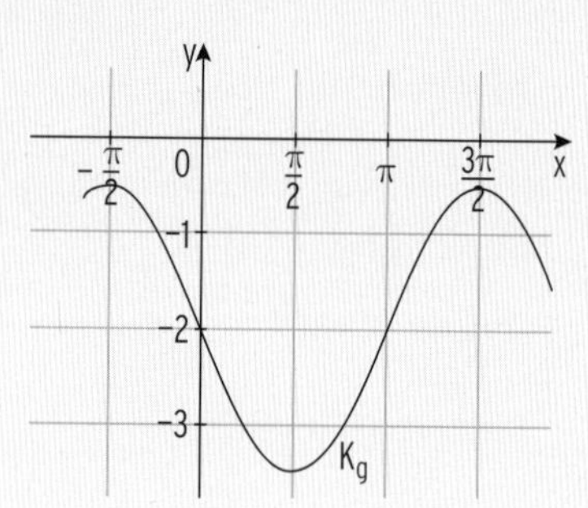

4.5 Fläche zwischen zwei Kurven auf $[0; \pi]$:

$$A = \int_0^{\pi} \left(-x^2 + \pi x - 2 - (-1{,}5\sin(x) - 2)\right)dx$$

$$= \int_0^{\pi} \left(-x^2 + \pi x + 1{,}5\sin(x)\right)dx$$

$$= \left[-\frac{1}{3}x^3 + \frac{\pi}{2}x^2 - 1{,}5\cos(x)\right]_0^{\pi}$$

$$= -\frac{1}{3}\pi^3 + \frac{\pi}{2}\pi^2 - 1{,}5\cos(\pi) - (0 - 1{,}5\cos(0))$$

$$A = 3 + \frac{\pi^3}{6} \approx 8{,}17$$

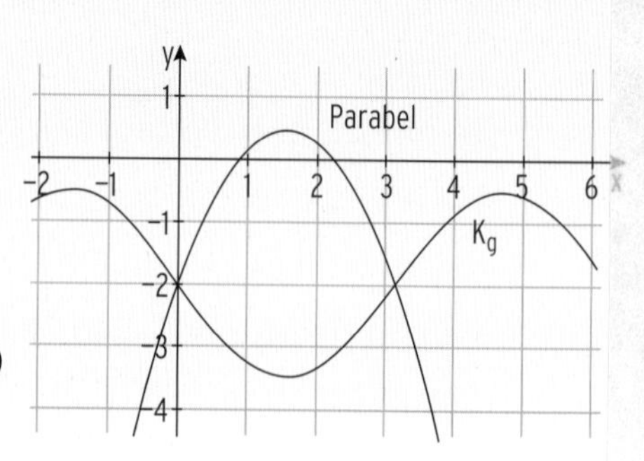